LEITFADEN FÜR BIOLOGISCHE ÜBUNGEN

VON

PROF. DR. PAUL RÖSELER
DIREKTOR DES FALK-REALGYMNASIUMS
ZU BERLIN

UND

HANS LAMPRECHT
STUDIENRAT AN DER FRIEDRICHS-WERDER-
SCHEN OBERREALSCHULE ZU BERLIN

ZOOLOGISCHER TEIL

MIT 155 TEXTFIGUREN

Springer-Verlag Berlin Heidelberg GmbH

1919

ISBN 978-3-662-42129-1   ISBN 978-3-662-42396-7 (eBook)
DOI 10.1007/978-3-662-42396-7

Vorwort.

Die Verlagsbuchhandlung hat an uns die Aufforderung gerichtet, unter Benutzung des in ihrem Verlage erschienenen „Handbuches für Schülerübungen, zoologischer Teil", welches in erster Linie für den Lehrer bestimmt ist, nunmehr einen kürzeren Leitfaden herzustellen, der dem Schüler in die Hand gegeben werden könne. Wir sind dieser Aufforderung gern nachgekommen und haben uns bemüht, den Stoff und das Abbildungsmaterial für diesen Leitfaden so auszuwählen, daß das Buch, wie wir glauben, dem Schüler bei den Übungen eine wichtige Hilfe gewähren und ihm zu selbständiger Arbeit Anregung geben kann.

Wir haben nur leicht zu beschaffendes Material behandelt; die meisten der Tiere, die Aufnahme gefunden haben, werden wohl in den Übungen von den Schülern selbst präpariert werden, oder, wie im Falle des Kaninchens und der Taube, es wird den Schülern ein ähnlich gebautes Tier als Ersatz gegeben.

Der Text ist so gefaßt, daß bei den mit Sicherheit leicht zu beschaffenden Tieren (z. B. Muschel, Schnecke, Flußkrebs, Frosch) größte Ausführlichkeit obwaltet, damit der Schüler diese Tiere auch wirklich in aller Vollständigkeit behandeln kann; sehr reiches Abbildungsmaterial gewährt ihm dazu die Möglichkeit.

Die mikroskopische Technik ist nur in den Grundzügen in dem Buche enthalten. Diejenigen Handgriffe aber, die der Schüler selbst auszuführen hat, oder in bequemer Weise ausführen kann, findet er in dem Buche beschrieben. Die schwierigen Arbeiten, die zur mikroskopischen Technik gehören, wie Fixieren, Einbetten u. a., sind natürlich nur erwähnt und nicht ausführlich dargestellt. An allen entscheidenden Stellen sind die nötigen Hinweise auf die zur mikroskopischen Untersuchung geeigneten Objekte erfolgt.

Eine besondere Sorgfalt haben wir den in einem Werke, wie es unser „Handbuch" ist, unvermeidlichen Fachausdrücken und Fremdwörtern gewidmet. Teils wurden sie durch deutsche Übersetzungen ersetzt, teils, wo dies nicht angängig erschien, mit kurzen Erklärungen im Texte selbst versehen. Auf die guten anatomischen Lagebezeichnungen wie lateral, median, dorsal usw. haben wir nicht ganz verzichtet, ebenso nicht ganz auf bekannte anatomische Ausdrücke, wie Pankreas, Ovarium u. a. Endlich haben wir in den Figuren-Erklärungen eine ganze Anzahl von anatomischen Bezeichnungen stehen lassen, weil nur diese zu den Bezeichnungen in den Figuren passen, und hier Änderungen nicht vorgenommen werden konnten. Wenn z. B. in der Figur die Bezeichnung „ccs" benutzt worden ist, so kann diese nur durch den Namen

„carotis communis sinistra" und die zugefügte deutsche Übersetzung verständlich gemacht werden. Eine Übersetzung dieser Namen aber haben wir nicht in den Figuren-Erklärungen angebracht, um diese nicht zu umfangreich zu gestalten. Dafür haben wir ein am Schluß des Buches befindliches Verzeichnis anatomischer Fachausdrücke mit Übersetzungen bzw. kurzen Erklärungen zusammengestellt, aus welchem sich der Schüler im Notfalle Rat holen kann.

Wir hoffen, daß dies Büchlein nicht nur dem Schüler Nutzen gewähren wird; wir versprechen uns vielmehr von seiner Verwendung durch die Schüler eine ganz besondere Erleichterung für den Lehrer, vornehmlich bei seiner Arbeit in den biologischen Übungen. Diese ist, wie jeder sehr wohl weiß, der biologische Übungen jemals geleitet hat, recht schwierig, zumal bei den makroskopischen Präparierübungen, wo man nicht genug helfen kann, wenn man Unglück verhüten will. Hier wird die Benutzung des Buches Wandel schaffen können.

Wir geben diesem Büchlein den Wunsch mit auf den Weg, daß es sich derselben guten Aufnahme erfreuen möge, die dem „Handbuch", aus dem es hervorgegangen ist, seinerzeit bereitet wurde.

Berlin, im August 1919.

Die Verfasser.

Inhaltsübersicht.

Allgemeine Einleitung

Spezieller Teil

Erklärung einiger Fachausdrücke und Fremdwörter.

Abdomen = Hinterleib.
Adductor = Anziehmuskel.
advehens = zuführend.
Aorta (ascendens, descendens) = Körper-
schlagader (aufsteigend, absteigend).
Arteria coccygea = Steißbeinschlagader.
— cruralis = Kreuzbeinschlagader.
— hepatica = Leberschlagader.
— ischiadica = Hüftbeinschlagader.
— mesenterica = Gekröseschlagader.
— oesophagica = Speiseröhrenschlag-
ader.
— pudenda = Schambeinschlagader.
— pulmonalis = Lungenschlagader.
— renalis = Nierenschlagader.
— vertebralis = Wirbelschlagader.
Bronchus = Ast, Zweig (der Luftröhre).
Bulbus arteriosus = Arterienzwiebel
(gemeinsamer Stammteil der aus
dem Herzen kommenden Arterien).
Carotis = Halsschlagader.
Chiasma = Kreuzung (der Sehnerven
auf der Unterseite des Gehirns).
Choanen = innere Nasenöffnungen (zur
Rachenhöhle).
Clavicula = Schlüsselbein.
Coecum = Blinddarm.
Colon = Dickdarm.
communis = gemeinsam.
Condylus = Hinterhauptsgelenkhöcker.
Coracoid = Rabenschnabelbein.
Cuticula = verdickte Außenbekleidung
von Oberhautzellen.
dexter — rechts.
Diaphragma = Scheidewand.
distal = vom Ursprung (Körper) ab-
gewendet (Gegensatz: proximal).
dorsal = auf der Rückenseite (Gegen-
satz: ventral).
Ductus choledochus = Gallengang
(leitet die Galle in den Darm).
— cysticus = Ausführungsgang der
Gallenblase.
— hepaticus = Lebergang (leitet die
Galle aus der Leber fort).
Ductus pancreaticus (oder D. Wirsun-
gianus) = Ausführungsgang der
Bauchspeicheldrüse.
Duodenum = Zwölffingerdarm.
Dura = harte Außenhaut des Zentral-
nervensystems.
Epidermis = Oberhaut.
Epiphyse = Zirbeldrüse.
Episternum = oberer Teil des Brustbeins.
Exkret = Ausscheidungsprodukt einer
Drüse, das keine Bedeutung mehr
für den Körper hat.
externus = äußerer.

Fibula = Wadenbein.
Ganglienzelle = Ursprungszelle einer
Nervenfaser.
Ganglion = Vereinigung von Ganglienzellen.
genital = zu den Geschlechtsorganen
gehörig.
Glandula infraorbitalis = Drüse unterhalb des Auges.
— parotis = Ohrspeicheldrüse.
— sublingualis = Unterzungenspeichel-
drüse.
— submaxillaris = Speicheldrüse unter
den Unterkiefern.
Gonade = Geschlechtsorgane.
Hypophyse = Hirnanhang (Drüse mit
innerer Ausscheidung auf der Unterseite des Gehirns).
inferior = unterer.
Jugularvenen = Halsvenen.
kaudal = dem Schwanze (Hinterende des
Körpers) zu gelegen (Gegensatz: oral).
kontraktil = zusammenziehbar.
lateral = nach der Seite hin gelegen
(Gegensatz: median).
Lobus olfactorius = Riechlappen (Teil
des Großhirns).
Malpighische Gefäße = Nieren der
Gliederfüßler.
Mandibel = Oberkiefer.
Maxille = Unterkiefer.
median = nach der Mitte zu oder in der
Mitte gelegen (Gegensatz: lateral).
Mesenterium = Gekröse (Hautfalten
zur Aufhängung des Darmes).
Musculus abdominalis obliquus (rectus)
= schräger (gerader Unterleibsmuskel.
— adductor longus (brevis, grandis) =
langer (kurzer, großer) Anziehmuskel).
— deltoideus = Delta-(Dreiecks-)Muskel.
— extensor femoris = Oberschenkel-
strecker.
— gastrocnemius = Wadenmuskel.
— grandis internus = großer Innenmuskel.
— latus internus = breiter Innenmuskel.
— masseter = Kaumuskel.
— mylo-hyoideus = Kieferzungenbein-
muskel.
— pectoralis maior (minor) = großer
(kleiner) Brustmuskel.
— rectus internus = gerader Innenmuskel.
— retractor penis = Zurückziehmuskel
des Begattungsorgans.
— sartorius = Schneidermuskel.
— sterno-hyoideus = Brustbeinzungen-
beinmuskel.

Musculus sterno-radialis = Brustbein-speichenmuskel.
— submaxillaris = Unterkiefermuskel.
— temporalis = Schläfenmuskel.
— tibialis posterior (anterior) = hinterer (vorderer) Schienbeinmuskel.
Nephridium = Niere (der niederen Tiere).
Nephrostoma = innere Nierenöffnung (der niederen Tiere).
Nervus abducens = abführender Nerv (6. Gehirnnerv, Augenbewegungsnerv)
— ischiadicus = Hüft-(Oberschenkel)-Nerv.
— oculomotorius = Augenbewegungsnerv (3. Gehirnnerv).
— olfactorius = Riechnerv.
— trigeminus = dreigeteilter Nerv (5. Gehirnnerv, versorgt z. B. die Zähne, die Kaumuskeln).
— trochlearis = Rollnerv (4. Gehirnnerv, dient der Bewegung des Auges).
Oesophagus = Speiseröhre.
Omentum maius = großes Netz (Hautfalte in der Leibeshöhle, die bei den Säugern über den Magen herabhängt).
oral = dem Munde zu gelegen (Gegensatz: kaudal).
Ovarium = Eierstock.
Ovidukt = Eileiter.
Pankreas = Bauchspeicheldrüse.
Papille = knopfförmige Erhebung.
Periderm = Umhaut (äußerste Hautschicht, z. B. der Polypenstöcke).
Perikard = Herzbeutel.
Periprokt = Umgebung des Afters (bei den Stachelhäutern).
Peristom = Umgebung des Mundes, Mundfeld.
Peritoneum = Bauchfell.
Pharynx = Schlund.
Pigment = Farbstoff.
pleural = zur Brust gehörig.
Processus xiphoideus = Schwertfortsatz (des Brustbeins).
— zygomaticus = Jochfortsatz (knöcherner Vorsprung an der inneren Begrenzung der Augenhöhle der Säuger).
Prostata = Vorstehdrüse (liefert eine Ausscheidung zur Schleimighaltung der Harnröhre und zur Verdünnung der Samenflüssigkeit).
Protractor = Vorziehmuskel.
proximal = dem Ursprung (Körper) zugewendet (Gegensatz: distal).
Receptaculum seminis = Behälter zur Aufnahme von Samenflüssigkeit.
Rectum = Enddarm, Mastdarm.
Retractor = Rückziehmuskel.
revehens = zurückführend.

Rudiment = Überrest, verkümmertes Organ.
Scrotum (Scrotalsack) = Hodensack.
Segmentalorgane = Organe, die in jedem Körperabschnitt auftreten (Nieren mancher Würmer).
Sekret = Ausscheidungsprodukt einer Drüse, das im Organismus noch eine Aufgabe hat.
sinister = links.
Situs = Lage (der Eingeweide).
Sklerotika = harte Haut (des Auges).
Spermatophoren = Samenträger.
Spinalnerven = Rückenmarksnerven.
Sternum = Brustbein.
sternotracheal = vom Brustbein zur Luftröhre führend.
Subclavia = Armvene (Vene „unter dem Schlüsselbein").
superior = oberer.
Tentakel = Fühler.
Thorax = Brustkorb.
Thymus = Briesel (eine Drüse mit innerer Abscheidung).
Thyreoidea = Schilddrüse.
Tibia = Schienbein.
Trachea = Luftröhre.
transversus = querliegend.
Trigeminus, s. Nervus trigeminus.
Truncus = Stamm (z. B. Tr. brachiocephalicus, Stamm für Arm und Kopf).
Tubulus = Röhrchen.
Ureter = Harnleiter.
Urethra = Harnröhre.
Urogenitalapparat = Gesamtheit der Harn- und Geschlechtsorgane.
Uterus = Fruchthalter, Gebärmutter.
Vagina = Scheide.
Vakuole, kontraktile = zusammenziehbarer Hohlraum (der Urtiere).
Vas deferens = Samenleiter.
Vena abdominalis = Unterleibsvene.
— cava = Hohlvene.
— coronaria = Kranzvene (des Herzens).
— hepatica = Lebervene.
— iliaca = Darmbeinvene.
— jugularis = Halsvene.
— portarum = Pfortader.
— pulmonalis = Lungenvene.
— renalis = Nierenvene.
— subclavia = Armvene (Vene „unter dem Schlüsselbein").
Venensinus = Hohlraum, gebildet durch das Zusammentreten mehrerer Venenstämme).
ventral = dem Bauche zu gelegen (Gegensatz: dorsal).
Vesiculae seminales = Samenbläschen (Erweiterungen der Samenleiter).
visceral = zur Kiemenregion gehörig.

Allgemeine Einleitung.

1. Ausstattung des Arbeitsplatzes.

Jeder Arbeitsplatz soll enthalten:
Ein Mikroskop.
Eine Mikroskopierlampe.
Eine Schachtel Objektträger.
Eine Schachtel Deckgläschen 18 × 18 mm.
Einen Brief gummierte Etiketten für mikrosko-
pische Präparate.

Von den
Schülern selbst
zu beschaffen.

Einige Glasstäbe und Glasröhrchen.
Einen Reagensglashalter.
Einige Reagensgläser und kleinere Bechergläser.
Eine kleine Glaspipette mit Gummihütchen.
Eine schwarze Glasplatte (1 qdm) und eine Milchglasplatte (1 qdm).
Einen Brief Stecknadeln mit bunten Glasköpfen.
Einige Uhrgläser und Petrischalen.
Filtrierpapier.
Porzellanschalen.
Ein Präparierbesteck (dasselbe muß etwa enthalten: eine starke
und eine spitze Schere, zwei verschieden geformte Skalpelle, eine starke
und eine feine Pinzette, zwei Präpariernadeln und zwei Lanzettnadeln.
Eine Schachtel Krönigs Deckglaskitt.
Einen Spatel dazu.
Einen Holzblock mit Flaschen, enthaltend eine Flasche Glyzerin,
eine Flasche absol. Alkohol, eine Flasche Xylol, ein Glas Glyzeringela-
tine, ein Balsamglas mit Kanadabalsam (in Xylol gelöst).
Zwei (besser vier) Holzklötze mit je sechs Färbekuvetten.
Zwei Cornetpinzetten.
Ein Rasiermesser.
Ein hölzernes Präparierbrett 30 × 50 cm.
Eine Zinkwanne mit Wachsausguß (15 × 25 cm).
Einen Bunsenbrenner.

2. Regeln für die Benutzung des Mikroskops.

1. Das Objekt ist zuerst bei schwacher Vergrößerung zu
betrachten, und erst nachdem eine allgemeine Übersicht gewonnen ist,
darf zu stärkeren Vergrößerungen übergegangen werden.

2. **Beim Einstellen der starken Objektive** ist größte Vorsicht geboten. Während man den Trieb nach unten dreht, beobachte man von der Seite her; das Drehen hat langsam zu erfolgen und ist bis fast zur Berührung der Frontlinse mit dem Deckgläschen fortzusetzen. Dann hat man in den Tubus zu blicken und diesen durch die Mikrometerschraube so weit zu heben, bis das Bild scharf ist.

3. Bei stärkeren Vergrößerungen gebrauche man den Hohlspiegel, bei schwächeren den Planspiegel als Reflektor, jedoch verwende man bei künstlicher Beleuchtung ausschließlich den Hohlspiegel.

4. Beim Wechsel der Objektive schraube man, wenn man einen Revolver benutzt, den Tubus jedesmal etwas in die Höhe, da bei dicken Präparaten das neue Objektiv oft gegen das Deckglas stößt.

5. Das Mikroskop ist vorsichtig aus dem Kasten herauszunehmen; ebenso ist beim Hineinstellen Sorgfalt und Vorsicht zu beobachten.

6. Sollte die Objektivlinse beschmutzt sein, so ist sie sofort zu reinigen. Xylol darf dabei nur wenig gebraucht werden, da es die Verkittung der Linsen löst.

3. Die Betrachtung lebenden Materials.

Viele mikroskopisch kleine Tiere, namentlich im Wasser lebende kleine Krebse, Würmer, Rädertiere, Protozoen usw. lassen sich im lebenden Zustande untersuchen. Sind die Tiere so klein, daß sie dem bloßen Auge nicht sichtbar werden, so bringt man sie mit einem Tropfen Wasser einfach auf den Objektträger und legt lose ein Deckgläschen auf, welches aber unter keinen Umständen angedrückt werden darf. Bei etwas größeren Objekten legt man zu jeder Seite des Wassertropfens einen kleinen Streifen glatten Papiers von geeigneter Stärke oder Glasstückchen, durch welche das Deckglas verhindert wird, sich dem Objektträger unmittelbar aufzulegen. Man kann auch an den Ecken des Deckglases kleine Stückchen Klebwachs anbringen. Bei Objekten, die so groß sind, daß sie auch noch durch diese Behandlung leiden würden, muß man sich des hängenden Tropfens oder der feuchten Kammer bedienen.

Für die Untersuchung im hängenden Tropfen gibt es Objektträger, welche in der Mitte eine kleine uhrglasförmig ausgeschliffene Höhlung (Delle) besitzen. Man bringt das Material in einem Tropfen Wasser auf ein Deckgläschen, kehrt dieses um, so daß der Tropfen am Glase hängt, und legt es mit dem hängenden Tropfen auf die Delle des Objektträgers. Die Höhlung muß natürlich vollkommen mit der Flüssigkeit gefüllt sein.

Die feuchte Kammer stellt man sich in der Weise her, daß man kleine, wenige Millimeter hohe Glasringe, die käuflich zu haben sind, mit Kanadabalsam auf Objektträger kittet. Nach dem Trocknen, welches einige Wochen in Anspruch nimmt, kann man die Objekte mit der Flüssigkeit einbringen und nun mit runden Deckgläschen zudecken. Natürlich muß auch die feuchte Kammer immer so weit gefüllt sein, daß die Flüssigkeit an das Deckglas heranreicht.

4. Behandlung des zur makroskopischen Präparation bestimmten Materials.

Außer den im vorigen Abschnitt genannten Fällen darf lebendes Material nicht verwendet werden, insbesondere nicht bei der Präparation mit Schere und Messer. Das Arbeiten an einem lebenden Tierkörper ist eine unnütze Grausamkeit, wird auch durch die unvermeidlichen Bewegungen des Tieres sehr stark gestört. Im allgemeinen geschieht das Töten, indem man die Tiere in ein ihrer Größe entsprechendes Gefäß bringt, in welchem sich mit Chloroform getränkte Wattebäusche befinden. Kleinere Tiere können auch in Alkohol getötet werden. Auf abweichende Methoden ist an den entsprechenden Stellen unter Hinweis auf das Handbuch aufmerksam gemacht. — Die Tötung der Tiere ist natürlich nicht Sache des Schülers, sondern des Lehrers, der dem Schüler das zur Präparation fertige Material vorzulegen hat. Die Präparation erfolgt, soweit es angängig ist, im Wachsbecken unter Wasser, weil sich so bessere und klarere Bilder gewinnen lassen.

5. Herstellung des mikroskopischen Präparates.

Im allgemeinen stellen wir die mikroskopischen Präparate so her, daß sie als Dauerpräparate aufbewahrt werden können. Hierbei liegen sie entweder in Luft zwischen Objektträger und Deckglas, oder sie werden in ein erstarrendes Medium (Glyzeringelatine, Kanadabalsam) eingeschlossen.

1. Trockenpräparate.

Wir bringen das Objekt in die Mitte eines gut gereinigten Objektträgers. Dann legen wir ein sauberes Deckgläschen darauf und müssen dieses nun durch einen Kitt festhalten. Wir verwenden dazu Krönigs Deckglaskitt. Zum Auftragen des Kittes bedienen wir uns des Spatels nach Krönig. Man macht denselben über einer Flamme möglichst heiß, fährt in die Kittmasse hinein und bringt diese so an eine Kante des Deckglases, daß ein Teil des Kittes auf den Objektträger, der andere Teil auf das Deckgläschen fließt. Dies wird auf allen vier Seiten des Deckgläschens wiederholt. Es kommt darauf an, den Spatel möglichst heiß zu machen, da sich dann der Kitt leichter auftragen läßt. Die Ecken des Deckglases sind nachher noch besonders abzudichten, da sonst an diesen Stellen leicht kleine Lücken bleiben. Die freien Enden des Objektträgers werden mit Etiketten beklebt.

2. Einschluß in Glyzeringelatine.

Zur Herstellung des Gelatinepräparates bringen wir ein etwa linsengroßes Stück Glyzeringelatine auf die Mitte des Objektträgers und erwärmen über der Lampe, bis die Masse anfängt zu schmelzen. Die Hitze des Glases genügt dann zur vollständigen Verflüssigung. Sollte man Luftblasen bemerken, so tupft man vorsichtig mit der Fingerkuppe auf die flüssige Masse. Man bringt dann geeignete Objekte mit dem Skalpell auf die Glyzeringelatine und läßt das Deckglas darauf sinken, indem man es mit einer Kante aufsetzt und die gegenüberliegende Kante langsam herabgleiten läßt. Etwaige Luftblasen kann man durch sanften Druck mit dem Skalpellstiel auf das Deckgläschen seitwärts vorpressen. Die Masse erstarrt bald, und das Präparat kann schon jetzt betrachtet werden. Da die Glyzeringelatine hygroskopisch ist, so empfiehlt es sich, nach einigen Tagen einen Rand von Deckglaskitt darum zu legen, doch muß die unter dem Deckglase hervorgequollene Gelatine erst sorgfältig mit einem feuchten Tuche, ev. unter Zuhilfenahme des Skalpells, entfernt werden.

Aus Objekten, die aus Alkohol kommen, muß dieser erst entfernt werden; man legt dieselben zunächst einige Minuten in Wasser, dann in Glyzerin, welches mit Wasser im Verhältnis 1 : 2 verdünnt ist, und bringt sie nun auf den Objektträger.

3. Einschluß in Kanadabalsam.

Präparate, die in Kanadabalsam eingelegt werden, müssen vorher vollkommen entwässert werden, da sich der Balsam mit Wasser nicht mischt und sehr bald störende Trübungen entstehen. Man bringt daher die Präparate aus dem Aufbewahrungsalkohol zunächst auf einige Minuten in ein Schälchen mit absolutem Alkohol. Dieser muß nun durch Xylol wieder aus dem Präparat verdrängt werden, da er sich ebenfalls nicht mit dem Balsam mischt. In Xylol bleiben die Präparate kurze Zeit; dann werden sie auf dem Objektträger orientiert, worauf man von einem Glasstabe einen Tropfen Kanadabalsam darauf fallen läßt. Nachdem das Deckglas aufgelegt ist, muß das Präparat noch einige Tage in wagerechter Lage aufbewahrt werden, da der Balsam sehr langsam trocknet.

Für die Behandlung von Alkoholmaterial in den beiden Einschluß-medien ergibt sich nach dem Vorigen folgendes Schema:

$$\text{Aufbewahrungsalkohol} < \genfrac{}{}{0pt}{}{\text{Wasser—Glyzerin—Glyzeringelatine}}{\text{Absoluter Alkohol—Xylol—Kanadabalsam.}}$$

Eine besondere Technik erfordert die Präparation der Chitin-bedeckung von Insekten. Legt man nur auf die Beobachtung des Chitinpanzers Wert, so müssen die Weichteile erst durch Behandlung mit Kalilauge entfernt werden. Im allgemeinen wirkt diese auch aufhellend auf die braune Färbung des Chitins. Will man schnell arbeiten, so kocht man die Objekte in mäßig starker Kali- oder Natronlauge im Reagens- oder Becherglase solange, bis sie durchsichtig geworden sind. Dann gießt man die Lauge ab und kocht noch einmal mit Wasser, um alle Laugenreste zu entfernen. Darauf kommen die Objekte entweder in Glyzerin oder in mehrmals zu erneuernden absoluten Alkohol, je nachdem sie in Gelatine oder Balsam eingeschlossen werden sollen.

Hat man mehr Zeit zur Verfügung, so kann man die Objekte auch, ohne sie zu kochen, mehrere Tage in Lauge liegen lassen und dann in derselben Weise weiter behandeln.

6. Färbung.

Häufig treten die Objekte oder Teile von ihnen deutlicher hervor, wenn man sie färbt. Das Färben ist auch da am Platze, wo durch die aufhellende Kraft der angewendeten Mittel (Xylol, Kanadabalsam) das Erkennen des feineren Baues erschwert oder unmöglich wird. Die Wirkung des Färbeprozesses beruht darauf, daß nicht alle Teile des Objektes die Farbe in gleicher Weise annehmen. So gibt es z. B. Kernfarbstoffe, d. h. solche, welche die Zellsubstanzen schwach, die Zellkerne sehr intensiv färben, so daß die Kerne in den Zellen viel deutlicher als im ungefärbten Zustande hervortreten. Manche Zellen nehmen gewisse Farbstoffe überhaupt nicht an, so daß man also durch geeignete Zusammensetzung zweier Farbstoffe erreichen kann, daß einige Teile des Objekts von dem einen, andere von dem zweiten Farbstoff gefärbt werden (Doppelfärbungen). Die Zahl der angewendeten Farbstoffe und Farbstoffgemenge ist ungeheuer groß. Es sind zum Teil Anilinfarben, die das Gewebe unmittelbar färben, oder solche, welche erst des Zusatzes einer Beize bedürfen (Borax-Karmin, Hämatoxylin). Die Theorie des Färbeprozesses ist noch wenig geklärt. Nach einigen kommen chemische Vorgänge, nach anderen nur Adsorptionserscheinungen in Betracht. Ein abschließendes Urteil läßt sich hierüber zurzeit nicht fällen.

Viele Objekte, wie Polypen, kleine Würmer usw., die als Ganzes zu einem mikroskopischen Präparat verarbeitet werden können, werden wir mit Karminkompositionen färben. Diese Farbstoffe sind Beizfarben und werden hauptsächlich als Boraxkarmin und als Alaunkarmin angewendet.

Die Färbungen werden im Uhrschälchen vorgenommen. Die kleinen Objekte, wie Polypenstöckchen, Quallen usw. kommen auf $^1/_4$—$^1/_2$ Stunde direkt aus dem Aufbewahrungsalkohol in die Farblösung. Sollte die Färbung zu kräftig geworden sein, so werden sie in ein Schälchen mit 70 %igem Alkohol + 0,1 % HCl übertragen und bleiben darin so lange, bis sich keine roten Schlieren mehr bilden. Bei Anwendung von Alaunkarmin ist dies nicht nötig. Die Objekte machen dann entweder den Weg: Alc. absolutus, Xylol, Kanadabalsam oder: Wasser, Glyzerin, Glyzeringelatine.

Will man auf den feineren Bau des Objektes eingehen, so muß dasselbe in Paraffin eingebettet werden, nachdem es vorher durch eine besondere Behandlung „fixiert" und gehärtet worden ist. Die Wege, die dabei eingeschlagen werden, sind sehr mannigfaltig. Sie können hier nicht weiter erläutert werden.

Die in Paraffin eingebetteten Objekte werden mit einem Mikrotom geschnitten (Schnittdicke 5—20 μ), die Schnitte mit Eiweiß, welches in dünner Schicht zu verreiben ist, auf Objektträgern festgeklebt.

Für die Behandlung und Färbung der Schnitte auf dem Objektträger bedienen wir uns einer Anzahl von Färbekuvetten. Ein Satz im Holzblock enthält gewöhnlich sechs Kuvetten. Wir gebrauchen zwei solcher Blöcke. Die einzelnen Kuvetten sind mit folgenden Flüssigkeiten angefüllt.

1. Xylol.	8. Van Giesonsche Farblösung.
2. Alcohol absolutus.	9. Leitungswasser, durch Gieson-
3. Alkohol 90%.	lösung schwach gefärbt.
4. Alkohol 70%.	10. Alkohol 96%.
5. Hämatoxylin Delafield.	11. Alcohol absolutus.
6. dgl.	12. Xylol.
7. Leitungswasser.	

a) Im Stück gefärbte Objekte werden nur in der Kuvette 1 behandelt. Man erwärmt den Objektträger, bis das Paraffin geschmolzen ist, und stellt ihn dann in das Xylol, welches das Paraffin auflöst. Hierauf säubert man den Objektträger, läßt einen Tropfen Kanadabalsam auf das Präparat fallen und deckt mit einem Deckgläschen zu.

b) Objekte, welche nur mit Hämatoxylin gefärbt werden sollen, überspringen die Kuvetten 8 und 9. Hämatoxylin wird in stark wasserhaltiger Lösung angewendet; deshalb muß, nachdem das Xylol in Kuvette 1 das Paraffin aufgelöst hat, in 2 durch den absoluten Alkohol das Xylol entfernt ist, in 3 und 4 der stärkere Alkohol allmählich durch schwächeren ersetzt werden. In jeder Kuvette bleiben die Präparate etwa eine Minute. Die Färbung in Hämatoxylin dauert ziemlich lange, mindestens 20 Minuten; deswegen sind zwei Gläser mit diesem Farbstoff eingestellt, um bei Behandlung mehrerer Präparate keine Stauungen hervorzurufen. Man kann überdies in jede Kuvette zwei Objektträger einstellen, wenn man sie mit ihren leeren Seiten aneinanderlegt.

Sollte bei einem Präparate mit Hämatoxylin Überfärbung eingetreten sein, so bringt man die Objekte auf kurze Zeit (Bruchteile einer Minute) in starken Salzsäure-Alkohol (70%igen Alkohol mit 1% HCl) und kontrolliert unter dem Mikroskop. Bei zu starker Einwirkung dieses Differenzierungsmittels wird das ganze Präparat rot.

Hämatoxylin färbt die Zellsubstanzen, namentlich des Grundgewebes, der Knochen usw. hellviolett, die Zellkerne dunkelviolett.

Aus dem Hämatoxylin kommen die Objekte, die nur mit diesem gefärbt werden sollen, auf je eine Minute in die Kuvetten 7, 10 und 11. Hier wird aller nur äußerlich anhaftende Farbstoff abgespült und das Wasser allmählich wieder durch Alkohol ersetzt. Im absoluten Alkohol in Kuvette 11 wird die letzte Spur des Wassers herausgezogen, im Xylol der Kuvette 12 der Alkohol verdrängt. Zum Schluß wird Kanadabalsam auf das Objekt getröpfelt und ein Deckglas aufgelegt.

c) Objekte, welche ungefärbt auf den Objektträger kommen und mehrfach gefärbt werden sollen, müssen die ganze Reihe der Kuvetten durchlaufen, natürlich von den beiden Gläsern 5 und 6 nur das eine. Die in Hämatoxylin gefärbten Objekte bleiben in Kuvette 7 (Leitungswasser) 10 Minuten, bis alles äußerlich anhaftende Hämatoxylin entfernt und die Reaktion sicher alkalisch geworden ist, und kommen dann in die van Giesonsche Farblösung. Diese enthält Säurefuchsin und Pikrinsäure. Das Säurefuchsin färbt das Bindegewebe rot, die Pikrinsäure die Muskeln gelb. In der Giesonschen Farblösung dürfen die Objekte nur kurze Zeit verweilen, höchstens eine Minute, da die Pikrinsäure sonst die Hämatoxylinfärbung wieder zerstört. Es ist daher ratsam, mit Hämatoxylin etwas zu überfärben ($\frac{1}{2}$ Stunde). Überhaupt muß man möglichst oft den jeweiligen Färbungszustand unter dem Mikroskop kontrollieren. Aus der Giesonschen Lösung bringt man die Schnitte auf $\frac{1}{2}$ Min. in Leitungswasser, das mit van Gieson-Lösung schwach gefärbt ist (Kuvette 9). Säurefuchsin hält seine Farbe nur, wenn es in sauren Lösungen verarbeitet wird. Schon durch die Alkalität des Leitungswassers kann es entfärbt werden.

Nachdem die richtige Abtönung der Farben erzielt ist, kommen die Objekte in 96%igen Alkohol, dann zur Entwässerung in absoluten Alkohol, endlich über Xylol in Kanadabalsam.

7. Die wichtigsten Gewebearten.

1. Das Blut.

a) Rote (und weiße) Blutkörperchen des Menschen. Die roten (und weißen) Blutkörperchen entnehmen wir unserem eigenen Finger. Wir seifen denselben gründlich und spülen mit absolutem Alkohol nach. Hierauf ziehen wir eine Lanzennadel einige Male durch die Flamme und stechen die Fingerbeere leicht an. Einen herausgepreßten Tropfen Blut wischen wir auf einen Objektträger, bringen einige Tropfen nichtschaumigen Speichels darauf und legen ein Deckgläschen darüber. Bei einer 400—500fachen Vergrößerung sieht man eine große Anzahl schwach gelblichroter, runder scheibenförmiger Zellen mit verdicktem Rande, also im optischen Durchschnitt von biskuitförmiger Gestalt. Hin und wieder bemerkt man dazwischen ein farbloses Klümpchen, d. i. ein weißes Blutkörperchen.

Die roten Blutkörperchen des Menschen und der Säugetiere sind Zellen, deren Kern zugrunde gegangen ist. Auch eine Zellhaut besitzen sie nicht. Sie haben bei den verschiedenen Tieren eine verschiedene, für die Art charakteristische Form. Die menschlichen Blutkörperchen haben einen Durchmesser von 7,5 μ. Typisch ist ihre häufig geldrollenförmige Anordnung, die durch Flächenadhäsion zu erklären ist.

Auf einen zweiten Objektträger bringt man ebenfalls eine Spur Blut und darauf ein paar Tropfen 10%ige Kochsalzlösung. Man legt ein Deckgläschen auf und beobachtet bei 1 : 400 bis 1 : 500. Die roten Blutkörperchen sind jetzt sternartig zusammengeschrumpft, da ihnen durch die starke Kochsalzlösung Wasser entzogen wird.

Auf einem dritten Objektträger bringt man zu einem weiteren Tropfen Blut ein wenig destilliertes Wasser und beobachtet. Die Blutkörperchen quellen durch Wasseraufnahme auf, verblassen immer mehr, indem der rote Farbstoff in das umgebende Wasser tritt, und werden schließlich fast unsichtbar (Hämolyse).

Auf einem vierten Objektträger drückt man mit einem sauber geputzten Deckglase einen kleinen Tropfen Blut breit und stellt daraus ein Dauerpräparat her. Zu diesem Zwecke muß das Deckgläschen möglichst bald durch einen Rand von Krönigs Deckglaskitt befestigt werden.

Die weißen Blutkörperchen oder Leukozyten sind an Zahl
bedeutend geringer. Es gelingt oft schwer, sie unter den vielen roten
Blutkörperchen aufzufinden, da erst auf 300—400 rote ein weißes kommt.
Die Leukozyten haben keine bestimmte Form, sondern führen amöboide
Bewegungen aus, indem sie Teile ihres Protoplasmaleibes wie Schein-
füße ausstrecken und wieder einziehen.

b) Weiße Blutkörperchen des Frosches. Man schneidet mit der
Schere die Rückenhaut eines frisch getöteten Frosches an und saugt
mittels einer kleinen Glaspipette mit Gummihütchen etwas von der
Rückenlymphe heraus. Der Tropfen wird auf den Objektträger gebracht und zum Schutze gegen das Austrocknen möglichst schnell mit
einem Rande von Krönigs Deckglaskitt versehen.

Die Rückenlymphe ist reich an Leukozyten, die uns als unge-
färbte, maulbeerartige Gebilde erscheinen. Bei minutenlanger Beobachtung eines bestimmten Leukozyten kann man auch Bewegungen
an demselben wahrnehmen.

c) Rote Blutkörperchen des Frosches. Das Blut eines frisch getöteten Frosches wird in einem kleinen Uhrschälchen aufgefangen.
Die möglichst schnell damit herzustellenden Präparate entsprechen
der Versuchsreihe unter a. Die roten Blutkörperchen des Frosches
sind oval und bedeutend größer als die des Menschen (22 μ lang, 15 μ
breit). Man kann in ihnen deutlich einen Zellkern erkennen.

d) Krebsblut. Wir töten einen Krebs durch Chloroform und
schneiden dann sofort die Scherenspitzen ab. Das ausfließende, farblose
Blut wird auf Objektträgern aufgefangen, mit einem Deckgläschen
bedeckt und bei starker Vergrößerung beobachtet. Wir sehen die Blutkörperchen mit körnigem Plasma und können zuweilen noch amöboide
Bewegungen an ihnen beobachten.

2. Zellen aus Schweine- oder Hammelleber.

Durch Schaben kann man die Zellen mancher Organe (Leber) isolieren. Es wird von einer frischen
Schnittfläche mit dem Skalpell
ein wenig abgekratzt und in einen
Tropfen 0,75 %ige Kochsalzlösung
auf den Objektträger gebracht,
mit einem Deckglase zugedeckt
und bei starker Vergrößerung betrachtet. Man kann die isolier-
ten Leberzellen färben, indem
man neben das Deckgläschen einen
Tropfen Hämatoxylin Delafield
bringt und von der anderen Seite
die Kochsalzlösung mit Fließ-

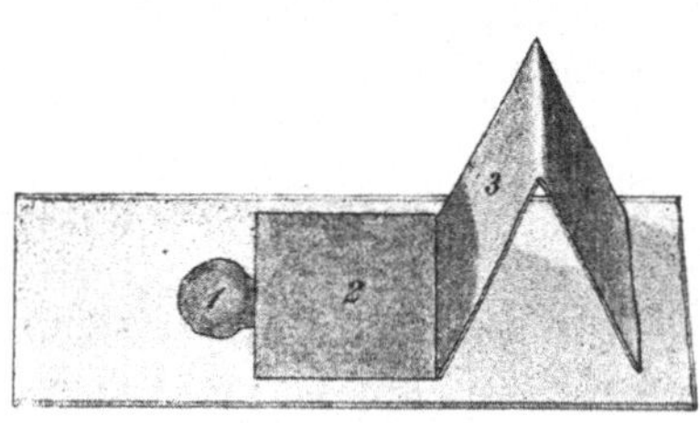

Fig. 1. Schema für das „Durchziehen‟
von Flüssigkeiten.

1. Flüssigkeitstropfen. — 2. Deckgläschen.
— 3. Fließpapier.

papier absaugt. Eine zweckmäßige „Durchziehvorrichtung‟ zeigt die
nebenstehende Fig. 1.

3. Pflasterepithel der Mundschleimhaut.

Man schabe mit einem in Alkohol gut gereinigten Skalpell vorsichtig über die Unterlippe oder Zungenspitze und bringe von dem abgekratzten, schleimigen Stoffe etwas auf den Objektträger in physiologische (0,75 %ige) Kochsalzlösung. Schon bei mittlerer Vergrößerung sind die großen, platten Pflasterzellen des Epithels der Mundschleimhaut mit ihren Kernen zu erkennen. Man kann auch unter dem Deckglase mit Pikrokarmin färben und ein Dauerpräparat in Glyzerin herstellen.

4. Fettzellen aus Schweinefett (Rückenfett, Bauchfett).

Wir schneiden mit einem möglichst scharfen Skalpell ein so dünnes Scheibchen Fett ab, daß es schon einigermaßen durchsichtig ist, bringen es auf den Objektträger und quetschen es mit einem Deckgläschen

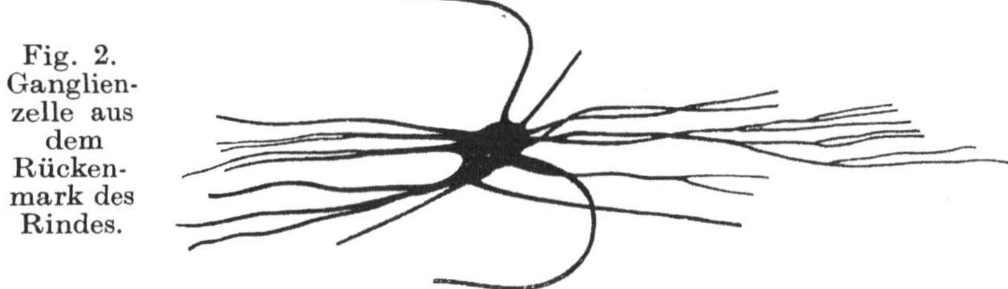

Fig. 2. Ganglienzelle aus dem Rückenmark des Rindes.

breit. In den Fettzellen ist das Plasma durch Fett auf einen schmalen Randsaum zusammengedrängt, in dem wir auch den platten Kern wahrnehmen. Aus vielen Fettzellen wird durch das Drücken der Fetttropfen entfernt.

5. Ganglienzellen aus dem Rückenmark des Rindes.

Stücke von gefärbtem Material (s. Handbuch S. 66) werden in wenig destilliertem Wasser 10 Minuten lang ausgewaschen. Etwas von der schwammigen, stark rot gefärbten grauen Substanz wird abgekratzt und auf einen Objektträger übertragen. Man legt dann einen zweiten Objektträger quer über den ersten und zieht auseinander. Die so entstandene, dünne Schicht wird auf beiden Gläsern schnell lufttrocken. Dann bringt man einen Tropfen Kanadabalsam darauf und deckt ein. Das Präparat zeigt die Zellkörper der Ganglienzellen mit ihren Fortsätzen und häufig noch ein vielfach verzweigtes Geflecht von Nervenfasern. Die Kerne heben sich durch intensivere Färbung deutlich ab. Die Ganglienzellen sind membranlos.

6. Zellteilungsfiguren.

Es werden Larven des gemeinen Wassermolches (Triton taeniatus) oder vom gefleckten Salamander (Salamandra maculosa) benutzt, die nach Handbuch S. 68 fixiert sind. Wir schneiden mit einer sehr spitzen Schere längs des Randes der durchsichtigen Hornhaut (Cornea) und ziehen diese mit einer spitzen Pinzette ab. Wir bringen sie in ein Uhrschälchen mit Hämatoxylin Delafield und färben $^1/_2$ Stunde, spülen in $70^0/_0$igem Alkohol aus, bringen auf einige Minuten in $90^0/_0$-igen Alkohol, dann zur Entwässerung in Alcohol absolutus, schließlich

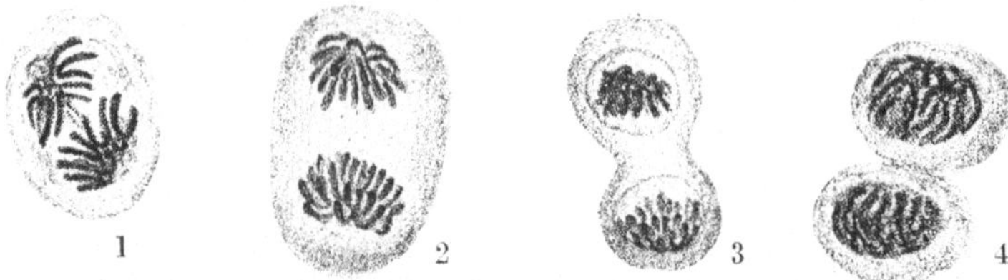

Fig. 3.   Kernteilungsbilder von Salamandra maculosa (Larve).
1. Corneazelle. — 2. Epithelzellen (1. u. 2. mit Tochtersternen). — 3. Corneazelle, begin-
nende Plasmateilung. — 4. Corneazelle, vollendete Plasmateilung.

über Xylol in Kanadabalsam. Man kann die gefärbten Schnitte auch in Wasser abspülen und in Glyzerin aufbewahren. Die besten Bilder erhält man, wenn die Außenseite der Hornhaut nach oben liegt.

Die Bauchhaut ziehen wir mit der Pinzette ab und schaben sie innen und außen leicht mit dem Skalpell. Sie wird dann weiter behandelt wie die Hornhaut und zeigt entsprechende Bilder. Um die Gaumenhaut zu erlangen, schneiden wir Unterkiefer und Zunge mit der Schere ab und ziehen die Haut mit der Pinzette vom Gaumen herunter. Die Präparation geschieht wie bei der Hornhaut und bei der Bauchhaut.

7. Knochen.

Zum Schleifen benutzen wir am besten Finger oder Mittelfuß-knochen größerer Schlachttiere oder größere Röhrenknochen des Kaninchens, die wir durch Kochen in Wasser von Fett und Leim sorgfältig befreit haben. Zur vollständigen Entfernung des Fettes können wir die Knochen auch noch einige Zeit in Äther legen. Darauf schneiden wir zuerst quer, dann längs zur Achse des Knochens recht dünne Scheibchen ab, entweder mit einer guten Blattsäge oder, was noch besser ist, mit einer Kreissäge. Ein auf irgend eine Weise gewonnener, recht dünner Schnitt wird nun zunächst auf einer Feile, dann auf einem gröberen und schließlich auf einem feinen, flachen Schleifstein von beiden Seiten geschliffen, bis man einen genügend dünnen Schliff erhält. Sollte die Empfindlichkeit des haltenden Fingers diese Methode nicht zu-lassen, so kann man den Schnitt auf einem Objektträger befestigen. Zu diesem Zweck legt man ein kleines Stückchen Damaraharz auf den Objektträger, erwärmt über der Flamme und bringt, wenn das Harz geschmolzen ist, den Knochenschnitt darauf. Das Harz erstarrt alsbald, und wir können nun, indem wir den Objektträger als Hand-habe benutzen, auf Feile und Schleifstein arbeiten. Haben wir auf einer Seite genügend abgeschliffen, so erhitzen wir den Objektträger, bis das Harz schmilzt, drehen den Knochenschliff um, befestigen ihn wieder, und schleifen die andere Seite. Dieses Verfahren ist fortzusetzen, bis die gewünschte Stärke erreicht ist. Es ist selbstverständlich, daß die Schleifsteine während der Benutzung gut mit Wasser benetzt werden müssen. Dieses, sowie das etwa benutzte Harz müssen vor dem Einbetten entfernt werden. Zu diesem Zwecke bringt man den Schliff für einige Zeit in absoluten Alkohol. Da der Alkohol die Luft aus den Knochenzellen austreibt, ist es nicht zweckmäßig, den Schliff unmittelbar aus dem Alkohol heraus einzubetten. Denn die feinere Struktur des Knochens wird gerade erst dann gut sichtbar, wenn in seinen Hohlräumen Luft enthalten

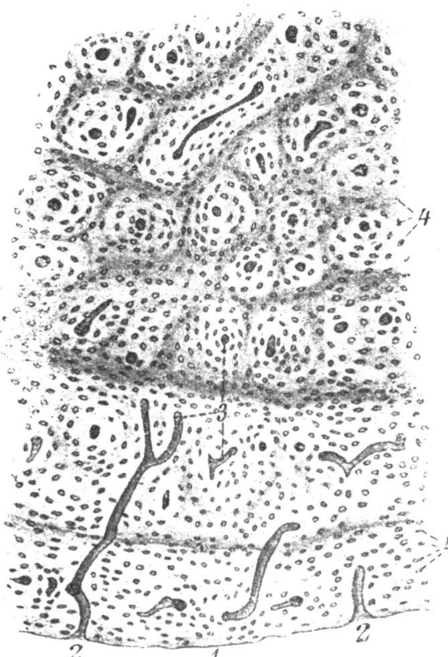

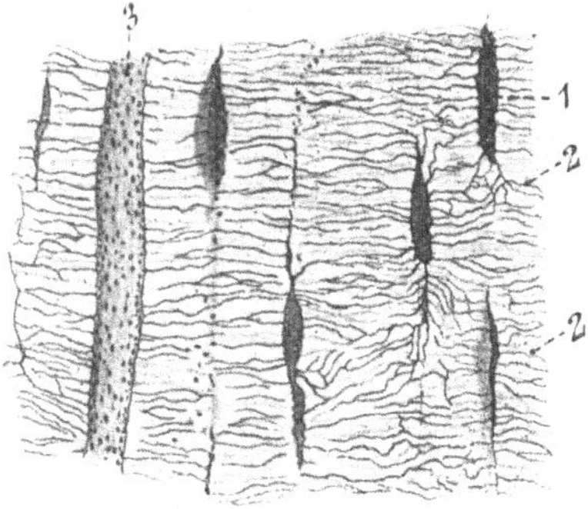

Fig 4. Kaninchen, Oberschenkel quer.
1. Außenrand des Schliffes. — 2. Eintretende Haverssche Kanäle. — 3. Haverssche Kanäle. — 4. Knochenzellen.

Fig. 5. Pferd. Zehenknochen längs.
1. Knochenzelle. — 2. Knochenkanälchen. — 3. Haversscher Kanal mit den Mündungen von Knochenkanälchen.

ist. Nach dem Herausnehmen aus dem Alkohol lasse man daher die Schliffe recht gründlich trocknen. Wir bringen dann einen Tropfen nicht zu dünnen Kanadabalsams auf einen Objektträger, legen den Knochenschliff hinein und decken ein Deckgläschen auf. Man sieht dann die Grenzen der einzelnen Knochenlamellen, die quer oder längs getroffenen Haversschen Kanäle, die Knochenzellen und Knochenkanälchen.

8. Hyaliner Knorpel.

a) Processus xiphoideus (Schwertfortsatz) vom Brustbein des Frosches. Wir präparieren an einem Frosch, der mit Chloroform getötet worden ist, die Bauchhaut ab. Durch die Muskulatur hindurch sehen wir am unteren Ende des Brustbeins den breiten, im Umriß knaufförmigen Schwertfortsatz. Mit Schere und Pinzette präparieren wir denselben heraus. Dieser Knorpel ist so dünn, daß wir ihn ohne weiteres betrachten können. Wir bringen ihn in etwas Lugolsche Lösung (Jod 2,0, Jodkalium 4,0, Aqua destillata 200,0) auf den Objektträger und legen ein Deckglas auf.

b) **Knorpel vom Gelenkkopf des Oberschenkels** oder Oberarmes des Frosches. Wir schneiden an demselben Frosch die Muskulatur um das Schultergelenk herum auf und drehen den Oberarm aus seiner Gelenkpfanne. Dann trennen wir den Arm vollständig ab und entfernen vom Oberarm durch Schaben die Muskulatur. Man

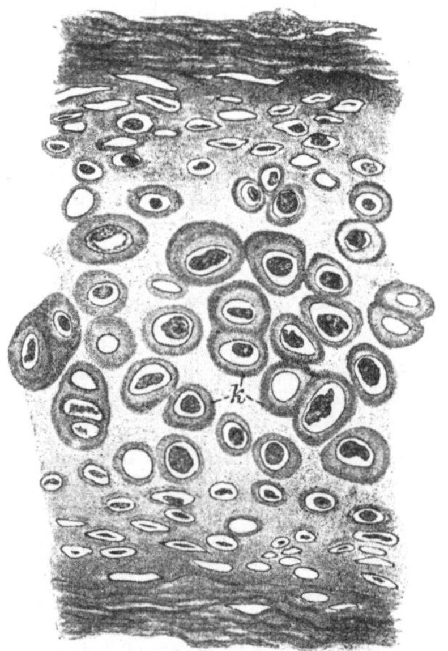

Fig. 6. Kaninchen, Schwertfortsatz, quer.
k Knorpelkapseln

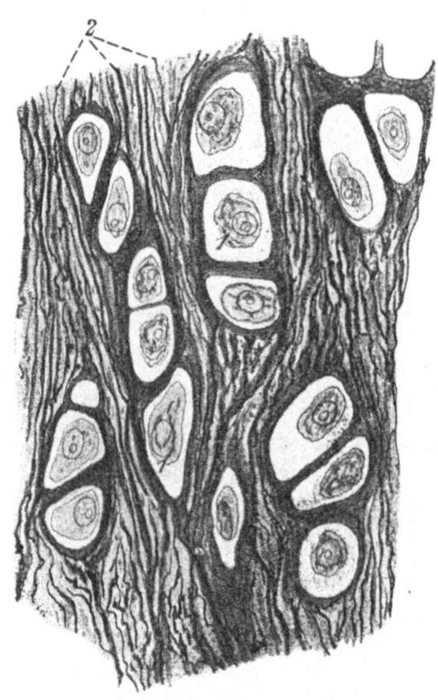

Fig. 7. Elastischer Knorpel aus dem Kehldeckel vom Schwein.
1. Knorpelzellen. — 2. Fasern.

kann diesen Knochen sehr bequem in der Hand halten und mit dem Rasiermesser durchsichtige, dünne Scheiben vom Gelenkkopf abschneiden; er läßt sich aber auch in die Klammer des Mikrotoms einspannen, wo die Schnitte noch dünner und gleichmäßiger werden. Auch dieses Objekt wird in Lugolscher Lösung bei starker Vergrößerung betrachtet.

9. Elastischer Knorpel.

Der Kehldeckel eines Schweines wird mit dem Rasiermesser oder dem Mikrotom geschnitten. Die Beobachtung erfolgt in Lugolscher Lösung. Wir sehen außer den Knorpelzellen ein mehr oder weniger dichtes Netz von Fasern, das je nach der Schnittrichtung in Form feiner Striche, dunkler Punkte oder auch eines geschlossenen Netzes erscheint.

10. Glatte Muskulatur aus der Harnblase des Frosches oder der Kröte.

Wir eröffnen die Leibeshöhle eines Frosches, drücken den Inhalt der Blase heraus, während diese noch im Körper sitzt, und füllen sie mittels einer kleinen Glasspritze, deren Spitze von der Kloake her durch den Blasenhals bis in die Blase geführt werden muß, mit absolutem Alkohol. Dann wird der sehr kurze Blasenhals vorsichtig abgebunden und die gefüllte Blase in absoluten Alkohol gelegt. Nach 3—5 Tagen wird die Blase aufgeschnitten, mit der Innenseite nach oben auf einem Objektträger ausgebreitet und von dieser Innenseite mit einem Pinsel das Blasenepithel heruntergepinselt. Stücke der Blasenwandung können dann zu mikroskopischen Präparaten verarbeitet werden, zur Not ungefärbt (Betrachtung mit Irisblende), besser gefärbt nach einem besonderen Verfahren (s. Handbuch S. 80).

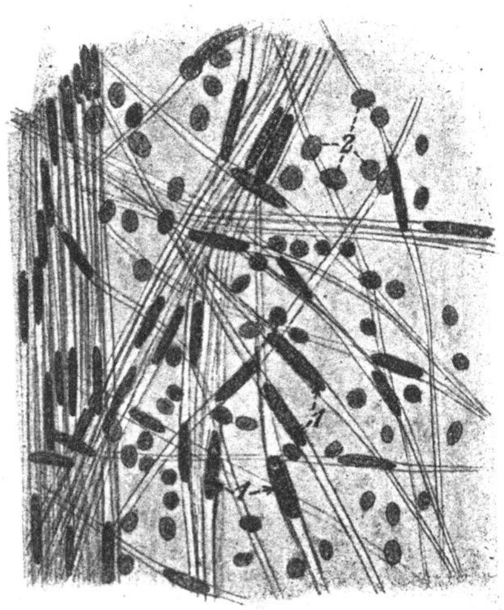

Fig. 8. Glatte Muskelzellen aus der Wandung der Harnblase einer Kröte.
1. Kerne der Muskelzellen. — 2. Bindegewebskerne.

11. Quergestreifte Muskulatur.

Die Fasern dieser Muskulatur zeigen bei starker Vergrößerung eine deutliche Querstreifung, welche durch das verschiedene Lichtbrechungsvermögen der einzelnen Teile der Faser hervorgerufen wird. Die dunkler erscheinenden Querstreifen sind optisch doppelbrechend. Die Muskelfaser ist von einer Haut, dem Sarkolemm, umgeben und läßt sich durch geeignete Mittel in viele feinste Fibrillen zerlegen, die für gewöhnlich durch das Sarkoplasma verkittet sind. Die Kerne der Muskelfasern sind oval und liegen der Längsachse der Fasern parallel. Diese sind bedeutend länger als die Elemente der glatten Muskulatur. Ihre Länge schwankt zwischen 5,3 cm und 12,3 cm.

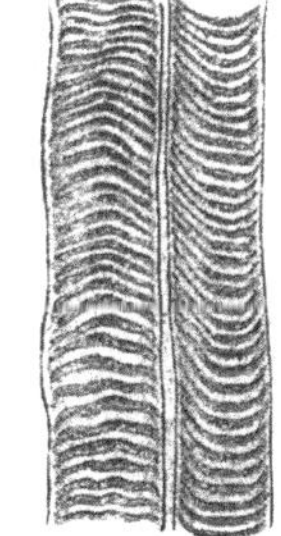

Fig. 9. Teile von quergestreiften Muskelfasern (aus dem Kehlkopf des Kaninchens).

Die Muskulatur des Flußkrebses zeichnet sich durch sehr deutliche Querstreifung aus. Wir heben an einem frisch (mit Chloroform) getöteten Krebs mit der Schere einige Rückenpanzer der Hinterleibsringe ab und entnehmen der Muskelmasse durch flache Scherenschnitte einige Bündel, die wir auf dem Objektträger in physiolo-

gischer Kochsalzlösung (0,75% NaCl) zerzupfen.   Bei starker Vergrößerung sehen wir eine deutliche Querstreifung und die heller er-

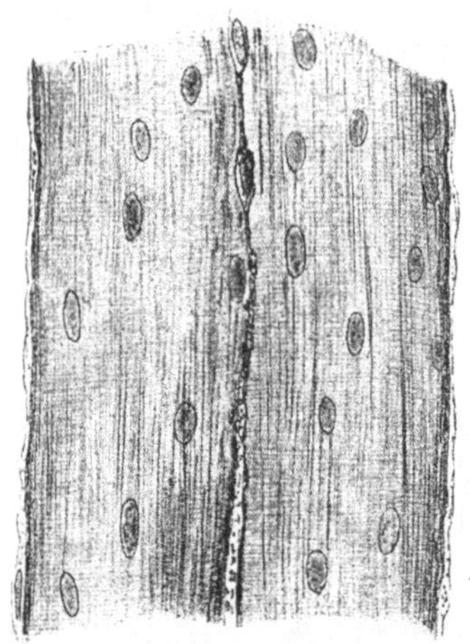

scheinenden Kerne. Wir machen dasselbe Präparat und saugen mit Fließpapier etwas Brunnenwasser durch
das Gesichtsfeld. Nach einigen Minuten sieht man, wie sich das Sarkolemm von der Fasersubstanz an
manchen Stellen loslöst.   Wird in
einem neuen Präparat ein wenig 0,1%-
ige Essigsäure durch das Gesichtsfeld
gezogen, so treten jetzt die Kerne als
dunkle Striche scharf hervor.

Sehr gut läßt sich die Querstreifung auch an Insektenmuskeln
beobachten. Altes Spiritusmaterial
(Käferlarven und Käfer, Heuschrecken,
Libellen usw.) ist mit Vorteil zu verwenden.

Für Schnitte eignen sich Mus-
kelstücke von Krebs oder von der
Eidechse oder vom Kehlkopf des
Kaninchens, die nach Handbuch
S. 81 zu behandeln sind.

Fig. 10. Teile von quergestreiften
Muskelfasern (aus dem Kehlkopf des
Kaninchens).   Primitivfibrillen und
Kerne zeigend.

12. Nervenfasern.

An einer vollständigen Nervenfaser haben wir zu unterscheiden:
1. den **Achsenzylinder,** eine Fortsetzung der im Zentralnervensystem
   gelegenen Nervenzellen,
2. die **Markscheide,** welche den vorigen wie ein Zylindermantel umhüllt,
3. das **Neurilemm,** eine bindegewebige Hülle der Markscheide.

Die Markscheide oder das Neurilemm oder beide können auf der
ganzen Ausdehnung der Nervenfaser oder an Teilen derselben fehlen.
An vielen Nervenfasern treten sehr schmale, ringförmige Zonen auf,
wo die Markscheide fehlt und das Neurilemm den Achsenzylinder unmittelbar berührt. Diese Stellen heißen Schnürringe; von ihnen aus
findet die Ernährung des Achsenzylinders statt. Die Nervenstränge,
welche wir zwischen den Muskeln sehen, bestehen aus einer großen Anzahl von Nervenfaserbündeln, welche je von einer gemeinsamen Hülle,
dem Perineurium, umgeben sind und insgesamt in einer elastischen
Bindegewebssubstanz, dem Epineurium, liegen.

a) **Nervenfasern des Frosches.** Man präpariert an einem mit
Chloroform getöteten Frosch den Nervus ischiadicus des Beines heraus.
Wir öffnen den Frosch von der Bauchseite, nehmen die Eingeweide
heraus und sehen dann die Nervenstränge des Pferdeschweifes, welche
von den unteren Wirbeln nach den Beinen ziehen. Der stärkste, welcher
in die Oberschenkel geht, ist der Nervus ischiadicus. Wir schneiden
ein Stück von etwa 2 mm Länge mit der Schere heraus, bringen es

auf den Objektträger in physiologische Kochsalzlösung, reißen mit zwei Nadeln das Epineurium auf und zerzupfen sehr schnell den Inhalt. Die Beobachtung geschieht bei starker Vergrößerung.

b) Darstellung der Schnürringe. Die Nerven des Pferdeschweifes im Frosche werden mit einer $^{1}/_{3}{}^{0}/_{0}$igen Lösung von Silbernitrat nach Vorschrift Handbuch S. 83 behandelt. Die Schnürringe und die benachbarten Teile des Achsenzylinders erscheinen durch Silber

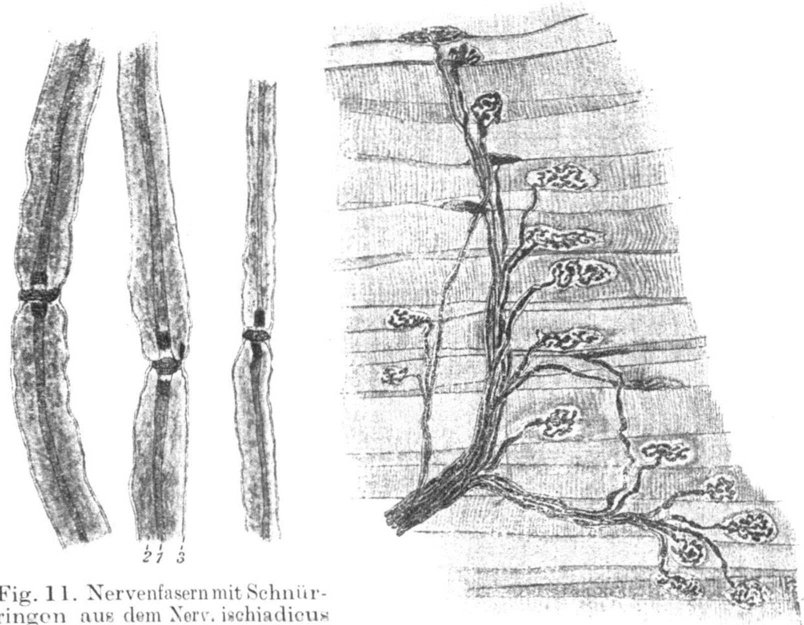

Fig. 11. Nervenfasern mit Schnürringen aus dem Nerv. ischiadicus des Frosches.
1. Achsenzylinder. — 2. Markscheide. — 3. Neurilemm.

Fig. 12. Endplatten motorischer Nerven an quergestreiften Muskelfasern des Kaninchens.

geschwärzt, die Nervenfasern im übrigen ungefärbt. Der Achsenzylinder zeigt an den Stellen der Schnürringe sog. bikonische Anschwellungen, die aber bei der geschilderten Präparationsmethode sich häufig in der Markscheide verschieben und dann nicht direkt am Schnürring, sondern in einiger Entfernung von ihm zu sehen sind.

c) Nervenendplatten. Man zerzupft sehr kleine Stücke der zwischen den Rippen befindlichen Muskulatur eines Kaninchens oder einer Maus, die nach Vorschrift Handbuch S. 85 mit Goldchlorid behandelt sind, auf dem Objektträger in verdünntem Glyzerin mit sehr wenig Ameisensäurezusatz. Das Deckgläschen wird angedrückt, und man kann dann unter dem Mikroskop bei starker Vergrößerung die dunklen Nervenfasern bis in ihre motorischen Endplatten verfolgen. Die Präparate werden am besten dunkel aufbewahrt. Beim Arbeiten mit vergoldetem Material dürfen keine Stahlinstrumente benutzt werden; man zerzupft mit spitzgezogenen Glasstäbchen oder -Röhren.

Spezieller Teil.

I. Protozoen.

1. Gregarina blattarum.

Wir töten Küchenschaben (Blatta orientalis) durch Chloroform, präparieren (nicht unter Wasser) den Darm von der Bauchseite her heraus, zerschneiden ihn und streichen den Inhalt mit dem Skalpell in einen Tropfen physiologischer Kochsalzlösung, der sich auf dem Objektträger befindet.

In dem Darminhalt sind die Tiere als langsam sich bewegende Klümpchen bald herauszufinden. Die Zellhaut ist deutlich zu sehen. Das Plasma erscheint körnig und wird durch eine hellere Zwischenwand in einen vorderen, kürzeren und einen hinteren, längeren Abschnitt geteilt. In dem hinteren Abschnitt liegt der Kern.

2. Euglena viridis, das grüne Augentierchen.

Diese Form kommt in Straßengräben, Wassertümpeln und stehenden kleinen Gewässern namentlich in der Nähe von Mistablagerungen oft so häufig vor, daß das ganze Wasser grün gefärbt erscheint, doch kann die grüne Färbung auch durch andere Formen, z. B. Chlamydomonas oder Hämatococcus hervorgerufen werden, die genau ebenso zu behandeln sind.

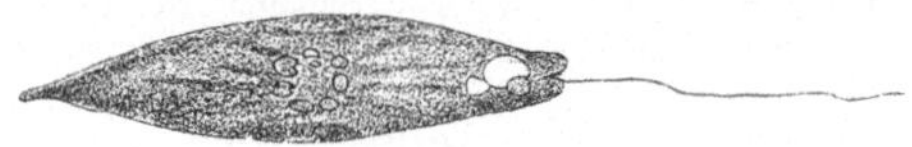

Fig. 13. Euglena viridis (nach Klebs). $^{400}/_1$.

Wir beobachten die Tiere in einem Tropfen des Wassers, in dem sie leben, unter dem Mikroskop (1 : 400). Wir erkennen einen Kern, außerdem Chlorophyllkörner, durch welche die Tiere ähnlich wie die grünen Pflanzen befähigt werden, Kohlensäure zu assimilieren. Auffallend ist ein roter Fleck am einen Ende, welcher als licht- oder wärmeempfindliches Organ gedeutet wurde, wahrscheinlich aber zum Beschatten des Kernes dient. Von den Geißeln, welche die Tiere besitzen, kann man bei dieser Beobachtung meist nichts wahrnehmen. Um sie zu sehen, setzen wir einem Teil des Aufbewahrungswassers mit dem Material die gleiche Menge einer mäßig warmen 3 %igen Gelatinelösung zu. Die Bewegungen werden dadurch merklich langsamer, und die Geißeln sind bequemer zu beobachten. Wir bemerken am Vorderende eine ziemlich große Geißel. Dicht unter der Ansatzstelle derselben sehen wir den Zellmund, durch welchen kleine Fremdkörper dem Zellinnern zugeführt werden können, und nicht weit von diesem und dem roten Augenfleck entfernt die **kontraktilen Vakuolen**, deren Spiel sich bei längerer Beobachtung deutlich verfolgen läßt.

3. Mundspirochaeten

(Spirochaeta buccalis und Spirochaeta dentium).

Wir bringen etwas Schleim, den wir von unseren Zähnen abkratzen, auf einen Objektträger und setzen einen Tropfen physiologische Kochsalzlösung zu. Die Spirochäten sind als korkzieherartig gewundene Linien zu erkennen, die in schlängelnder Bewegung durch das Gesichtsfeld eilen. Bei den zur Verfügung stehenden Vergrößerungen ist meist nur Spirochaeta buccalis zu sehen. Die viel kleinere und feinere

Fig. 14. Spirochaeta buccalis. $^{2400}/_1$. (Aus Kißkalt und Hartmann.)

Spirochaeta dentium wird erst bei längerer Beobachtung und größerer Übung erkannt werden können. Günstigenfalls kann man am Ende der Spirochaeta buccalis eine lange Geißel sehen.

4. Opalina ranarum.

Wir töten einen Frosch durch Chloroform, öffnen die Leibeshöhle von der Bauchseite her, trennen den Enddarm nach Entfernung der

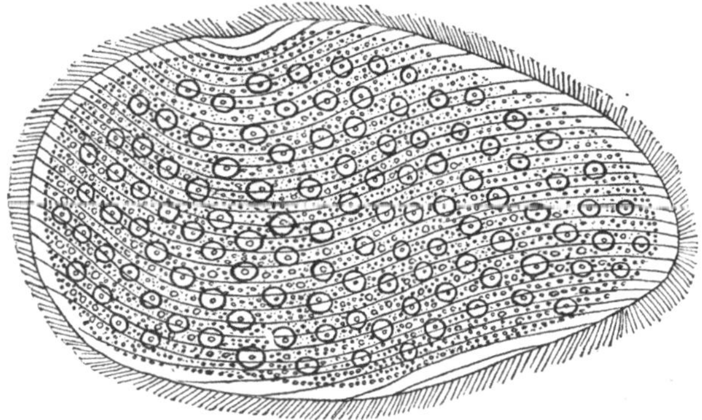

Fig. 15. Opalina ranarum (nach Zeller aus Kißkalt und Hartmann).

Harnblase heraus und quetschen den Inhalt in ein Uhrschälchen mit physiologischer Kochsalzlösung. Die Opalinen sind wegen ihrer beträchtlichen Größe (ca. 800 μ) schon mit bloßem Auge als lebhaft umhertanzende, weiße Pünktchen zu sehen. Es ist klar, daß wir sie unter dem Mikroskop wegen ihrer großen Geschwindigkeit nur schwer im Gesichtsfelde festhalten können. Wir setzen daher sogleich der physiologischen Kochsalzlösung etwas 3%ige warme Gelatinelösung zu, bringen einen Tropfen der Flüssigkeit mit den Tieren auf einen Objektträger und legen ein Deckgläschen auf. Wir bemerken in den Tieren eine große Anzahl kleiner, heller Kreise. Bei Opalina ist nämlich die Kernsubstanz in viele kleine Körnchen zerteilt. Ein Zellmund und kontraktile Vakuolen sind **nicht vorhanden**. Die deutlich sichtbare Längsstreifung rührt von feinen Muskelfibrillen her, die in die Zelloberfläche eingelagert sind.

5. Paramaecium, Pantoffeltierchen.

Wir gewinnen diese Tiere aus Heuaufgüssen. Wir bringen eine größere Menge möglichst frisches Grasheu in weite Glasgefäße und gießen Wasser darauf. Die Gefäße stellen wir in einem warmen Raum ans Licht. Nach einigen Tagen kann man in einer Probe, die man mit einer kleinen Pipette aus der Flüssigkeit entnommen hat, unter dem Mikroskop schon Infusorien finden. Ist dies nicht der Fall, so hat man nicht das geeignete Heu benutzt, und man muß nun aus irgend einem Tümpel etwas Wasser dazugeben. In diesem sind immer Infusorien vorhanden, die sich nun weiter entwickeln können. Nach etwa 8 Tagen zeigen uns die von der Oberfläche abgenommenen Proben meist ein anderes Infusor, **Colpidium colpoda**, dazwischen wenige Paramäcien. Die Colpidien nehmen dann an Zahl sehr schnell ab, und nach 14 Tagen haben die Paramäcien ihre größte Entfaltung erreicht. An der Oberfläche des Wassers zeigt sich eine trübe Haut, die sehr viel Infusorien enthält.

Wir wollen erst kurz auf **Colpidium colpoda** eingehen: Man bringe mit einer Gummipipette einen Tropfen der Flüssigkeit auf einen Objektträger und setze gleich einen kleinen Tropfen erwärmte, 3%ige Gelatinelösung dazu. Die Tiere sind durchschnittlich 100 μ lang und zeigen eine nierenförmige Gestalt. Zwei Kerne sind vorhanden (Kleinkern und Großkern) und eine kontraktile Vakuole. Im Protoplasma bemerkt man eine größere Anzahl von Nahrungskörperchen (Fetttropfen usw.).

In derselben Weise untersuchen wir 8 Tage später auch die Para-

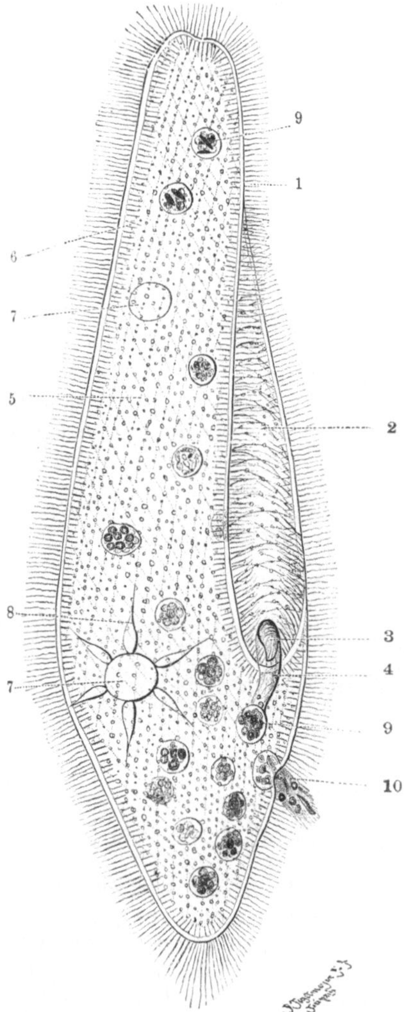

Fig. 16.   Paramaecium aurelia (nach Kükenthal).
1. Wimpern. — 2. Peristom. — 3. Zellmund. — 4. Schlundrohr. — 5. Muskelfibrillen. — 6. Trichocysten. — 7. kontraktile Vakuolen. — 8. zuführende Kanäle der hinteren kontraktilen Vakuole. — 9. Nahrungsvakuolen. — 10. After.

mäcien. Wir stellen erst ein Präparat mit Gelatinezusatz und etwas Indigkarminpulver her, um die Bewegung der Wimpern zu beobachten.

Ein zweites Präparat machen wir ohne Gelatinezusatz und können dann sehen, wie Farbkörnchen durch den Zellmund in das Innere des Zelleibes wandern.

Ein drittes Präparat zeigt uns nach Zusatz eines Tropfens stark verdünnter Schwefelsäure sehr deutlich die beiden Kerne.

Die Pantoffeltierchen haben die Gestalt einer Schuhsohle und sind 120—325 μ groß. Dem Zehenende der Sohlenform entspricht das Hinterende des Tieres. Hier sind die Wimpern etwas länger als am übrigen Körper. Das Peristom verläuft vom Vorderende bis zu dem an der breitesten Stelle liegenden Zellmund. Von diesem führt ein kurzes Schlundrohr in das Innere. Auf der Oberfläche (Pellicula) sehen wir ferner zwei sich unter spitzen Winkeln kreuzende Systeme von Muskelfibrillen, sowie am Rande herum, wo wir die Tiere gewissermaßen im Längsschnitt beobachten, in guten Mikroskopen eine Reihe dünner Stäbchen (Trichocysten), aus denen bei starken äußeren Reizen harte Fädchen zur Verteidigung vorgeschnellt werden. Der Großkern liegt in der Nähe des Zellmundes, der Kleinkern liegt ihm an. Die eine kontraktile Vakuole liegt am Vorderende, die andere hinter dem Großkern, eine größere Anzahl von Nahrungsvakuolen ist über das ganze Protoplasma verteilt.

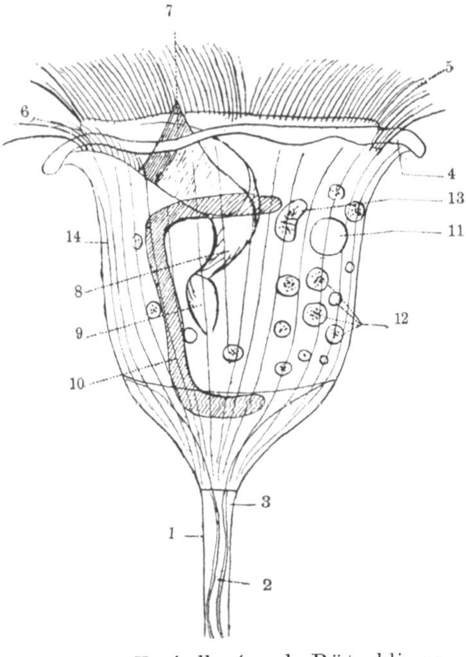

6. Vorticella,
Glockentierchen.

Glockentierchen finden wir an den unter Wasser befindlichen Teilen der Stengel von Wasserpflanzen, an Wurzeln, schwimmenden Holzstückchen, zuweilen auch an Schneckenschalen. Wir schöpfen aus dem Gewässer etwas Wasser und bringen Pflanzenteile, die uns geeignet erscheinen, hinein. Hält man das Gefäß dann gegen das Licht, so sieht man die Kolonien meist mit bloßem Auge als schimmelartige Rasen. Man hebt von den an den Pflanzenteilen sitzenden Tieren mit

Fig. 17. Vorticella (nach Bütschli aus Kükenthal).

1. Stiel. — 2. kontraktile Markschicht (Muskel). — 3. Rindenschicht des Stieles. — 4. Peristomrand. — 5. Wimperzone. — 6. Mund. — 7. schwingende Membran. — 8. Vestibulum. — 9. Schlund. — 10. Kern. — 11. kontraktile Vakuole. — 12. Nahrungsvakuolen. — 13. Reservoir. 14. kontraktile Fasern.

einer Glaspipette etwas ab und bringt es auf den Objektträger. Man kann auch unter Wasser etwas von dem schimmelartigen Rasen abschaben und mit einem Tropfen des Wassers auf den Objektträger überführen. Am günstigsten ist es, wenn das pflanzliche Substrat so dünn ist, daß es mit der ganzen Kolonie beobachtet werden kann. Man hat in dem Präparat meist eine größere Anzahl von Protozoenarten, häufig auch Rädertiere. Alle festsitzenden Individuen haben ihren Wimperkranz zunächst eingezogen. Man kann unter dem Mikroskop beobachten, wie sich die Tiere allmählich wieder ausstrecken.

Eine der häufigsten Arten ist Vorticella nebulifera. Wir finden viele Individuen auf kleinen Stielen an dem Pflanzenteil festsitzend. Der Stiel ist von einem Muskel durchzogen und daher kontraktil. Auf diesem Stiel sitzt der glockenförmige Körper, in dessen Wandung kontraktile Fasern verlaufen. An seinem oberen Ende trägt er das Peristom. Innerhalb des Peristoms liegt die Mundöffnung, die in ein trichterartiges Rohr einmündet. Die kontraktile Vakuole liegt im oberen Teile und ist leicht zu beobachten. Sie entleert ihren Inhalt in einen meist median davon liegendenHohlraum, das Reservoir. Von dort geht der Inhalt in den Schlundtrichter, wo er an einer bestimmten Stelle entleert wird. Wir setzen zu dem Präparat etwas Karminpulver und beobachten Nahrungsaufnahme und Wimperstrudelung.

7. Amöben.

Amöben finden wir in den Kahmhäutchen, welche sich auf den Aufgüssen aller möglichen Stoffe bilden. Aufgüsse von Heu, Lohe oder Gartenerde, die auf etwa 25⁰ gehalten werden, besitzen schon am nächsten Tage eine Haut, welche meist reichlich Amöben enthält. Man bekommt die Tiere am besten aus der Infusion heraus, wenn man dünne Deckgläschen auf der Oberfläche des Aufgußwassers schwimmen läßt und sie nach einiger Zeit sehr vorsichtig mit einer feinen Pinzette abhebt.

Auch auf der Unterseite der Wasserrosenblätter finden sich fast immer Amöben. Man bringt solche Blätter mit reichlich Wasser ins Laboratorium, nimmt sie kurz vor dem Gebrauch aus dem Aufbewahrungsglase und legt Deckgläschen auf die Blattunterseite,

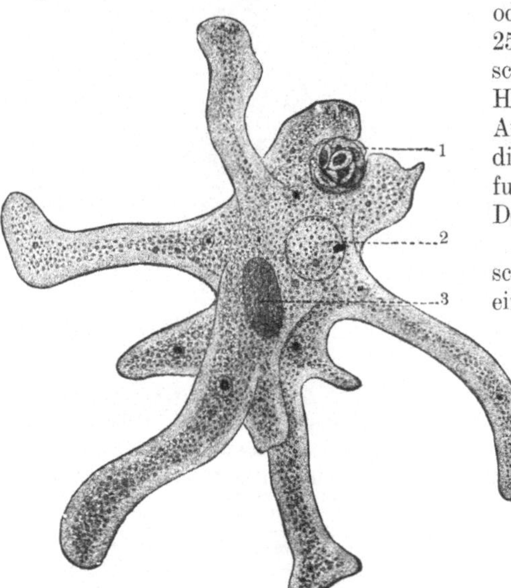

Fig. 18. Amoeba proteus, einen Nahrungskörper, (1)einen Haufen kleiner Algen, umschließend. 2. kontraktile Vakuole. 3. Kern (nach Kükenthal).

so daß sie gut anliegen. Auch an diesen Gläschen haften dann Amöben.

Die Deckgläschen mit den Amöben (Fig. 18) werden auf einen Objektträger gelegt, auf dem sich ein Tropfen Wasser befindet, und etwa $^1/_4$ Stunde sich selbst überlassen. Dann sucht man, zuerst mit mittlerer Vergrößerung, eine Stelle des Präparates auf, an der mehrere Amöben (jetzt zumeist noch in Kugelform) liegen und richtet auf diese Stelle die stärkste Vergrößerung. Man beobachtet dann längere Zeit und sieht, wie die Tiere Teile ihres Protoplasmaleibes wurmartig vorstrecken und wieder einziehen. Wenn man Glück hat, kann man verfolgen, wie die Zellmasse irgend einen kleinen Fremdkörper (Bakterie, Algenzelle u. a.) regelrecht umfließt und ihn so als Nahrung in sich aufnimmt. Das Spiel der kontraktilen Vakuole ist in den meisten Fällen gut zu beobachten.

II. Schwämme.

1. Leucandra aspera.

Leucandra aspera ist ein einfach gebauter Kalkschwamm, der im Mittelmeer häufig ist. Ein Stock des Schwammes setzt sich aus größeren und kleineren, flaschenförmigen Individuen zusammen, die an ihrer Basis zusammenhängen und an ihrem oberen Ende eine größere, von feinen Nadeln umstellte Öffnung (Osculum) haben.

Bei Lupenbetrachtung bemerken wir, daß aus der ganzen Oberfläche die Spitzen feiner Nädelchen hervorragen, und daß sich, regelmäßig auf der Oberfläche verteilt, kleine Öffnungen befinden. Mit einem scharfen Skalpell führen wir jetzt einen Längs-

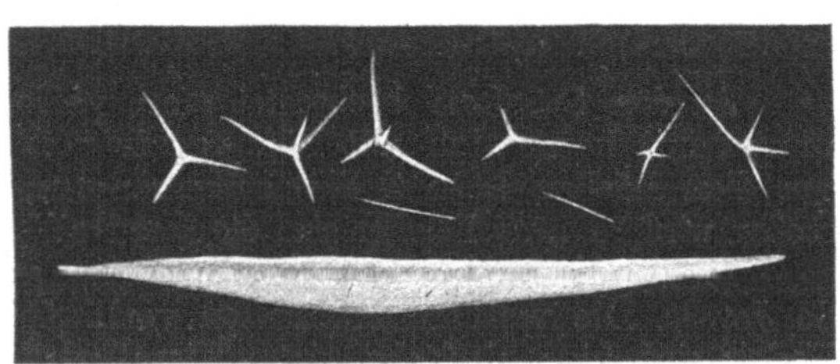

Fig. 19. Leucandra aspera. Skelettelemente.

schnitt durch ein Individuum. Dasselbe ist innen hohl, die Wandstärke beträgt wenige Millimeter. Die Innenfläche ist glatt und zeigt ebenfalls viele, aber unregelmäßig verteilte und verschieden große Öffnungen. Die Hohlräume der Individuen eines Stockes kommunizieren miteinander. Durch die auf der Außenfläche befindlichen Öffnungen strömt im Leben des Tieres Meerwasser ein, gelangt in die „Geißelkammern", besondere Hohlräume der Schwammsubstanz, von da in den Hohlraum des Schwammkörpers und wird endlich durch das Osculum wieder hinausgestrudelt. Die Wand der Geißelkammern ist mit einer Schicht von Palisadenzellen bekleidet, deren freies Ende von einem Kragen bedeckt ist, aus dem ein feiner Geißelfaden herausragt.

Zur Isolierung der Gerüstnädelchen mazerieren wir ein Stück des Schwammes, indem wir es auf einige Minuten in ein Schälchen mit Eau de Javelle legen. Dann wird etwas von dem Mazerat

auf einen Objektträger gebracht, mit Nadeln zerzupft, die Flüssigkeit
so gut wie möglich mit Fließpapier abgesaugt und das Übrige über
einer kleinen Flamme getrocknet. Dann wird ein Tropfen Kanadabalsam
daraufgetan und ein Deckgläschen aufgelegt. Man beobachtet dann
drei Arten von Nadeln, größere spindelförmige mit beiderseits spitzen
Enden, und kleinere in Gestalt drei- und vierstrahliger Sterne. Zu
einer weiteren Probe des Mazerats auf einem anderen Objektträger
(ohne Kanadabalsam) bringen wir einen Tropfen Salzsäure, legen ein
Deckglas auf und beobachten. Unter starker Gasentwickelung ver-
schwinden die Nadeln allmählich. Sie bestehen aus kohlensaurem Kalk.

2. Süßwasserschwämme.

Den Süßwasserschwamm, welcher zu den Kieselschwämmen
gehört, können wir in lebendem Zustande erhalten. Die Kolonien bilden
dicke grüne oder bräunliche Überzüge an unter Wasser befindlichen
Holzpflöcken, Schilfstengeln usw. Manche Arten verzweigen sich baumartig und bieten dadurch auffallende Erscheinungen dar.

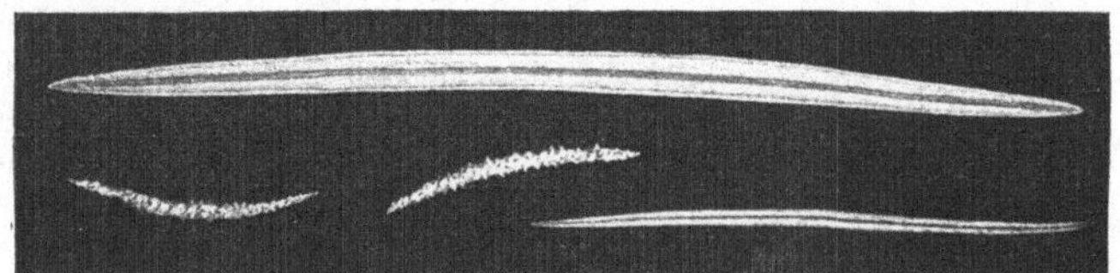

Fig. 20. Spongilla fragilis. Kieselnadeln.

An den Stöcken beobachtet man viele etwa 1 mm große Öffnungen und kann sich mit Hilfe von feinem Karminpulver, das man
vor diese Löcher bringt, davon überzeugen, daß hier Wasser ausge-
stoßen wird. Diese Löcher sind die Oscula.

Die Isolierung der Kieselnadeln geschieht wieder mit Eau
de Javelle. Die weitere Präparation verläuft wie bei Leucandra. Die
Nadeln sind hier einfache, glatte Kieselgebilde, welche sich in Salz-

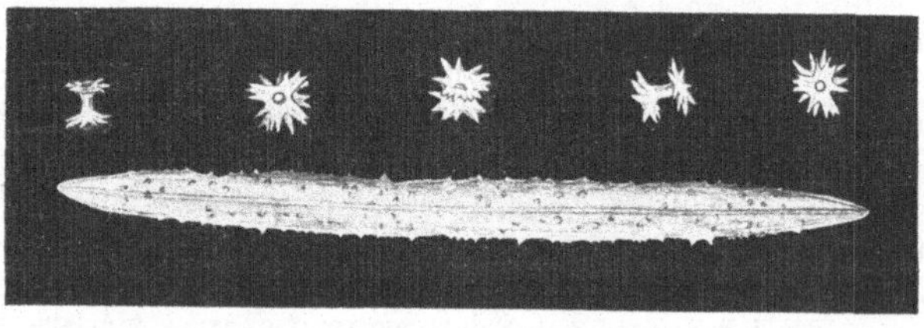

Fig. 21. Ephy-
datia Mülleri.
Kieselnadeln und
Amphidisken.

säure nicht auflösen. Bei einigen Arten (Trochospongilla, Ephydatia Mülleri) sind die Nadeln dicht mit kleinen, spitzen Höckern
besetzt. Zuweilen findet man in den Schwämmen kleine, gelbe, mohn-
korngroße, harte Gebilde (Gemmula). Sie dienen zur Überwinterung.
Die Präparation erfolgt nach kurzer Mazeration in Eau de Javelle wie
bei den Nadelpräparaten. Doch versuche man, durch Vermeidung
von Druck die Kugelform zu erhalten. Die Nadeln, welche mit der

Chitinhülle die Umgrenzung der Gemmulae bilden, sind meist etwas abweichend von den Gerüstnadeln gestaltet. Bei einigen Arten (Trochospongilla, Ephydatia) werden sie durch die Amphidisken vertreten, kleine Kieselgebilde, welche aus zwei Scheiben oder Sternen bestehen, die auf einem kleinen Mittelstab wie zwei Wagenräder auf ihrer Achse befestigt sind.

3. Badeschwamm.

Unser gewöhnlicher Badeschwamm (Euspongia officinalis) gehört zu den Hornschwämmen, welche ein Hornfasergerüst (Spongiolin) besitzen, in dem zuweilen Kiesel- oder Sandteilchen als fremde Einschlüsse zu finden sind. Man kann ein Stückchen des Schwammes zerzupfen, mit Xylol durchtränken und in Kanadabalsam einschließen. Das Horngewebe zeigt einen netzartigen Bau.

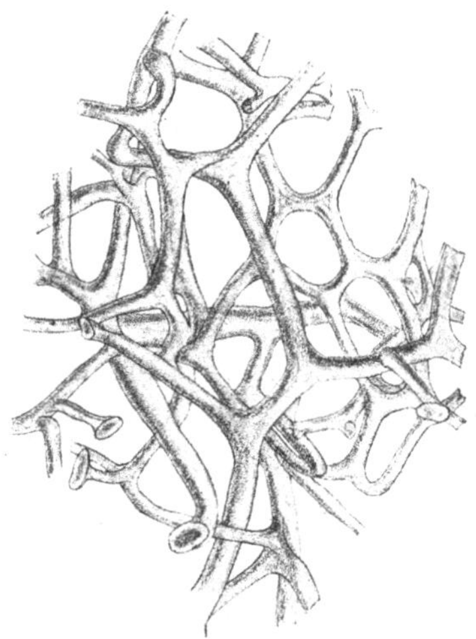

Fig. 22.　Euspongia officinalis. Spongiolingerüst.

III. Coelenteraten.

1. Hydra viridis, der grüne Armpolyp (oder Hydra fusca oder Hydra grisea).

Die Hydren leben namentlich an Wasserlinsen (Lemna), aber auch an Wasserpest (Elodea), Schilfstengeln usw. kommen sie vor. Man bringt das Pflanzenmaterial mit dem Wasser nach Hause und stellt es in einem größeren Glasgefäße an die Sonne. Sind Hydren vorhanden, so sitzen meist schon am nächsten Tage einige an den Wänden des Gefäßes, namentlich an der dem Lichte zugewendeten Seite, und sind dort bei einiger Aufmerksamkeit mit bloßem Auge zu erkennen.

Hat man einmal gutes Hydrenmaterial, so kann man die Tiere auch weiterzüchten, indem man sie mit Lemna, Elodea u. a. in Aquariengläser bringt und von Zeit zu Zeit mit lebendem Fischfutter (Daphniden) füttert. Sie halten sich so den ganzen Winter über.

Für den Gebrauch fischt man sich eine Anzahl von Exemplaren mit offenen Glasröhren heraus. Man schließt das obere Ende der Röhre mit dem Finger, führt das andere in die Nähe des Tieres, stößt es vorsichtig von der Glaswand, dem Blatt usw. ab und läßt dann schnell den Finger los. Das Wasser steigt in das Röhrchen und reißt die Hydra mit.

Wir unterscheiden am Körper des Tieres den Leib, der mit einer flachen Scheibe, dem Fuß, an seiner Unterlage haftet, und die acht Fangarme, welche zusammenziehbar sind und kreisförmig um einen etwas vorgestülpten Mundkegel stehen. Dieser trägt die Mundöffnung.

Zuweilen finden wir Polypen, die an der Seite ihres Leibes knospenartige Schwellungen oder wohl gar schon Arme tragende kleine Polypen

haben. Es sind dies Erscheinungsformen der ungeschlechtlichen
Fortpflanzung des Tieres durch Knospung. Namentlich reichlich
gefütterte Tiere bieten mit einiger Wahrscheinlichkeit Material für diese
Beobachtung. Neben der ungeschlechtlichen Vermehrung findet auch
geschlechtliche Vermehrung statt.

Zur Beobachtung der Hydra bei stärkerer Vergrößerung
bringen wir ein Exemplar mit wenig Wasser auf einen Objektträger,
legen zu beiden Seiten des Wassers einen kleinen Streifen Papier und
legen nun das Deckgläschen auf. Man wartet dann einige Zeit, bis das
Tier sich erholt hat und seine Arme ausstreckt, und beobachtet bei
etwas stärkerer Vergrößerung. Man sieht dann, daß sowohl die Arme
als auch das Innere des Leibes hohl sind und daß namentlich die Arme
von kleinen, knospenartigen Vorsprüngen bedeckt sind. An der Körperwandung können wir mindestens zwei Zellschichten unterscheiden,
eine äußere (Ektoderm) und eine innere (Entoderm). Nur das letztere
scheint die grüne Farbe des Tieres zu beherbergen. In guten Instru-
menten ist noch eine mitt-
lere Schicht zwischen den
beiden Zellagen zu erken-
nen, die nicht zellulär ge-
baut ist und Stützlamelle
heißt. Die grüne Färbung
der Entodermzellen rührt
von eingelagerten grünen
Algen her, welche wie alle
grünen Pflanzen CO_2 auf-
nehmen und mit den Hy-
dren symbiotisch verbun-
den sind. Hydra fusca und
Hydra grisea entbehren
dieser Algen.

Wir richten jetzt die
stärkste Vergrößerung auf
die knopfförmigen Vor-
srünge, welche namentlich
an den Fangarmen, aber
mit Ausnahme des Fußes
auch an der übrigen Kör-
perwand deutlich in großer
Menge zu sehen sind. Sie
zeigen sich als Zellen, in
denen eine feine Spirale
zu erkennen ist (Nessel-
kapseln). Am äußeren,
freien Ende sieht man

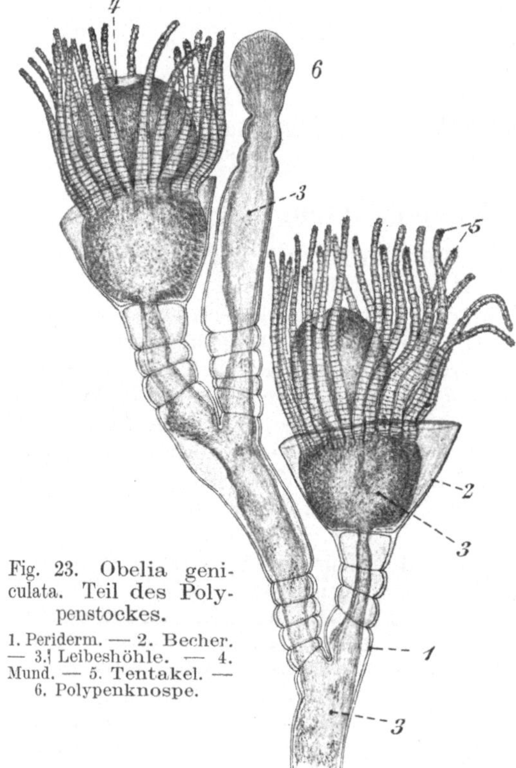

Fig. 23. Obelia geni-
culata. Teil des Poly-
penstockes.

1. Periderm. — 2. Becher.
— 3. Leibeshöhle. — 4.
Mund. — 5. Tentakel. —
6. Polypenknospe.

eine feine Spitze, das Cnidocil. Drücken wir jetzt vorsichtig auf
das Deckglas, so beobachten wir, wie aus jeder Nesselkapsel ein langer
Faden herausschnellt, während im Innern die Spirale verschwindet.
Auch wenn man einen Tropfen sehr stark verdünnte Essigsäure an den

Deckglasrand bringt und an der anderen Seite ein Stückchen Fließpapier dagegen hält, können wir die Nesselkapseln zur Tätigkeit anreizen Die Nesselfäden haben an ihrem unteren Ende drei Widerhäkchen. Bei Berührung des Cnidocils mit einem Fremdkörper wird der Nesselfaden ausgestülpt und der Inhalt der Kapsel (Ameisensäure) betäubt das Beutetier.

2. Obelia geniculata.

Präparate der Polypen werden nach den Vorschriften auf S. 3 u. 4 in Glyzeringelatine oder Kanadabalsam hergestellt, ev. geht eine Stückfärbung mit Boraxkarmin (10 Minuten) voraus. Die Quallen bringt man erst in Wasser, dann auf den Objektträger in Glyzerin und legt einen Rand von Deckglaskitt darum.

Der Polypenstock ist verzweigt, die Zweigenden tragen die Polypenköpfe, welche ihre Arme zum Teil ausstrecken, zum Teil in eine Art Becher zurückgezogen haben. Bei stärkerer Vergrößerung sehen wir, daß an den Stielen des Gerüstes eine innere Zellenschicht, Entoderm, das sie umkleidende Ektoderm und darüber noch ein ringartig

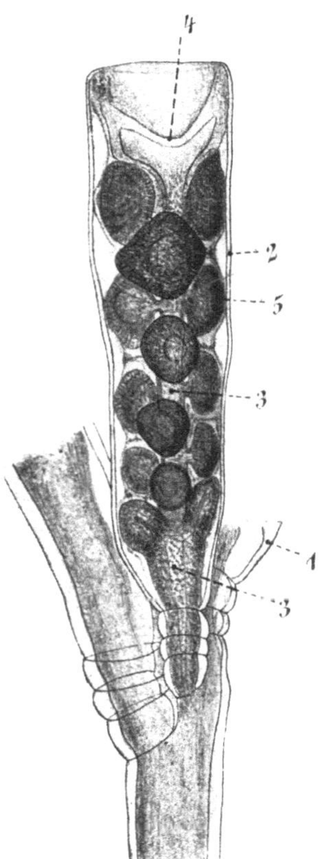

Fig. 24. Obelia geniculata, Gonangium.

1. Stiel eines Nährpolypen. — 2. Becher. — 3. Blastostyl. — 4. Deckel. — 5. Gonophor.

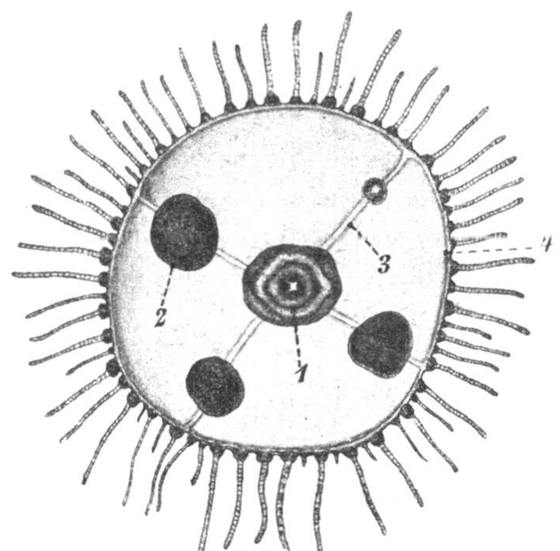

Fig. 25. Obelia geniculata. Meduse von der Unterseite.

1. Magenrohr. — 2. Geschlechtsorgane. — 3. Radiärkanal. — 4. Ringkanal.

eingeschnürtes Periderm zu unterscheiden sind. Das Periderm setzt sich in die Becher fort, in welche sich die Polypen zurückziehen können. Die Tentakel umstehen den Mundkegel kreisförmig. An ihren knopfförmigen Verdickungen erkennen wir Nesselkapseln mit Cnidocil.

An einigen Stellen bemerkt man sog. Gonangien, d. s. Becher mit dunklen Kugeln, die sich scheinbar von einem aus dem Stiel der Kapsel entspringenden Fortsatz ablösen. Dieser Fortsatz (Blastostyl) erzeugt die Kugeln (Gonophoren) durch Zellteilungen. Aus den Gonophoren entwickeln sich die Medusen, die sich dann loslösen und frei herumschwimmen.

Die Meduse ist eine kleine, kreisrunde Scheibe, welche durch vier sich rechtwinklig im Mittelpunkte (Mundöffnung) treffende Kanäle in vier gleiche Teile geteilt wird und am Rande von einem Tentakelkranz umgeben ist. An den Radialkanälen kann man die dunkel gefärbten Geschlechtsprodukte (Gonaden) erkennen. Die vier Radialkanäle münden in den Ringkanal, welcher sich längs des ganzen Schirmrandes hinzieht. Am Ektoderm der Tentakeln erkennt man mit starker Vergrößerung schöne Nesselkapseln.

IV. Würmer.

1. Lumbricus terrestris. Der Regenwurm.

Wir bemerken an den Würmern, die wir aus der Erde herausnehmen und mit Wasser leicht abspülen, die deutliche Gliederung des Körpers. Beim Kriechen ziehen sich die Ringmuskeln der Reihe nach von hinten nach vorn zusammen, treiben dadurch die das Innere erfüllende Körperflüssigkeit nach vorn und befähigen so das Vorderende, loses Erdreich zu durchbohren. Nachdem eine Kontraktionswelle bis zum Vorderende hindurchgelaufen ist, tritt die Längsmuskulatur in Tätigkeit und zieht das hintere Ende nach. Kriecht der Wurm auf Schreibpapier, so nimmt man ein kratzendes Geräusch wahr. Dieses rührt von den Borsten her, welche paarig in acht Längsreihen (vier Reihen am Bauche, je zwei mehr seitwärts) angeordnet sind. Man kann die nach hinten gerichteten Borsten fühlen, wenn man mit dem Finger von hinten nach vorn den Bauch des Tieres entlangstreicht.

Am Kopfe fällt uns der Kopflappen auf, welcher die Mundöffnung von oben her verdeckt. Von sonstigen Körperöffnungen bemerken wir am letzten Segment den After, an der Bauchseite des 14. und 15. Segmentes die weibliche und männliche Geschlechtsöffnung. Die übrigen Öffnungen des Körpers sind mit bloßem Auge schwer zu erkennen.

Das 32.—37. Segment sind vom Februar bis August stark geschwollen und bilden den Sattel (Clitellum). Dieser ist eine drüsenreiche Auftreibung der Körperwandung, die ein schleimiges Sekret absondert. Durch dasselbe verkleben sich die Tiere bei der Begattung miteinander, durch ebendasselbe werden die Eier bei der Ablage mit einer schützenden Hülle umgeben.

Wir bringen nun einen großen Wurm, nachdem wir ihn in Wasser abgespült und zwischen Fließpapier, ohne ihn zu drücken, getrocknet haben, auf eine Glasplatte und reizen ihn mit einer Pinzette. Wir bemerken, daß vom Rücken aus ein deutlich sichtbarer Schleim abgeschieden wird. Wir wischen mit einem Objektträger über den Schleim, legen ein Deckgläschen auf und betrachten bei starker Vergrößerung. Es befinden sich darin verschiedene zelluläre Elemente: kleine, farblose Zellen, an denen wir unter günstigen Umständen amöboide Bewegungen wahrnehmen können (Lymphzellen), und braungelbe Zellen (Chloragogenzellen). Die Ausscheidung dieses Schleimes erfolgt durch Öffnungen, welche sich in jedem Segment in der Mittellinie des Rückens befinden (Rückenporen). Beobachten wir das Tier während der Reizung mit der Lupe, so können wir diese Öffnungen wahrnehmen. Sie kommunizieren unmittelbar mit der Leibeshöhle, welche ganz mit der ausgeschiedenen Flüssigkeit angefüllt ist. Die Chloragogenzellen entstammen dem Chloragogengewebe, welches den Darm des Tieres zum Teil von außen bekleidet. Die Braunfärbung erhalten diese Zellen durch die Chloragogenkörner, welche im Plasma suspendiert sind. Es sind dies meist gelbe Körner mit einem Stich ins Grüne. Sie stellen einen fettartigen Exkretstoff dar. Die Lymphzellen enthalten nicht selten Fremdkörper, die durch die Rückenporen in die Leibeshöhle gelangt sind, z. B. Bakterien, abgebrochene Borsten, kleine Kristalle oder einen parasitischen Wurm (Rhabditis pellio).

Die Präparation der mit Chloroform getöteten Würmer erfolgt im Wachsbecken unter Wasser. Wir befestigen die Würmer mit Nadeln so, daß die dunkle Rückenseite dem Beschauer zugewendet ist. Am Kopfe führe man die Nadeln seitlich etwa in das 3. und 4. Segment, um das Gehirn zu schonen. Wir schneiden nun vom Sattel aus die Rückendecke mit der Schere in der Richtung nach hinten auf und präparieren die Leibeswand zur Seite. Man achte darauf, daß die Körperdecke durch feine Bindegewebswände (Dissepimente) mit dem Darme zusammenhängt. Diese Dissepimente sind vorsichtig zu durchtrennen. Die Leibeswand wird seitlich mit Nadeln festgesteckt.

Wir sehen den Darm und, auf ihm entlanglaufend, das große Rückengefäß, in dem sich das Blut von hinten nach vorn bewegt. In jedem Segment empfängt das Rückengefäß von jeder Seite zwei Gefäße, die vom Darm heraufkommen und außerdem mehrere Gefäße, welche längs der Dissepimente verlaufen. Die gelbgrüne Färbung, welche wir am Rückengefäß und am Mitteldarm erkennen, ist Chloragogengewebe. Pinseln wir dieses ab, so sehen wir den Gefäßverlauf sehr deutlich. An der zur Seite gelegten Leibeswand bemerken wir kleine Papillen, die Borstensäckchen, in welche die Borsten eingesenkt sind. Zur Seite des Darmes sieht man in jedem Segment ein Paar Segmentalorgane (Nephridien, Nieren). Diese beginnen mit einem anfangs trichterförmigen Kanälchen, welches das vor ihm gelegene Dissepiment durchbricht und in dem entsprechenden Segmente mit einem kleinen Säckchen (Harnblase) an der Bauchseite mündet. Ein jedes Segment hat also drei Öffnungen, zwei Nierenöffnungen und einen Rückenporus. Bei allen diesen Untersuchungen ist es von Vorteil, eine Handlupe zu benutzen. Schneiden wir den Darm hinter dem 18. Segmente durch, so bemerken wir eine dorsale Längsfalte, die in seinen Hohlraum eingesenkt ist und ebenfalls an ihrer äußeren Seite Chloragogengewebe aufweist (Typhlosolis).

Wir präparieren jetzt, von der Mitte nach hinten fortschreitend, unter vorsichtiger Lösung der unteren Anheftungen den Darm los und bemerken unter ihm das Bauchmark mit kleinen Anschwellungen,

den Ganglienknoten, von denen in jedem Segment drei schwer sichtbare
Nerven ausgehen.   Auf dem Bauchmark liegt das große Bauchgefäß,
in dem das Blut von vorn nach hinten fließt.

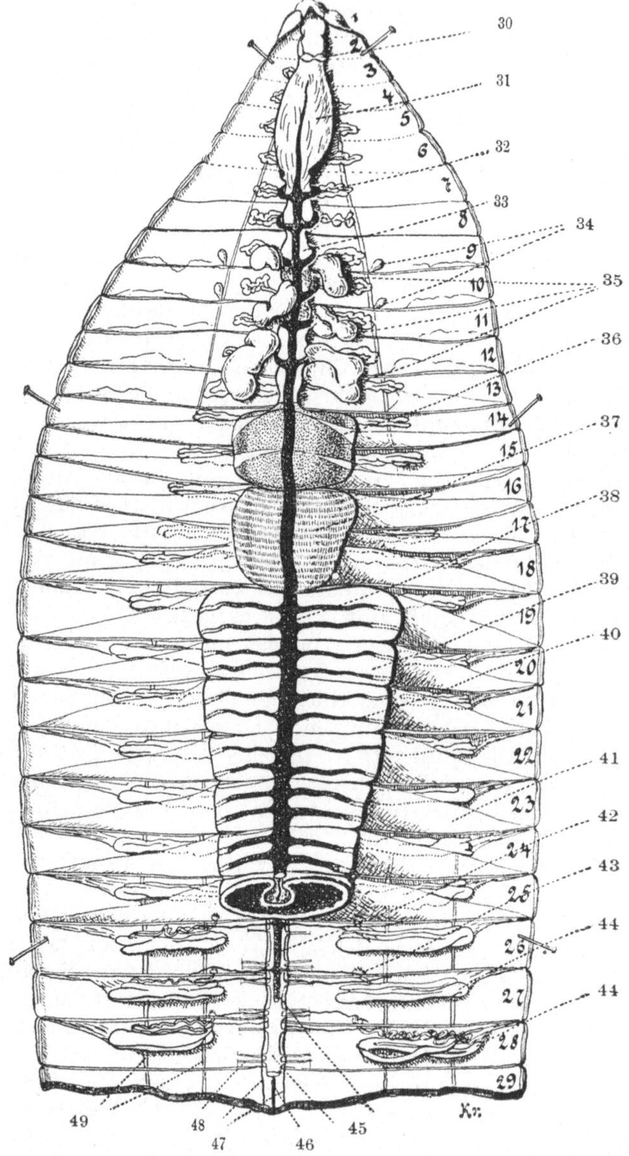

Fig. 26.   Regenwurm.   Vordere Körperregion, Situs (nach Kükenthal).
1.—29. Segmentnummern. — 30. Schlundganglion. — 31. Schlund. — 32. Erste kontraktile
Schlinge (Herz). — 33. Speiseröhre. — 34. Receptacula seminis. — 35. Samenblasen. —
36. Kropf. — 37. Muskelmagen. — 38. Rückengefäß — 39. Darm. — 40. Blutgefäßschlingen.
— 41. Dissepiment. — 42. Bauchgefäß. — 43. Nierentrichter. — 44. Nephridium. —
45. Bauchmark. — 46. Unter dem Bauchmark liegendes Gefäß. — 47. Seitengefäße des
Bauchmarks. — 48. Nerven. — 49. laterale und ventrale Borstenreihe.

Nach dieser Präparation öffnen wir, vom Sattel ausgehend, auch den vorderen Teil der Leibeshöhle längs der Rückenmitte. Wir bemerken am Darmkanal deutlich mehrere Abschnitte. Auf den birnenförmigen Schlund (Pharynx) folgt der kettenartig eingeschnürte Ösophagus (Speiseröhre), in dessen hinterem Teile man kleine seitliche Ausbuchtungen bemerkt, welche Kalkabscheidungen enthalten (Kalksäckchen). Darauf folgt der Kropf und dann, deutlich abgesetzt, der Muskelmagen, an den sich endlich der Darm anschließt. Wir bemerken wieder das Rückengefäß und, nachdem wir es mit dem Pinsel vom Chloragogengewebe befreit haben, in der Gegend des Ösophagus sechs größere

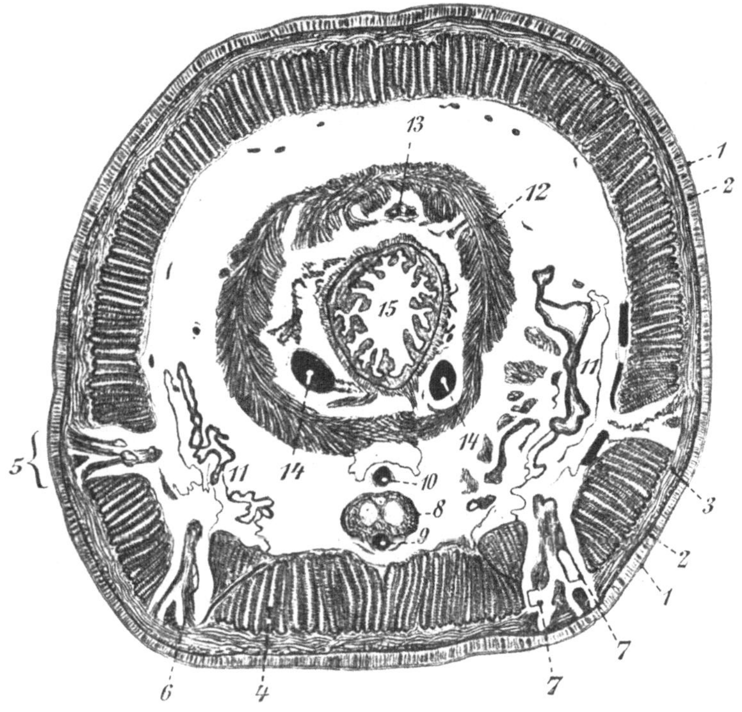

Fig. 27. Lumbricus spec. Vorderende. Querschnitt.
1. Cuticula. — 2. Epidermis. — 3. Ringmuskelschicht. — 4. Längsmuskelschicht. — 5. Lage eines Borstenpaares. — 6. Borstenmuskulatur. — 7. Teile von Borsten. — 8. Bauchmark. — 9., 10. Bauchgefäße. — 11. Nephridium. — 12. Schlundmuskulatur. — 13., 14. Gefäße. — 15. Höhlung des Darmes.

Gefäße, welche, vom Bauchgefäß herkommend, die Speiseröhre umklammern. Sie unterstützen durch ihre Pulsation die Tätigkeit des Rückengefäßes (Hilfsherzen). Am vorderen Ende des Pharynx liegt über diesem das Schlundganglion, welches durch den den Schlund umfassenden Schlundring mit dem Bauchmark in Verbindung steht.

Wir präparieren nun, von vorn beginnend, vorsichtig den Darmkanal bis zum Beginn des Enddarmes ab. Im 10.—12. Segment fallen uns drei Paar schmutzig weiße Blasen auf, die Samenblasen, innerhalb welcher sich schwierig zu präparierende Hoden befinden. Die Samenblasen reichen ursprünglich bis an die Rückenseite des Darmes heran. Die Samenleiter (Vasa deferentia) ziehen von den Samenblasen längs der Bauchwand nach hinten und münden auf der Bauchseite des 15. Segmentes. Die Eierstöcke (Ovarien) bemerken wir als zwei kleine Knötchen neben dem Bauchmark im 13. Segment. Die kurzen Eileiter münden an der Bauchseite des 14. Segmentes nach außen. Im 14. und 15. Segment befinden sich natürlich keine Nierenöffnungen. Zwei Paar kleine, weiße Säckchen, welche neben dem ersten und zweiten Paar Samenblasen zu sehen sind, sind die Samenbehälter (Receptacula seminis). Sie sind nach der Leibeshöhle hin geschlossen. Der Samen des anderen Tieres wird darin bis zur Eiablage aufbewahrt und dann zusammen mit den Eiern in einen Kokon eingehüllt, der aus dem vom Clitellum ausgeschiedenen Schleim gebildet wird.

Ein Querschnitt des Regenwurms zeigt zunächst bei ganz schwacher Vergrößerung zwei ineinander liegende Ringe. Der äußere ist die Leibeswand, der innere die Darmwand; zwischen beiden liegt die Leibeshöhle. In derselben finden wir je nach dem Orte des Schnittes Teile von Scheidewänden und Nieren, losgelöstes Chloragogengewebe, an der Bauchseite das Bauchgefäß und Bauchmark, an der Rückenseite das Rückengefäß.

In der Leibeswand erkennen wir von außen nach innen folgende Schichten:

1. Die strukturlose Cuticula.

2. Die aus Palisadenzellen zusammengesetzte Epidermis mit Drüsenzellen (Schleimzellen).

3. Die Ringmuskelschicht.

4. Die Längsmuskelschicht, welche in sog. Muskelkästchen gesondert, d. h. durch bindegewebige Scheidewände in radial angeordnete Partien geteilt ist.

Auf manchen Schnitten können wir auch die Ursprungsstellen der Borsten beobachten (s. Fig. 27).

2. Hirudo medicinalis. Der Blutegel.

Der medizinische Blutegel ist in den meisten Apotheken erhältlich.

Am lebenden Tiere beobachten wir seine Art, sich fortzubewegen. Während es beim Kriechen auf dem Sande seine beiden Saugnäpfe abwechselnd aufsetzt und nach Art der Spannerraupen weiterkriecht, führt es im Wasser elegante, schlängelnde Schwimmbewegungen aus, bei denen sich die Form seines Körpers wesentlich ändern kann.

Will man das Saugen beobachten, so kann man sich das Tier auf kurze Zeit an den Unterarm setzen, wobei jedoch die unmittelbare Nähe eines größeren (durchscheinenden) Gefäßes zu vermeiden ist. Auf Zusatz von etwas Kochsalz läßt der Egel sofort los. Die Wunde, welche noch schwach nachblutet, zeigt die Form eines dreistrahligen Sternes. Sie wird mit Alkohol gereinigt und dann verpflastert; die Heilung erfolgt außerordentlich schnell.

Bei der äußeren Inspektion des Tieres fallen uns zunächst die beiden Saugnäpfe auf: der kleinere, vordere, welcher in seinem Trichter die dreistrahlige Mundöffnung enthält, und der größere, der am hinteren Ende der Bauchseite sitzt. Über ihm auf der Rückenseite findet man die Afteröffnung. Von den äußerlich deutlich sichtbaren Körperringen kommen im allgemeinen fünf auf ein inneres Segment. Auf der hellen Bauchseite bemerken wir bei Lupenvergrößerung zwei kleine, mediane Papillen, deren jede eine Geschlechtsöffnung trägt. Die vordere, männliche liegt ungefähr ein Drittel der Körperlänge vom Kopfende entfernt, die weibliche dicht dahinter. Die paarigen Nierenöffnungen finden wir jederseits auf jedem 5. äußeren Ringe, d. h. jedes innere Segment enthält ein Paar Segmentalorgane. An bestimmten äußeren Ringen (ebenfalls an jedem 5.) sieht man mit der Lupe ringsherum kleine Sinnespapillen. In günstigen Fällen kann man auch wenigstens einige von den 10 Augen sehen, von denen 6 auf dem dorsalen Rande des vorderen Saugnapfes, die 4 anderen ziemlich unmittelbar dahinter liegen.

Die Sektion geschieht im Wachsbecken unter Wasser. Das Tier wird mit der dunklen Rückenseite nach oben in möglichst ausgestrecktem, doch nicht gezerrtem Zustande durch zwei Nadeln befestigt.

Man öffnet den Wurm neben der Mittellinie des Rückens mit einer feinen Schere, wobei man sich zu hüten hat, die dorsale Darmwandung mit anzuschneiden, welche durch Bindegewebe mit der Leibeswandung verbunden ist. Das Austreten des aus genossenem Blut bestehenden Darminhaltes zeigt die kleinste Verletzung an. Mit Schere und Pinzette präpariert man die Leibeswandung nach beiden Seiten frei und befestigt sie durch Nadeln.

Wir betrachten erst den Darm und seine Teile. Hinter der Kiefermuskulatur sehen wir das obere Schlundganglion dem Pharynx aufliegen. Der letztere kann durch mächtige Muskeln bewegt werden. Der darauffolgende Magendarm zeichnet sich durch 10 Paare nach hinten bedeutend an Größe zunehmende, seitliche Blindsäcke aus, welche sich beim Saugen vollständig mit Blut füllen. Das 10. Paar reicht beinahe bis ans hintere Ende des Körpers. Zwischen diesen beiden letzten Blindsäcken erblicken wir den Dünndarm, von dem der letzte Abschnitt (Afterdarm) als muskulöser Teil noch besonders abgesetzt ist. Zwischen den Blindsäcken sehen wir auch hier schon an einigen Stellen Segmentalorgane hervorlugen, d. s. Organe, die den Harnorganen der höheren Tiere entsprechen. Auf der Rückenseite des Darmes läuft das große Rückengefäß entlang.

Wir schneiden nun den Darmkanal hinter dem Schlundganglion durch und präparieren den Darm mit seinen Blindsäcken von hinten her ab, indem wir das ziemlich feste Bindegewebe, welches ihn an der unteren Leibeswand befestigt, mit einer feinen Schere durchtrennen. Sofort fallen uns drei parallel von vorn nach hinten laufende Blutgefäße auf: das mittlere Bauchgefäß, welches in sich das Bauchmark einschließt, und die beiden Seitengefäße. Das Bauchmark mit seinen Ganglienknoten ist durch die Wandung des Blutgefäßes hindurch zu erkennen.

Von Geschlechtsorganen bemerken wir in der mittleren Körpergegend 9 Paar Hoden; von jedem derselben geht ein kurzes ausführendes Gefäß (Vas efferens) nach außen zu den beiden längs verlaufenden Samenleitern (Vasa deferentia). Diese knäueln sich an ihrem vorderen

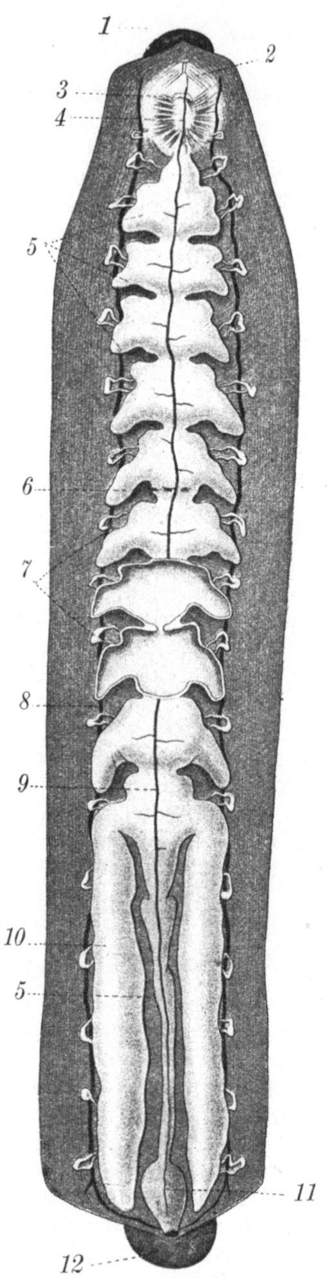

Fig. 28. Hirudo medicinalis. Vom
Rücken geöffnet. Hauptgefäße und
Darmkanal. Zwei Paare Magentaschen
geöffnet. (Nach Hatschek und Cori).

1. Mundsaugnapf. — 2. Kiefermuskeln. —
3. Oberschlundganglion. — 4. Pharynx. —
5. Blinddärme. — 6. Magendarm. —
7. Segmentalorgan. — 8. Seitengefäß. —
9. Rückengefäß. — 10. Darm. — 11. Afterdarm. — 12. Bauchsaugnapf.

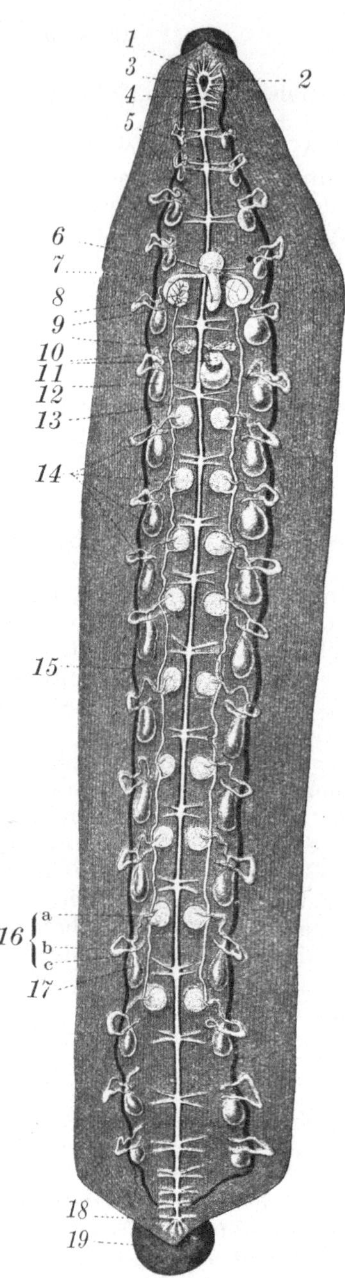

Fig. 29. Hirudo medicinalis. Situs, Darm
entfernt. (Nach Hatschek und Cori).

1. Oberschlundganglion. — 2. Mund. —
3. Schlundkommissur. — 4. Unterschlundganglion. — 5. Bauchganglienkette und
Blutsinus. — 6. Prostata. — 7. Ductus
ejaculatorius. — 8. Nebenhoden. — 9. Cirrus.
— 10. Ovarium. — 11. Eileiter. — 12. Vagina.
— 13. Samenleiter. — 14. 1.—9. Hoden. —
15. Seitengefäß. — 16. Segmentalorgan
(a. Anfangs-, b. Schleifen-, c. Endstück). —
17. Harnblase. — 18. Saugnapfganglion. —
19. Bauchsaugnapf.

Ende zu den sog. Nebenhoden (Samenblasen) auf und bilden je einen Gang (Ductus ejaculatorius), welcher in den unpaaren Cirrus einmündet, der in die äußerlich sichtbare, männliche Geschlechtspapille führt. An der Mündungsstelle sieht man eine keulenförmige Drüse (Prostata). Der Cirrus wird als langer Faden bei der Begattung vorgeschnellt. Hinter den Nebenhoden bemerken wir jederseits ein Ovarium (Eierstock), von dem je ein kurzer Eileiter in die unpaare Scheide führt, die sich in der weiblichen Geschlechtspapille nach außen öffnet.

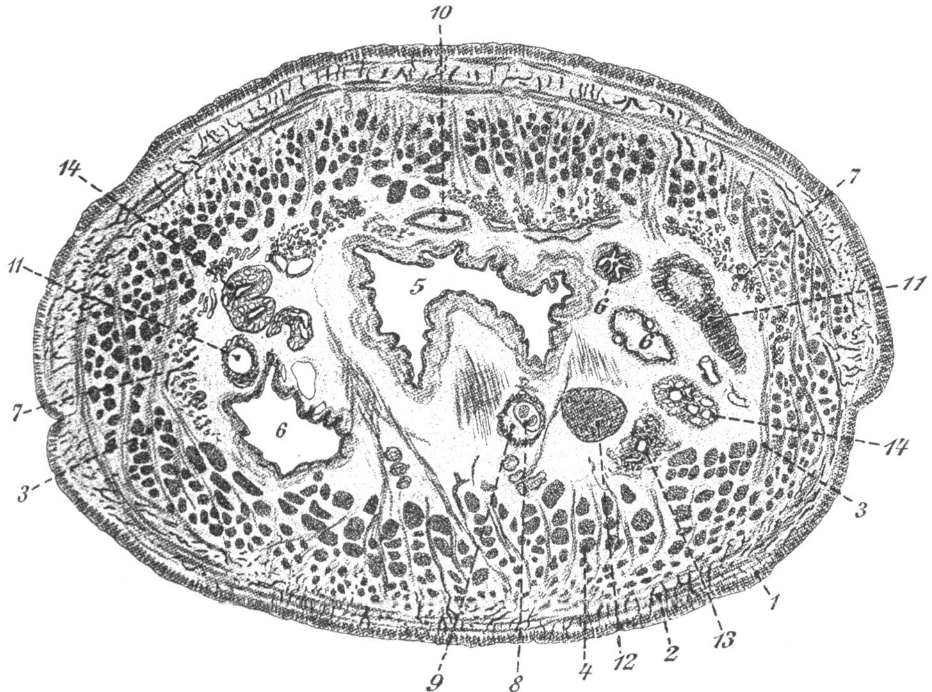

Fig. 30. Hirudo spec. Querschnitt (nicht ganz senkrecht zur Längsachse verlaufend, Organe z. Z. etwas verschoben).
1. Epidermis. — 2. Ringmuskulatur. — 3. Dorsoventrale Muskulatur. — 4. Längsmuskulatur. — 5. Mitteldarm. — 6. Darmventrikel. — 7. Bothryoide Gefäße. — 8. Bauchmark. — 9. Bauchgefäß. — 10. Rückengefäß. — 11. Seitengefäß. — 12. Hoden. — 13. Gang zum Vas deferens. — 14. Teile des Nephridiums.

An den Segmentalorganen erkennen wir das knäuelig gewundene Nephridium (das eigentliche Harnorgan), eine Harnblase und einen kurzen Ausführungsgang.

Die von ihrer Muskulatur befreiten Kiefer sind kleine Platten mit kreisförmiger Kante, an der die spitzen Sägezähnchen auffallen. Sie sind am besten als mikroskopisches Präparat herzurichten (s. Chitinpräparate).

Auf einem Querschnitt (Färbung s. S. 6) können wir von außen nach innen folgende Schichten der Leibeswand unterscheiden: 1. die strukturlose Cuticula, 2. die Epidermis mit Drüsenzellen, 3. eine

Pigment- und Gefäßschicht, 4. eine schmale Ringmuskelschicht, 5. eine Längsmuskelschicht.

Außerdem sieht man vereinzelte Muskelstränge schräg vom Rücken zum Bauche verlaufen; diese gehören. der sog. Dorsoventralmuskulatur („Rücken-Bauch-Muskulatur") an.

Die Hohlräume der Leibeshöhle sind zum größten Teile mit einem schwammigen Gewebe ausgefüllt. Die peripherischen Zellen dieses Gewebes werden als Bothryoidzellen bezeichnet. Sie bilden die Bedeckung sehr kleiner, geknäuelter Gefäße, der Bothryoidgefäße, welche mit dem Blutgefäßsystem in Verbindung stehen.

In der Mitte des Präparates bemerken wir den Magendarm und zu beiden Seiten desselben die Schnitte durch die beiden Blindsäcke. Das Epithel des Darmes fällt durch seine starke Faltung auf.

Von Schnitten durch Blutgefäße bemerken wir die beiden mächtigen Seitengefäße, das Rückengefäß und das Bauchgefäß, in welchem das Bauchmark liegt. Außerdem sehen wir zu beiden Seiten des Bauchgefäßes die Hoden, die Vasa deferentia und Teile der Nephridien und ihrer Harnblasen.

3. Ascaris megalocephala. Der Pferdespulwurm.

Wir untersuchen fixiertes Material an Querschnitten durch die vordere Körperregion und durch die Geschlechtsregion. Die

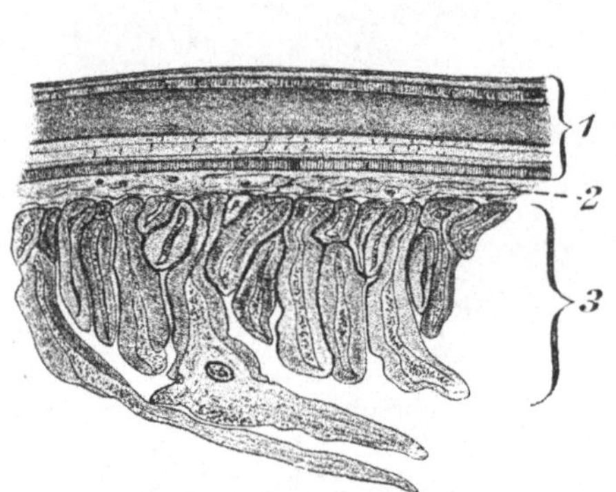

Fig. 31. Ascaris megalocephala. Epidermis und Muskelschlauch quer.

1. Cuticula. — 2. Epidermis-Zellen. — 3. Muskelzellen.

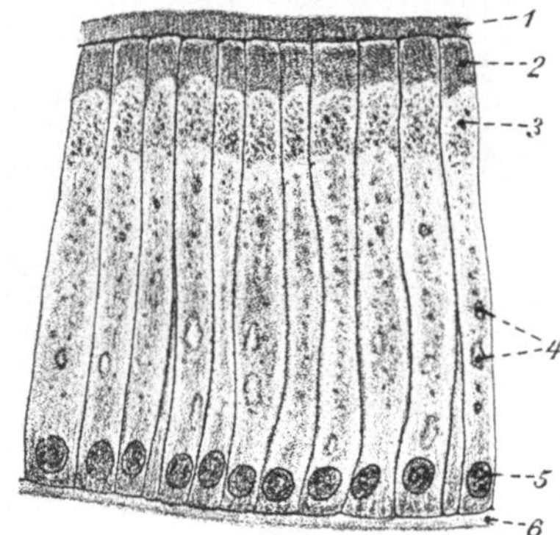

Fig. 32. Ascaris megalocephala. Stück eines Darmquerschnittes.

1. Stäbchensaum. — 2. nutritorische (Ernährungs-)Zone. — 3. Körnerzone. — 4. Nährkörner. — 5. Kern. — 6. Grenzlamelle.

Körperdecke zeigt uns die bei der Giesonfärbung lebhaft rote, dicke Epidermis oder Oberhaut, an der wir das Ausscheidungsprodukt der Epidermiszellen, dis stark entwickelte Cuticula wahrnehmen, die fünf verschiedene, konzentrische Lagen aufweist. Unter der Cuticula liegt eine dünne Epithelschicht, welche zu beiden Seiten (rechts und links), sosowie in der Rücken- und Bauchlinie stark nach innen vorspringt, also vier Längswülste bildet. Nach innen setzt sich an die Epidermis eine

Längsmuskelschicht an. Die großen Zellen ragen weit in das Innere der Leibeshöhle vor und sitzen auf einem viel dünneren Stiel, der nur an seinen Rändern mit Muskelfibrillen besetzt ist.

Im Inneren liegt der Darmkanal, der aus einer Schicht hoher

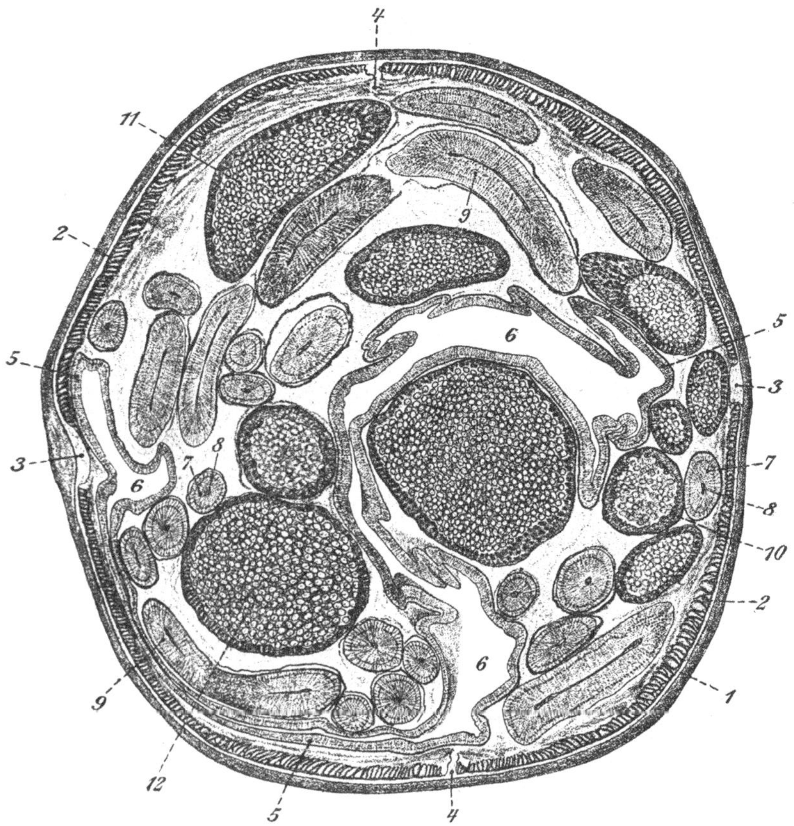

Fig. 33. Ascaris megalocephala. Querschnitt durch die Mitte des Körpers.
1. Cuticula. — 2. Muskelschicht. — 3. Seitenwülste. — 4. Mittlere Wülste. — 5. Darmepithel. — 6. Lumen des Darmes. — 7. Eileiter quer getroffen. — 8. Lumen desselben. — 9. Eileiter-Windung längs getroffen. — 10. Eileiter mit schalenlosen Eiern, mit peripherisch gelagerten Spermatozoiden (Samenkörpern). — 11. Eileiter mit befruchteten Eiern. — 12. Uterus (Fruchthalter) erfüllt mit Eiern, die bereits mit Schalen versehen sind.

Zylinderzellen besteht, deren Kern im peripherischen Teil gelegen ist. Außen und innen wird sie von einer dünnen Cuticula begrenzt.

In dem Schnitt durch die Geschlechtsregion (Weibchen) bemerken wir dieselben Teile wie im vorigen Schnitte, nur daß die Leibeshöhle erfüllt ist von den Querschnitten des in vielfachen Längswindungen in derselben liegenden Eierstockes (nebst Eileiter und Uterus). Wir können hier alle Stadien der Eizellenbildung schön verfolgen.

3*

4. Oxyuris vermicularis. Die Kindermade.

Die Kindermade ist im Kote jüngerer Kinder sehr häufig zu finden. Das Material wird in Alkohol fixiert und der Stückfärbung mit Boraxkarmin unterworfen. Die Präparate werden in Glyzeringelatine oder Kanadabalsam eingeschlossen.

Man sieht, vom Munde ausgehend, die zweimal blasig aufgetriebene, muskulöse Speiseröhre, die in den glatten Darmkanal übergeht, welcher in den am Hinterende gelegenen After mündet. Bei stärkerer Vergrößerung kann man im Schlundrohr ein System paralleler Querleisten (Chitinfeile) bemerken. In der Höhe der Speiseröhre sieht man bei günstiger Lage des Objektes einen Ausführungsgang, die unpaare Nierenöffnung. Die Nierenkanäle laufen als zwei parallele Längsgefäße am Darme entlang bis in die hintere Körperregion.

Der noch freie Teil der Leibeshöhle wird von den Geschlechtsorganen eingenommen. Das Weibchen trägt am Hinterende einen pfriemenartigen Schwanzanhang, die Geschlechtsöffnung befindet sich in der Mitte des Körpers. Beim Männchen bemerken wir in der Nähe der gemeinsamen After- und Geschlechtsöffnung (Kloake) ein nadelförmiges Gebilde (Spiculum), das bei der Begattung eine Rolle spielt.

5. Trichina spiralis. Die Muskeltrichine.

Von Trichina spiralis ist uns nur die Muskeltrichine leicht zugänglich. Die eingekapselten Tiere haben eine Größe bis zu 1 mm, sind jedoch meist bedeutend kleiner. Zur Auffindung derselben zerzupfe man Stückchen des Fleisches auf dem Objektträger der Länge nach und betrachte das Material mit einer 40—60fachen Vergrößerung. Gelingt es auf diese Weise nicht, Trichinen zu finden, so fertigt man mit einem Rasiermesser dünne Längsschnitte durch die Muskulatur an und färbt dieselben mehrere Tage in Boraxkarmin. Es färben sich dann die Kerne der Muskelzellen und die Würmer. Man sieht die eingerollten Trichinen in der zitronenförmigen Kapsel liegen.

6. Taenia. Bandwurm.

Reife Bandwurmglieder (Proglottiden), die in Alkohol konserviert sind, werden zerzupft, um die massenhaft darin enthaltenen Eier frei zu machen. Man erkennt durch die Wandung des Eies hindurch leicht den „sechseckigen Embryo". Sollte ein Bandwurmkopf (Scolex) zur Verfügung stehen, so wird er nach Färbung mit Boraxkarmin und Entwässerung in absolutem Alkohol als Balsampräparat hergerichtet. Saugnäpfe und eventuell der Hakenkranz sind dann zu beobachten.

Für die Untersuchung von Finnen kann man den in den meisten Kaninchen vorkommenden Cysticercus pisiformis verwenden. Dieser ist die Finne von Taenia serrata, einem im Hunde lebenden Bandwurm. Auch finniges Schweine- oder Rindfleisch kann bearbeitet werden.

An einer solchen Finne erkennen wir mit unbewaffnetem Auge, daß sie aus einem kleinen Bläschen besteht, das an einer Seite im Inneren einen durchscheinenden Knopf enthält. Dies ist der Scolex. Nach Aufreißen des Bläschens mit einer Nadel und durch Druck mittels eines aufgelegten Objektträgers gelingt es leicht, den Scolex zum Ausstülpen zu bringen.

Schnittpräparate s. Handbuch S. 174.

7. Rotatoria. Rädertiere.

Jeder Fangversuch im Süßwasser liefert uns reichlich Rädertiere. Wir bekommen sie mit jeder Planktonprobe; aber auch jeder Algenfilz, den wir mit genügend viel Wasser nach Hause tragen, zeigt uns verschiedene Arten in großer Anzahl, teils festsitzend, teils frei herumschwimmend.

Wir beobachten die schnell herumschwimmenden Tiere in der feuchten Kammer. Sie tragen an ihrem Vorderende einen radförmigen Wimperbesatz (Räderorgan), der sich in lebhafter Flimmerbewegung befindet. Um die Bewegungserscheinungen zu verlangsamen, kann man dem Wasser einige Tropfen einer $3^0/_0$igen Gelatinelösung zusetzen. Auch an den festsitzenden Tieren ist die Wimperbewegung des Rades festzustellen, durch welche die meist aus einzelligen Pflanzen und Tieren bestehende Nahrung herbeigestrudelt wird. Beim Schwimmen unterstützt die Tätigkeit des Räderorganes die Vorwärtsbewegung. Handelt es sich um die Gattung Rotifer, so sieht man in der Leibeshöhle häufig sich lebhaft bewegende Junge.

Das häufigste Rädertier ist Rotifer vulgaris. Dieses gehört zu den festsitzenden Formen, findet sich in jedem süßen Wasser und bildet oft schimmelartige Überzüge an untergetauchten Pflanzenstengeln oder Algenfäden.

An der äußeren Körperform fällt uns der langgestreckte Fuß auf, der fernrohrartig zusammengezogen werden kann. An der Dorsalseite des Räderorgans sieht man einen rüsselartigen, bewimperten Fortsatz, der als Bewegungsorgan dient, wenn die Tiere nach Art der Spannerraupen an den Pflanzenstengeln umherkriechen, aber auch Sinnesorgan ist. An ihrer Unterlage halten sich die Tiere mit drei zehenartigen Fortsätzen des Fußes fest.

Der Darmkanal beginnt mit einem Mundtrichter, der in einen muskulösen Schlundkopf führt, in welchem chitinige Organe zur Zerkleinerung der Nahrung zu erkennen sind. Eine kurze Speiseröhre führt in den geräumigen Magen. Der Enddarm bildet eine Schleife und mündet am Beginn des Fußes in den After (Kloake). Der Speiseröhre liegen zwei Verdauungsdrüsen an. Das Exkretionssystem besteht aus zwei an den Seiten gelegenen Längsgefäßen, die mit Wimperkolben, d. h. flimmernden, blinden Ästen, versehen sind und kurz vor der Kloake in eine gemeinsame Blase münden.

Alle Tiere der Gattung Rotifer, die uns zu Gesicht kommen, sind Weibchen. Im hinteren Teile der Leibeshöhle bemerken wir die Ovarien. Ein Uterus fehlt, so daß die Eier in die Leibeshöhle fallen, wo die Larven schon ausschlüpfen. Dieselben durchbrechen später die Leibeswandung an einer beliebigen Stelle, worauf die Mutter zugrunde geht.

Oberhalb des Schlundkopfes sieht man eine einfache Ganglienmasse, von der feine Nervenfasern ausgehen. Von Sinnesorganen fallen uns besonders die beiden rotgefärbten Augen auf, welche fast an der Spitze des Rüssels liegen. Muskeln bemerken wir vor allem im Fuße, zu dessen Zusammenziehung und Streckung sie dienen.

V. Arthropoden.

1. Astacus fluviatilis. Flußkrebs.

I. Auf der Rückenseite sehen wir die Einteilung des Kopfbruststückes (Cephalothorax). Die mit nach vorn konkavem Bogen verlaufende Nackenfurche deutet eine oberflächliche Gliederung in Kopf und Brust (Thorax) an. Der mittlere Teil des Thorakalschildes wird durch die Branchiokardialfurchen von den nur die Kiemen überdeckenden Seitenteilen abgegrenzt. Nach vorn verlängert sich das Kopfschild in einen spitzen Stachel, das Rostrum. Die gestielten Augen ragen zu beiden Seiten des Rostrums unter dem Kopfschilde hervor. Die sieben Hinterleibsringe schieben sich dachziegelartig übereinander und sind durch eine zarte Gelenkhaut, die man beim Krümmen des Hinterleibes (Abdomens) sehen kann, miteinander verbunden.

Auf der Unterseite sehen wir uns, soweit es ohne Präparation

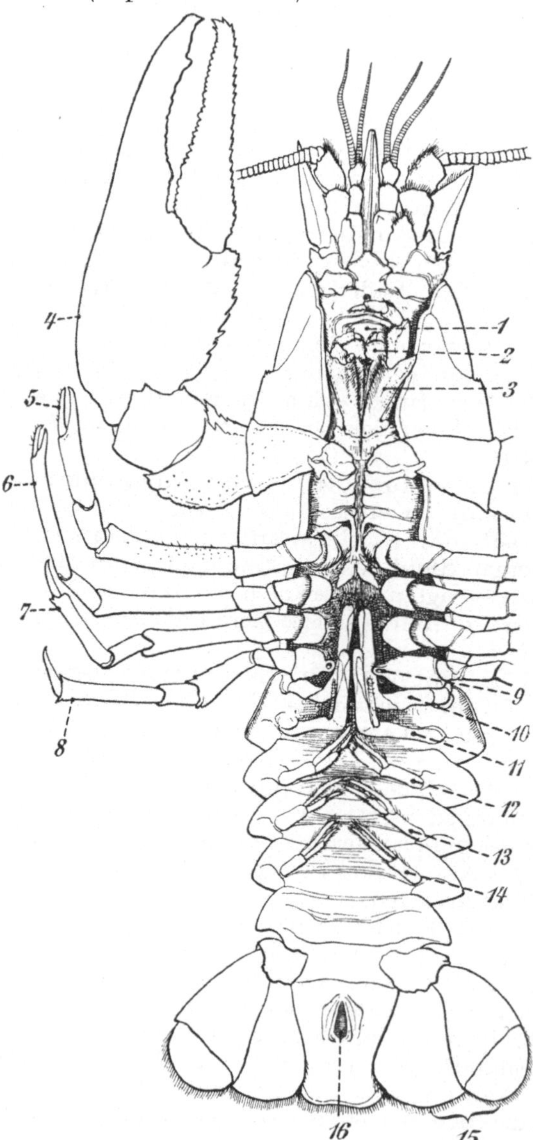

Fig. 34. Astacus ♂.
Ventral.

1. Oberlippe. — 2. Oberkiefer. — 3. dritter Kieferfuß. — 4.—8. Thorakalbeine. — 9. Geschlechtsöffnung. — 10., 11. erstes und zweites Paar der Abdominalbeine (Begattungsbeine). — 12., 13., 14. drittes bis fünftes Paar der Abdominalbeine. — 15. sechstes Abdominalbeinpaar. — 16. Afteröffnung.

möglich ist, die Anhänge und Öffnungen des Körpers an. Die Fühler des ersten Paares tragen je zwei kurze Geißeln, die des zweiten Paares je eine sehr lange Geißel und am Grunde eine spitze bewegliche Schuppe (Squama, Außenglied, Exopodit, s. S. 45). An den Basalgliedern der zweiten Fühler sieht man auf der Ventralseite jederseits einen scharf vorspringenden Höcker, auf dem die Mündung des Ausführungsganges der grünen Drüse liegt. Die Mundöffnung liegt zwischen den starken, deutlich sichtbaren Oberkiefern (Mandibeln) und kann nach dem Auseinanderbiegen derselben untersucht werden. Die im Dienste der Nahrungsaufnahme stehenden Gliedmaßen werden in einem besonderen Abschnitt behandelt. Es folgen die fünf Paar Schreitbeine, von denen das erste Paar die großen Scheren, die nächsten Paare kleinere Scheren tragen. Auf den genaueren Bau dieser Beine gehen wir an anderer Stelle ein. Die sechs ersten Hinterleibsringe tragen kurze, normalerweise als Spaltfüße ausgebildete Beine (Pleopoden). Beim Männchen sind die Beine des ersten Hinterleibsringes und je ein Ast der Beine des zweiten Hinterleibsringes als Begattungsorgane ausgebildet. Sie können sich zu einer Rinne zusammenlegen, welche das Sperma (Samenflüssigkeit) von der an der Basis des letzten Brustbeinpaares gelegenen Geschlechtsöffnung zu der des Weibchens leitet, die an der Basis der dritten Brustbeine liegt. Beim Weibchen ist das erste Paar der Abdominalbeine verkümmert; am zweiten bis fünften Paar werden die abgelegten Eier und auch noch die frisch ausgeschlüpften Jungen getragen. Die Äste der Abdominalbeine des sechsten Segments sind flossenartig verbreitert und bilden mit dem siebenten Segment (Telson) zusammen die Schwanzflossen. Die Afteröffnung liegt auf der Ventralseite des Telson.

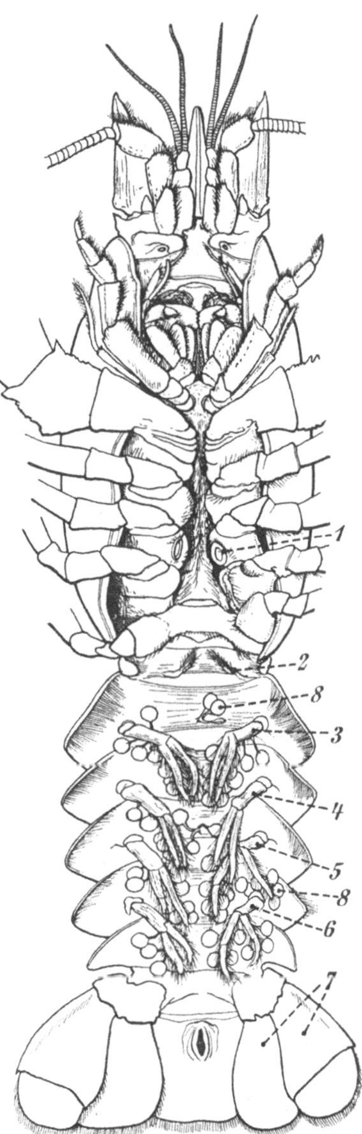

Fig. 35. Astacus ♀. Ventral.
1. Geschlechtsöffnung. — 2.—7. Abdominalbeine. — 8. Eier.

Bei der Inspektion versäume man nicht, wo es angeht, die Drehungs-

achsen der Körperteile und Gliedmaßenabschnitte aufzusuchen und ihre
gegenseitige Lage zu beachten.

Die kleinen Fühler (Antennulae) bestehen aus einem drei-
gliedrigen Stamm, der die beiden vielgliedrigen Geißeln trägt. Die
äußeren Geißeln (Exopodit) sind größer als die inneren (Endopodit).
Das Mikroskop zeigt, daß jedes Glied des Exopodit (vom siebenten)
oder achten bis zum vorletzten auf der Unterseite zwei Büschel von
Riechborsten trägt, während auf der Oberseite eine einfache Borste
steht. Diese Borsten erscheinen zweigliederig; auf einem kurzen Heft
sitzt eine spatelförmige Klinge. Das Endopodit trägt nur einfache
Borsten.

Auf der Rückenseite des Grundgliedes der Antennulae (Fig. 36),
die den Augenstielen zugewendet ist, findet sich eine längliche Öffnung,
zum Gehörsäckchen führend, die durch eine Lage von Haaren bedeckt wird, welche am äußeren Rande der
Öffnung befestigt sind. Die Öffnung wird
gut sichtbar, wenn wir das Rostrum mit
der Schere so weit wie möglich abtragen.
Die Haare werden dann abgeschnitten; dadurch gewinnt man Einblick in das Gehörsäckchen. Im Inneren des Gehörsäckchens
finden wir eine vorspringende Leiste, die
ebenfalls beiderseits mit Haaren, den eigentlichen Hörborsten, besetzt ist. Die Haare,
welche den Eingang des Gehörsäckchens
decken, und die Hörborsten eignen sich zu
mikroskopischen Präparaten.

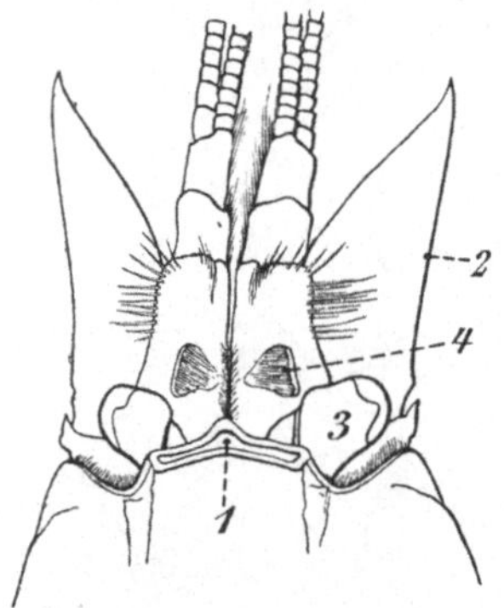

Fig. 36. Astacus. Basalglieder
der Antennulae freigelegt.
1. Schnittfläche des Rostrum. —
2. Squama. — 3. Auge. — 4. Eingang zum Gehörbläschen in dem
Basalgliede der Antennulae.

II. Sektion. Die Sektion erfolgt im
Wachsbecken unter Wasser, doch behalten
wir den Krebs bei den ersten Schnittfüh-
rungen in der Hand und legen ihn erst zum
Zwecke der Betrachtung in das Becken. Die
Rückendecke wird mit der starken Schere
in dem Umfange entfernt, wie es Fig. 37 zeigt. Man setzt am Hinter-
rande des Kopfbrustpanzers ein und schneidet dicht innerhalb der
Branchiokardialfurchen in der Richtung nach vorn. Auf dem Kopfschilde konvergieren die Schnittlinien erst wenig, dann stärker und
vereinigen sich an der Basis des Rostrums.

Im hinteren Teile des Präparationsfeldes sehen wir das annähernd
fünfeckige Herz. Der Herzbeutel wird beim Abtragen der Unterhaut
des Rückenpanzers meist zerstört. Das Herz hat drei Spaltenpaare,
durch die es mit dem Herzbeutel in Verbindung steht. Von den Spalten-
paaren ist das dorsale Paar leicht sichtbar. Hebt man das Herz mit
der Pinzette vorsichtig an, so bemerkt man, daß nach hinten ein starkes
Gefäß, die Abdominalarterie, zieht, deren Verlauf man studieren
kann, wenn man später die Rückenteile der Abdominalpanzer ablöst
(Fig. 38). Nach vorn zieht ein medianes Gefäß, die Augenarterie und
von den vorderen Seitenecken je eine Antennenarterie. Die vom Herzen

bauchwärts abzweigende Brustarterie ist bei der Entfernung desselben in ihrem Ursprung festzustellen.

Beiderseits vom Herzen sieht man die mächtigen Streckmuskeln des Abdomens und darunter in der Tiefe schon ohne Präparation Teile der weißen, stark geknäuelten Vasa deferentia. Mundwärts vom Herzen liegen die in der Mitte zusammenstoßenden Hoden. Vor ihnen tritt der Magen an die Oberfläche des Präparationsfeldes. Zu beiden Seiten des Darmkanals sehen wir die grünlichbraune, aus zahlreichen Schläuchen bestehende Leber.

Wir nehmen jetzt das Herz ab, tragen Segment für Segment die Rückenteile des Hinterleibspanzers ab und entfernen einige von den Streckmuskeln des Abdomens. Dabei können wir

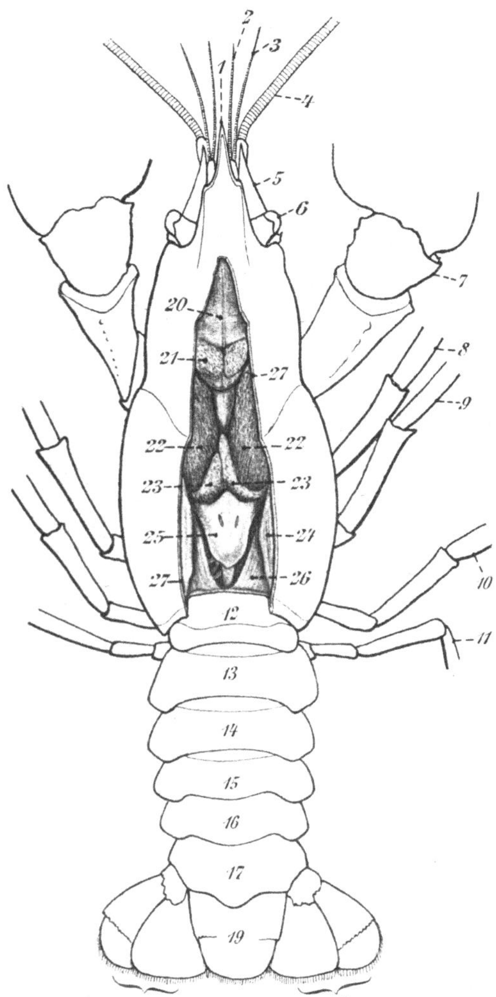

Fig. 37. Astacus ♂. Cephalothorax eröffnet.

1. Rostrum. — 2. Innenast. — 3. Außenast der Antennulae. — 4. Antennen. — 5. Schuppe. — 6. Auge. — 7.—11. Thorakalbeine. — 12.—17. und 19. Abdominalplatten. — 18. 6. Abdominalbeinpaar. — 20. Magen. — 21. Magenmuskulatur. — 22. Leber. — 23. Hoden. — 24. und 26. Muskeln. — 25. Herz. — 27. Schnittlinie.

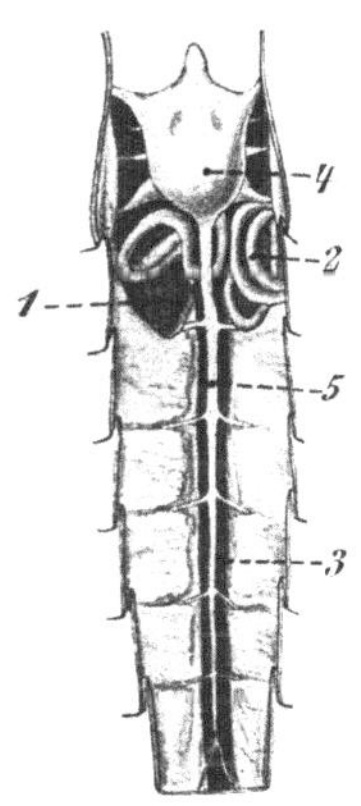

Fig. 38. Astacus ♂. Herz und einige Gefäße.

1. Leber. — 2. Vas deferens. — 3. Darm. — 4. Herz. — 5. Obere Abdominalarterie.

den Verlauf der Abdominalarterie verfolgen (Fig. 38). Tragen wir dieselbe ab, so sehen wir den in der Hinterleibsmuskulatur eingebetteten Enddarm (Fig. 39). In diesem Stadium der Präparation läßt sich der

Bau des Hodens und der Samenleiter (Vasa deferentia) am besten untersuchen. Die paarigen Hoden vereinigen sich nach hinten zu einem langen unpaaren Mittelstück. Wir suchen die am vorderen Ende desselben gelegenen Ursprungsstellen der Samenleiter auf und präparieren diese der Länge nach heraus; sie endigen an den am Grunde der fünften Brustbeine gelegenen Geschlechtsöffnungen. Die Samenleiter lassen sich zu mikroskopischen Präparaten der Spermatozoen verwenden.

Liegt ein Weibchen vor, so finden wir die traubigen, paarigen Ovarien (Fig. 40), die sich ebenfalls kaudal zu einem unpaaren Mittelstück vereinigen. Die kurzen Eileiter entspringen seitlich an den paarigen Teilen und führen schräg nach unten zu den an der Basis der dritten Thorakalbeine gelegenen, weiblichen Geschlechtsöffnungen.

Präpariert man jetzt die Geschlechtsorgane heraus und erweitert den Überblick durch Abtragen des Kopfschildes nach der Vorlage der Fig. 41, so erhält man eine gute Ansicht des Magendarmkanales und der langgestreckten Lebern. Die vielen feinen Leberröhrchen vereinigen sich schließlich jederseits zu einem Ausführungsgang, der dicht hinter dem Magen in den Mitteldarm mündet. Auch die Rückenfläche des Magens wird an dieser Stelle betrachtet. Der Magen besteht aus einem breiten Vorderabschnitt, der sich nach hinten verjüngt und in den bedeutend schmaleren, deutlich abgesetzten Hinterabschnitt übergeht. In der Gegend der Lebereinmündungen sitzt dem Magen dorsal ein kleiner Blindsack auf. Unmittelbar dahinter beginnt der Mitteldarm mit einem deutlichen Ringwulst. Die Form des Magens läßt sich schöner erkennen, wenn man in die zwischen den Mandibeln gelegene Mundöffnung die Spitze der Glaskanüle eines kleinen Gummigebläses einführt und den Verdauungskanal vorsichtig aufbläst.

Um die im Inneren des Magens gelegenen Chitinverhärtungen besser studieren zu können, lösen wir den ganzen Verdauungskanal heraus. Wir schneiden den Enddarm auf dem hinteren Teile des Abdomens durch, präparieren ihn, nach vorn fortschreitend, ab und heben den Magen am Enddarm hoch. Wir sehen dann, wie er auf der Ventralseite in den sehr kurzen, direkt nach unten führenden Ösophagus (Speiseröhre) übergeht. Der Ösophagus wird durchgeschnitten, der Magen am Enddarm herausgehoben, der letztere ebenfalls abge-

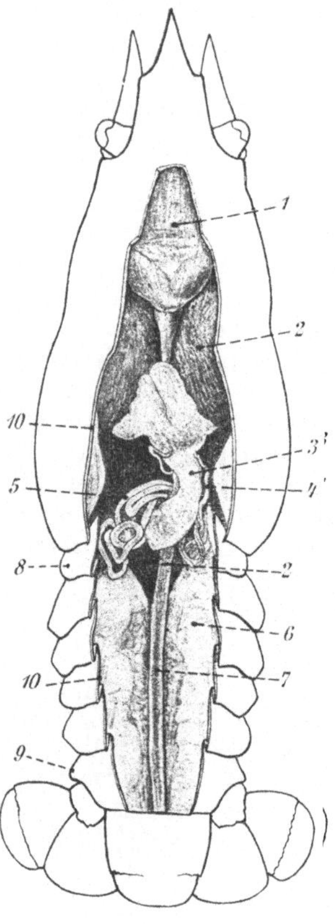

Fig. 39. Astacus ♂. Cephalothorax und Abdomen eröffnet, Enddarm freigelegt, Herz entfernt (Fortsetzung zu Fig. 37.) 1. Magen. — 2. Leber. — 3. Hoden. — 4., 5. Samenleiter. — 6. Abdominalmuskeln. — 7. Enddarm. — 8. erstes Abdominalsegment. — 9. sechstes Abdominalsegment. — 10. Schnittlinie.

trennt, der Magen in der ventralen Mittellinie gespalten, unter Wasser ausgebreitet und mit Nadeln befestigt. Die Teile der auseinandergelegten Magenmühle, die man nun überblicken kann, zeigt uns Fig. 42.

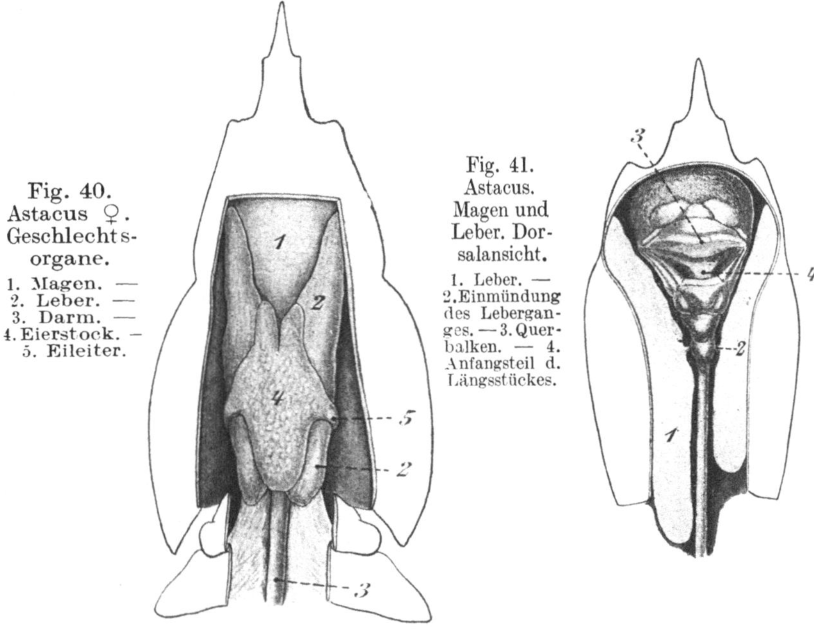

Fig. 40.
Astacus ♀.
Geschlechts-
organe.

1. Magen. —
2. Leber. —
3. Darm. —
4. Eierstock. —
5. Eileiter.

Fig. 41.
Astacus.
Magen und
Leber. Dor-
salansicht.

1. Leber. —
2. Einmündung
des Lebergan-
ges. — 3. Quer-
balken. — 4.
Anfangsteil d.
Längsstückes.

Wir betrachten nun wieder den Krebs, um das Bild zu studieren, welches sich nach Entfernung des Darmkanales bietet (Fig. 43).

Im Abdomen liegt noch immer die Streckmuskulatur vor, im mittleren Teile des Präparationsfeldes ziehen jederseits die mächtigen Beugemuskeln des Hinterleibes nach vorn. Vorn

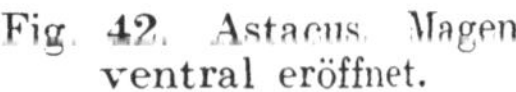

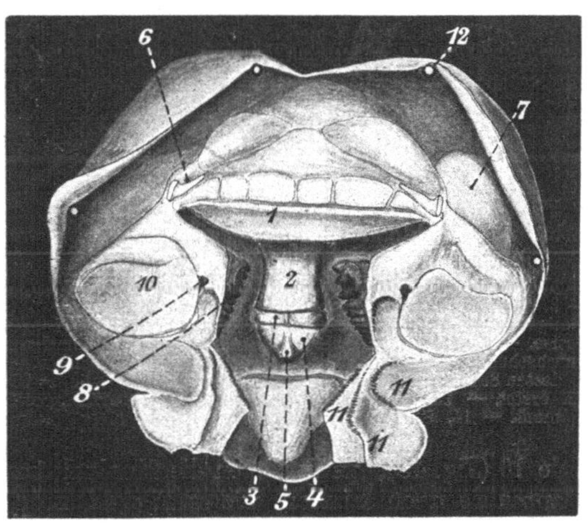

Fig. 42. Astacus. Magen
ventral eröffnet.

1. Querbalken. — 2. schmales
Skelettstück. — 3. konvexe
Flächen. — 4. Längsstück. —
5. Mittelzahn. — 6. Gelenke.
— 7. Krebssteine. — 8. Sei-
tenzähne. — 9. kleinerer Zahn.
— 10. Grundplatte desselben.
— 11. Faltungen in der Wandung des Hinterteiles. — 12.
Nadeln.

rechts und links erblicken wir die Adduktoren (Anzieher) der Mandibeln mit ihrer Sehne. Vorn vor diesen Muskeln finden wir jederseits die als Exkretionsorgan wirkende grüne Drüse, der eine häutige Harnblase aufliegt. Aus dieser führt ein Ausführungsgang zu der auf S. 39 beschriebenen Papille.

Der abgeschnittene Speiseröhrenstumpf erleichtert uns das Aufsuchen des Schlundringes des Nervensystems, des oberen und des unteren Schlundganglions. Vom Bauchmark sehen wir bis jetzt nur kleine Teile durch die Lücken der Scheidewand hindurch, welche den Brustkanal, durch den das Bauchmark hindurchzieht, nach oben abschließt.

Mit der Freilegung der Bauchganglienkette beginnen wir im Abdomen. Wir durchschneiden die Hinterleibsbeuger in der Punkt-

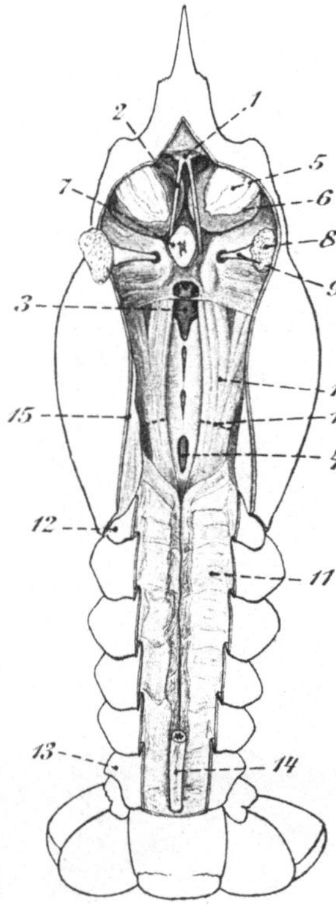

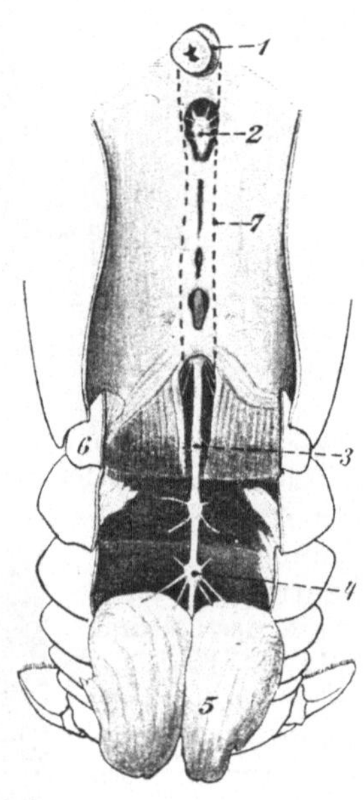

Fig. 43. Astacus. Darm, Magen, Leber und Geschlechtsorgane entfernt. Fortsetzung zu Fig. 39.

1. Oberschlundganglion. — 2. Schlundring. — 3. unteres Schlundganglion. — 4. Thorakalganglion. — 5. Reservoir der grünen Drüse. — 6. grüne Drüse. — 7. Ösophagus durchschnitten. — 8. Oberkiefermuskel. — 9. dessen Sehne. — 10., 11. Muskulatur. — 12. erstes, — 13. sechstes Abdominalsegment. — 14. Stumpf des Enddarms.

Fig. 44. Astacus. Freilegung des Nervensystems. Fortsetzung zu Fig. 43.

1. Speiseröhre durchschnitten. — 2. unteres Schlundganglion. — 3. erstes Abdominalganglion. — 4. drittes Abdominalganglion. — 5. Abdominalmuskulatur abgelöst und zurückgeklappt. — 6. erstes Hinterleibssegment. — 7. Schnittlinie.

linie 16 (Fig. 43), präparieren die Muskulatur des Hinterleibes ab und klappen sie nach hinten, wie es Fig. 44 zeigt. Die Ganglienkette mit den Ganglienknoten und den von ihnen ausstrahlenden Nerven liegt dann bis zum hinteren Ende des Brustkanales frei. Dieser muß nun mit der starken Schere längs der Punktlinien 7 (Fig. 44) vorsichtig geöffnet werden. Dann erhält man die Ansicht Fig. 45. Vom Oberschlundganglion gehen die Nerven zu den Augen und zu den Antennen. Aus dem Schlundring entspringt mit paarigem Ursprung der Schlundmagennerv. Das Unterschlundganglion versorgt die Mandibeln und die beiden Maxillenpaare. Die Thorakalganglien, deren Anzahl durch Verschmelzungen reduziert ist, sind ebenfalls durch deutlich paarige Kommissuren verbunden. Im Abdomen liegen 6 Ganglienknoten.

Zum Schluß suchen wir an unserem Präparat noch die Seitenwandungen der Thorakalhöhle auf. Wir finden, daß diese nicht identisch mit den äußeren Panzerwandungen sind, sondern etwa dem Verlaufe der Branchiokardialfurchen folgen.

III. Bau der Gliedmaßen, Kiemen, Mundteile. Die Gliedmaßen des Krebses besitzen einen Stamm, der aus Coxopodit und Basipodit besteht, und zwei auf dem Stamme sitzende Zweige, das Exopodit und das Endopodit. Die 6 Paar Hinterleibsbeine oder Pleopoden sind bereits oben behandelt. Um einen vollständigen Einblick in den Bau der Thorakalbeine zu gewinnen, müssen wir die Seitenteile des Cephalothorax (Branchiostegiten) durch lateral von den Branchiokardialfurchen verlaufende Scherenschnitte ablösen, so daß nur die Seitenwände der Thorakalhöhle stehen bleiben. Diesen anliegend sehen wir die fiederartig ausgebildeten Kiemen (Fig. 46 und 47). Wir überzeugen uns, daß diese an ihrem ventralen Ende angewachsen sind und klappen sie mit sanftem Druck nach unten.

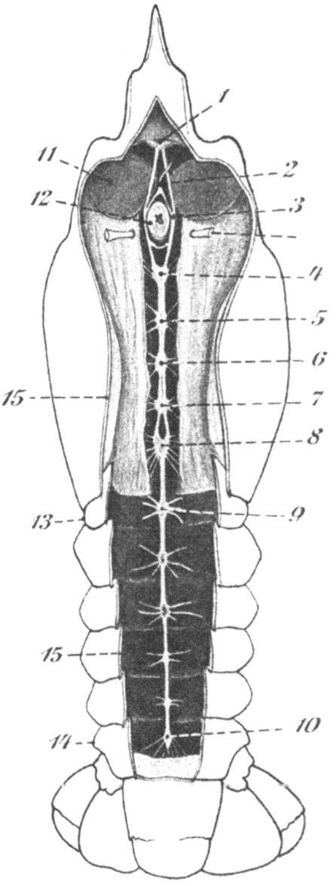

An den Thorakalbeinen können wir sieben Glieder unterscheiden. Dem ersten Gliede (Coxopodit) sitzen mit Ausnahme der letzten Thorakalbeine die Kiemen als Branchiopodit auf. Außerdem finden wir an den Coxopoditen eine Anzahl geschlängelter, weicher Coxopoditborsten, welche dazu dienen, das Eindringen von Fremdkörpern in die Kiemenhöhle zu verhindern. Auf das Coxopodit folgt ein kurzes

Fig. 45. Astacus. Ansicht des Nervensystems.

1. Cerebralganglion. — 2. Schlundnerv. — 3. Schlundkommissur. — 4. Unterschlundganglion. — 5.—8. Thorakalganglion. — 9. erstes, — 10. letztes Abdominalganglion. — 11. grüne Drüse. — 12. Ösophagus durchschnitten. — 13. erstes, — 14. sechstes Abdominalsegment. — 15. Schnittlinie des Panzers.

Basipodit. Die übrigen fünf Glieder gehören dem Endopodit an, da das Exopodit an den Schreitbeinen fehlt. Bei den drei ersten Paaren der Schreitbeine bildet das letzte Glied mit einem Fortsatz des vorletzten eine Schere.

Die Beuge- und Streckmuskeln des beweglichen letzten Gliedes lassen sich leicht präparieren. Wir tragen mit der Schere in dem Um-

fange, wie es Fig. 48 angibt, den Chitinpanzer auf einer Seite ab, wobei
wir nach Ausführung des Scherenschnittes mit dem Skalpell unter
das umschnittene Panzerstück fahren müssen, um die vielen Muskel-

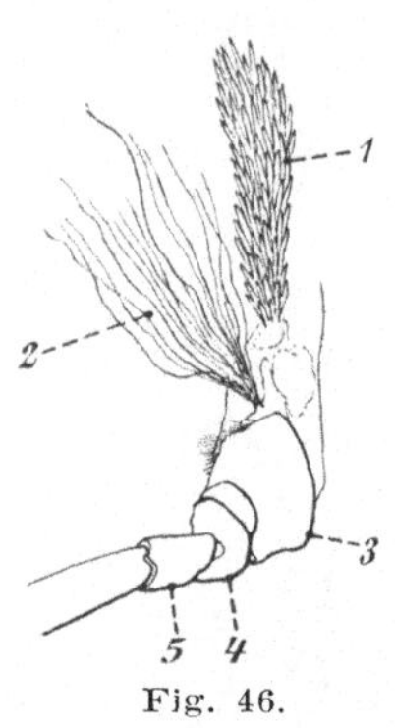

Fig. 46. Astacus. Kiemen des
5. linken Thorakalbeines.

1. Kieme (an der Seitenwand des
Körpers sitzend). — 2. Coxopoditborsten. — 3. Coxopodit. —
4. Basipodit. — 5. erstes Glied
des Endopodit.

Fig. 47. Astacus. Kiemen des
4. linken Thorakalbeines.

1. Kiemen. — 2. Coxopoditborsten.
— 3. Coxopodit.

Fig. 46.

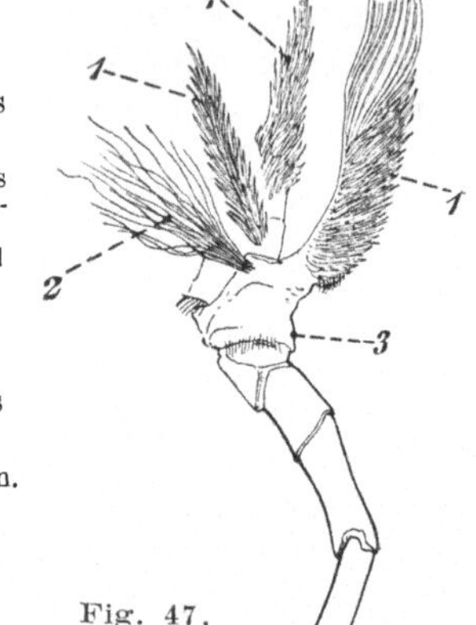

Fig. 47.

ansätze zu lösen. Wir können dann unter Zuhilfenahme der Pinzette
leicht den breiten Schließmuskel und den schmäleren Öffnungsmuskel
der Zange isolieren. Danach zupfen wir mit
der Pinzette die gesamte Muskelmasse sauber
aus der Schere heraus, so daß nur die beiden
chitinigen, harten Sehnen stehen bleiben.
Die Sehne des Schließmuskels ist sehr breit
und trägt in der Mitte einen Grat zum An-
heften von Muskeln, die Sehne des Öffnungs-
muskels ist verhältnismäßig schwach und
schmal.

Nach vorn fortschreitend, gelangen wir
zu den drei Paar Kieferfüßen, die wir einzeln
abpräparieren. Am dritten Kieferfußpaar
sind die Kiemen und Coxopoditborsten noch
gut ausgebildet. Am zweiten Kieferfußpaar sind Kiemen und Coxopoditborsten nur
noch schwach entwickelt. Am ersten Kieferfußpaar ist das Branchiopodit zu einem
weichen Blatte geworden.

Vor den Kieferfüßen finden wir zwei
Paar Unterkiefer oder Maxillen, die sich
ihrer flachen Ausbildung wegen zu Balsampräparaten eignen. Bei der zweiten Maxille
sind Exopodit und Kiemenblatt durch eine
große Platte ersetzt, deren Bewegungen das
Wasser durch den Kiemenraum treiben.

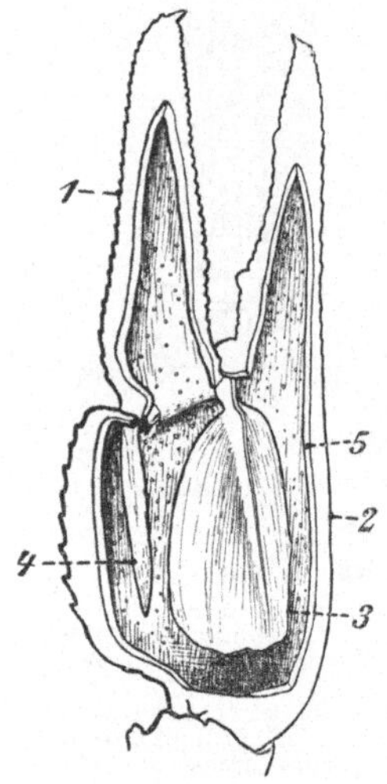

Fig. 48. Astacus. Schere
eröffnet. Ansicht der
Sehnen der Scheere.

1. Dactylopodit. — 2. Pro-
podit. — 3. Sehne des Beugers.
— 4. Sehne des Streckers.
5. Schnittlinie.

Die starken Mandibeln bestehen aus einer kräftigen, am Innenrande gezähnten Kaulade, welche einen kurzen, dreigliederigen Taster
trägt.

2. Mikroskopische Behandlung kleiner Krebsformen.

Für Beobachtungen an lebendem Material leistet außer der Ausbeute von Exkursionen das überall käufliche, sog. lebende Fischfutter gute Dienste. Es ist an verschiedenen Orten abweichend zusammengesetzt, enthält aber fast immer Daphnia, Cyclops und einige verwandte Formen. Wegen des Kalkgehaltes der Panzer sind die Präparate oft schlecht durchsichtig. Die Entfernung des Kalkes durch Säure empfiehlt sich bei sehr kleinen Formen im allgemeinen nicht, etwas größere, wie Gammarus, müssen langsam, am besten mit einer sehr dünnen Salpetersäure, entkalkt werden.

Als Beispiele seien die Süßwasserformen: Gammarus spec. (Amphipoden), Asellus aquaticus (Isopoden), Cyclops spec. (Copepoden), Daphnia pulex (Phyllopoden) angeführt.

a) Gammarus, Flohkrebs. Man sammle die mehr in schnellfließendem Wasser lebenden Gammarus pulex und die mehr in stehendem und langsam fließendem Wasser lebenden, etwas größeren Gammarus fluviatilis und bringe sie mit genügend Wasserpflanzen lebend in ein Aquarienglas, wo man sie bei guter Durchlüftung lange halten und beobachten kann. Man achte auf die ruckweise Bewegung beim Schwimmen, bei der die stark entwickelten, nach hinten gerichteten drei letzten Brustbeinpaare vorzugsweise verwendet werden. Die stark behaarten drei ersten Hinterleibsbeinpaare sind stets in lebhafter Bewegung und treiben den an den Brustbeinen sitzenden Kiemen frisches Atemwasser zu. Die beiden Arten sind auch mit bloßem Auge leicht zu unterscheiden, da bei

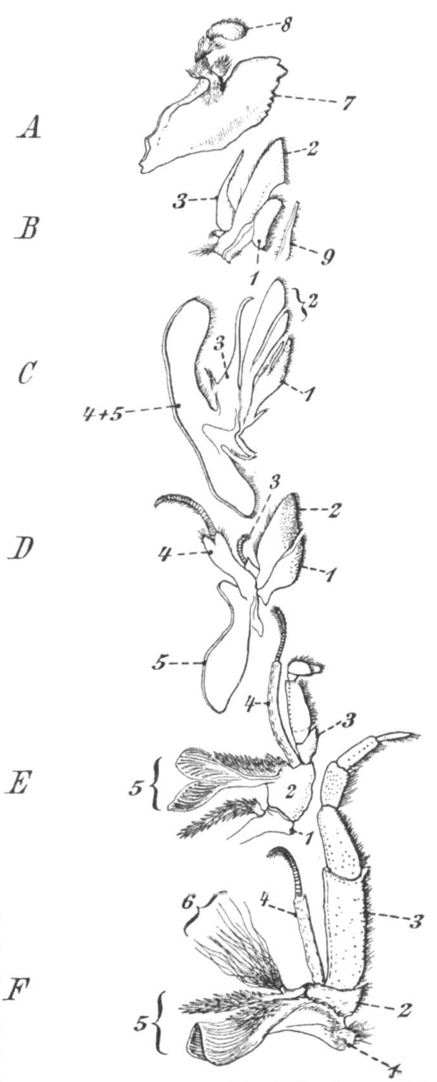

Fig. 49. Astacus. Mundteile der rechten Seite in Ventralansicht.

1. Coxopodit. — 2. Basipodit. — 3. Endopodit. — 4. Exopodit. — 5. Kiemenblatt. — 6. Coxopoditborsten. — 7. Kaulade der Mandibel. — 8. ihr Taster. — 9. zur Unterlippe gehörig.

Gammarus fluviatilis die drei ersten Hinterleibsringe auf der Rückenseite nach hinten in einen spitzen Stachel auslaufen, der bei Gammarus pulex fehlt.

Die Beobachtung zeigt, daß ein Kopfbruststück nicht vorhanden ist. Der Kopf ist nur mit dem ersten der sieben Brustringe verwachsen. An Anhängen finden sich: 2 Paar Fühler, 1 Paar Oberkiefer, 2 Paar Unterkiefer, 1 Paar Kieferfüße, 7 Paar Brustbeine, 6 Paar Abdominalbeine. Da die Tiere im Präparat auf der Seite liegen, ist es bei einigen Bemühungen meist möglich, alle Teile aufzufinden. Das erste Fühlerpaar hat zwei Geißeln, das zweite Paar eine Geißel. Die Oberkiefer und das erste Paar Unterkiefer tragen Taster, das zweite Paar nicht. Die beiden Kieferfüße tragen große Taster. An den Hüften der Brustbeine finden sich plattenartige Kiemenanhänge. Sämtliche Brustbeinpaare tragen Krallen; die der beiden ersten Paare sind wie die der Kieferfußtaster besonders stark entwickelt. Die drei letzten Brustbeinpaare sind von den Kniegliedern an stark nach hinten gewendet. An den drei ersten Abdominalbeinpaaren ist der Spaltfußcharakter sehr gut entwickelt. Auf einem Schaft sitzen hier die beiden stark behaarten Äste. Das 4.—6. Abdominalbeinpaar sind wieder nach hinten gerichtet. Sie werden als Springbeine benutzt.

b) **Asellus aquaticus**, gemeine Wasserassel. Die Tiere sind in allen stehenden oder langsam fließenden Gewässern im Gewirr der Wasserpflanzen zu finden. Konservierung in Alkohol. Entkalkung nicht erforderlich. Aufhellung in Xylol. Balsam. Das Tier wird in Rückenlage montiert, die Beine mit Nadeln vorsichtig gestreckt.

Auf den Kopf folgen sieben freie Brustringe, darauf sieben Hinterleibsringe, die aber bis auf die beiden ersten miteinander verschmelzen. Die Fühler des ersten Paares sind kürzer als die des zweiten. Die Oberkiefer tragen dreigliederige Taster mit Endklauen. Es sind zwei Paar Unterkiefer, ein Paar Kieferfüße und sieben Paar Brustbeine vorhanden, die keine Kiemenanhänge, beim Weibchen aber zum Teil Brutplatten tragen. Die beiden ersten Beinpaare des Männchens sind zum Greifen eingerichtet. Die fünf ersten Abdominalbeinpaare sind nach folgendem Typus gebaute Spaltbeine: der Innenast ist als Kiemenblättchen ausgebildet, der Außenast bildet eine Schutzdecke über demselben. Das sechste Spaltbeinpaar ist länger. Es trägt auf einem nach hinten hervorragenden Basalteil zwei deutliche, dünne Spaltäste. Auf jeder Seite des Kopfes findet sich eine Gruppe von Punktaugen.

c) **Cyclopsarten** sind in jedem Tümpel zu erhalten. Lebendes Fischfutter enthält dieselben fast stets. An den birnförmigen Tieren bemerken wir zwei Paar Fühler, von denen die vorderen die längeren sind. Diese großen Fühler sind bei den Männchen zu Greifwerkzeugen umgewandelt. Von den fünf Beinpaaren ist das letzte verkümmert. Der gliedmaßenlose Hinterleib ist deutlich abgesetzt; er endigt in zwei Gabelzinken, die am Ende meist einige gefiederte Borsten tragen. Ein unpaares Auge liegt in der Mitte der Stirn. Die Weibchen tragen die abgelegten Eier in zwei Eiersäckchen an den Seiten des Hinterleibes. Ein Herz ist nicht vorhanden.

d) **Daphnia pulex**, Wasserfloh. Diese oder eine ähnliche Art wird man bei jedem Zuge in pflanzenreichem Süßwasser erbeuten. Auch das lebende Fischfutter enthält stets mehrere Arten. Ein Teil wird in Alkohol konserviert, èin anderer Teil für **Beobachtungen am lebenden Objekt** verwendet.

Man bringt für diesen Zweck ein Tier mittels der Glaspipette mit einem Tropfen Wasser auf den Objektträger und legt ohne Druck ein Deckglas auf. Sollte das Gewicht desselben nicht genügen, um das Tier an der Fortbewegung zu hindern, so verwende man statt des Wassers eine abgekühlte, 3%ige Gelatinelösung. Will man das Tier in lebhafterer Bewegung beobachten, so bringt man es in eine feuchte Kammer.

Wir beobachten die Bewegungen der fünf Beinpaare, die wir durch die zweiklappige Schale hindurch erkennen, und die den an ihrer Basis gelegenen Kiemensäckchen Wasser zustrudeln. Das unpaare Facettenauge wird in andauernder Bewegung erhalten. Auf der Rückenseite bemerkt man unter der Schale das stark pulsierende Herz, von dem keinerlei zu- oder abführende Gefäße entspringen. Das durch einfache Spalten ein- und austretende Blut umspült sämtliche Organe der Leibeshöhle. Gelingt es, mit einer stärkeren Vergrößerung an das lebende Objekt heranzukommen, so kann man unter Umständen die farblosen Blutkörperchen im Flüssigkeitsstrome schwimmen sehen. Weitere Einzelheiten studieren wir besser am Dauerpräparat.

An **Gliedmaßen** sind vorhanden zwei Paar Fühler, ein Paar Mandibeln, ein Paar Maxillen und fünf Beinpaare. Die **Fühler** des ersten Paares (Tastfühler) sind bei den meist vorliegenden Weibchen sehr klein und tragen am Ende feine Sinnesröhrchen; beim Männchen sind sie etwas größer mit zweizackigen Endhaken. Die langen Fühler des zweiten Paares (Ruderfühler) tragen auf einem starken Basalgliede zwei mit Borsten besetzte Gabeläste, von denen bei den Daphniden der eine drei-, der andere viergliederig ist. Die **Mandibeln** liegen als dicke, tasterlose Gebilde vor dem Anfangsteil des durchscheinenden Darmes, die Maxillen sind meist nicht zu erkennen. Die fünf **Beinpaare** sind Spaltbeine; ein Spaltast ist namentlich an den hinteren Beinpaaren stark verbreitert. An der Basis der Beine finden wir die **Kiemensäckchen**. Ventral und hinter dem schon beschriebenen Facettenauge bemerken wir noch einen stark pigmentierten Fleck, das Nebenauge. Der **Darm** durchzieht den ganzen Körper und zeigt auch den Verlauf des nach unten umgebogenen Hinterleibes. Er trägt an seinem Anfangsteil einen kurzen Leberschlauch. Verfolgen wir das vom Auge ausgehende, nicht mit den Bewegungsmuskeln zu verwechselnde **Ganglion opticum**, so kommen wir zum Oberschlundganglion (Gehirn), von dem man bei guten Präparaten auch die Schlundkommissuren sich abzweigen sieht. In der Gegend zwischen Mandibel und erstem Beinpaar bemerkt man die als Exkretionsorgan dienende **Schalendrüse.** Der Eierstock zieht sich am Darme entlang, und ist in Eifächer eingeteilt. In jedem Eifach bilden sich vier Eier, von denen aber immer drei auf Kosten des vierten zugrunde gehen. Für die nur befruchtet entwickelungsfähigen Wintereier wird der Inhalt zweier Eifächer als Nahrung verbraucht.

Die Eier machen ihre erste Entwickelung in dem am Rücken
unter der Schale gelegenen Brutraume durch, wo fast immer einige
anzutreffen sind. Die bedeutend größeren, dunkleren und hartschaligen
Wintereier sind in einer von der Rückenhaut des Weibchens abge-
schiedenen, zweiklappigen Chitinschale eingeschlossen. Bei der Gattung
Daphnia sind zwei Eier darin.

3. Epeira diadema. Kreuzspinne.

Der Körper besteht aus dem Kopfbruststück (Cephalothorax),
welcher die Mundwerkzeuge und Gliedmaßen trägt, und dem anhangs-
losen Hinterleib. Dieser ist beim Weibchen groß und kugelig aufgetrieben, beim Männchen klein und langgestreckt. Er trägt auf der
Unterseite am Ende den deutlich hervorragenden Spinnapparat,
in der Mitte die Geschlechtsöffnung und die seitlich von dieser
liegenden Eingänge in die Lungensäcke. Die Verbindung mit
dem Kopfbruststück erfolgt durch einen sehr dünnen Stiel. Auf dem
Rückenschild des Kopfbruststückes liegt ziemlich weit vorn der Augenhöcker, aus dem Spalt zwischen Rückenschild und Brustschild entspringen die vier Paar Beine. Von den Mundteilen erkennt man schon
mit bloßem Auge leicht die Taster der Unterkiefer und die zangen-
artigen Cheliceren oder Kieferfühler. Auch an den Tastern der
Unterkiefer kann man sehr leicht die beiden Geschlechter erkennen.
Die Taster der Weibchen enden mit einer kleinen Kralle ohne merk-
liche Anschwellung, während die Taster der Männchen stark kolben-
artig verdickt sind.

Die Chitinteile werden wie Insektenmaterial behandelt. Besonders
wichtig sind: Unterlippe, Unterkiefer mit Kiefertastern, Kieferfühler.
der Augenhöcker, die Beine, die Fußglieder, das Spinnorgan.

Die Unterlippe und Unterkiefer mit Tastern löst man am
besten im Zusammenhange von der Bauchseite her ab, indem man
mit der Breitseite einer Lanze dorsal von den Unterkiefertastern hinein-
fährt und das zu Präparierende abschneidet. Nach gründlichem Ent-
wässern in Alkohol, wobei man öfter durch Druck die Gewebereste
aus dem Inneren herauszudrücken und dem Ganzen gleichzeitig eine
flachere Form zu geben hat, hellt man in Xylol auf und montiert in
einem Tropfen Kanadabalsam auf dem Objektträger.

Die Unterlippe stellt eine zwischen den Unterkiefern gelegene
Chitinplatte dar, welche auf der Außenseite behaart ist. Unter den
Haaren kann man bei starker Vergrößerung zwei Formen unterscheiden:
an den Seitenrändern der Lippe stärkere Haare mit glatter Oberfläche,
in der Mitte feinere, die mit sehr vielen Fiederhärchen besetzt sind.

Die Unterkiefer sind sehr kurz, zweigliederig. Die der Mundöffnung zugekehrten Ränder der dreieckigen Endglieder sind dicht
mit Haaren der beiden erwähnten Formen besetzt. Der Vorderrand
der Endglieder trägt eine feine Chitinzähnelung.

Der Taster des Weibchens ist sechsgliederig, beinartig ausgebildet und mit glatten Haaren besetzt. Er trägt an der Spitze eine
kammartige Kralle.

Im Taster des Männchens ist das 5. und 6. Glied zu einem kolbigen Begattungsorgan umgebildet.

Die Kieferfühler werden mit der Breitseite einer Lanzennadel nach vorn, also dorsalwärts gedrückt, so daß sie in die Fortsetzung des Rückenschildes fallen und dann mit diesem zusammen montiert. Man erhält so gleichzeitig ein Präparat des Augenfeldes.

Die Kieferfühler (Cheliceren) bestehen aus einem breiten Basalgliede, das an seinem vorderen Rande eine Anzahl starker Zahnhöcker trägt, und aus einem klauenförmigen Endgliede, welches wie die Schneide eines Taschenmessers gegen das Basalglied, das eine entsprechende Rinne hat, eingeklappt werden kann. Auch das Klauenglied trägt einen Kamm feiner Chitinzähne, die allerdings nicht über den freien

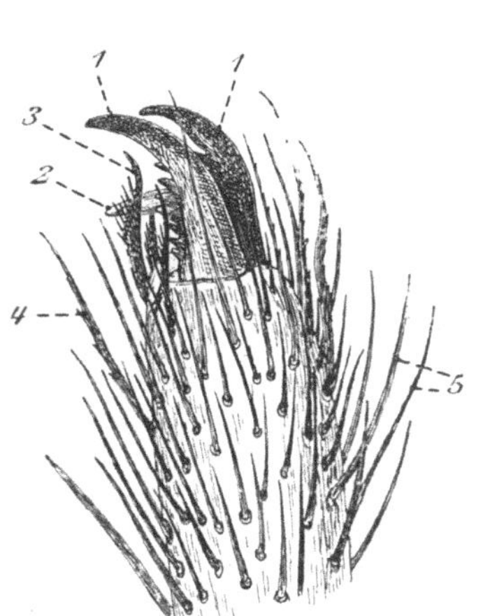

Fig. 50. Epeira diadema. Endabschnitt des Fußes vom Vorderbein von der Seite gesehen.

1. Webeklauen. — 2. Trittklaue. — 3. Starke gezähnte Borsten. — 4. Gezähnte Haare. — 5. Haare.

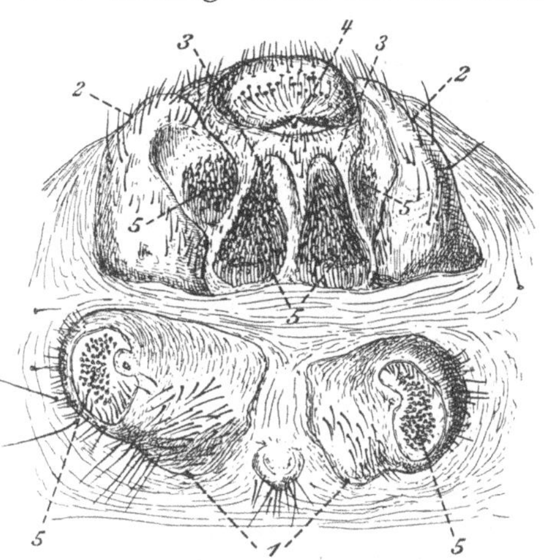

Fig. 51. Spinnwarzen von Epeira diadema (♂) auseinandergelgt, so daß die mit Spinnröhrchen besetzten Flächen der Warzen sichtbar sind.

1. Vordere Spinnwarzen. — 2. Hintere Spinnwarzen. — 3. Innere Spinnwarzen. — 4. Afteröffnung. — 5. Spinnröhrchen. — An den Warzen 1 sind die Spinnröhrchen in der Ansicht von oben, an den Warzen 2 und 3 in Seitenansicht zu erkennen.

Rand des Gliedes hervorragen. Die Klaue wird von einem Kanal durchbohrt, der etwas unterhalb der Spitze auf der konvexen Seite mündet.

Stellt man dieses Präparat von Material her, welches nicht mit Kalilauge behandelt war, welches aber durch langes Verweilen in Xylol genügend durchsichtig geworden ist, so sieht man außer einer Anzahl von Muskelbündeln im Inneren des Basalgliedes den Ausführungsgang der im Cephalothorax liegenden Giftdrüse, welcher sich in die Höhlung des Endgliedes fortsetzt.

Die acht Augen stehen auf der vorderen Stirnfläche. Ihre Anordnung wechselt mit der Art und ist ein Hilfsmittel bei der Bestimmung der Arten. Bei der Kreuzspinne stehen vier median in den Ecken eines Paralleltrapezes, die Seitenaugen werden jederseits median von einer gemeinschaftlichen Chitinfalte umgeben.

Das Bein wird mit allen Gliedern aus dem Zwischenraum zwischen Rücken- und Brustschild des Kopfbruststückes herausgehoben und so gekrümmt, daß sich ein Deckglas darauflegen läßt. Es müssen sieben Beinglieder an einem vollständigen Präparat zu erkennen sein: Hüftglied, Schenkelring, Schenkel, Kniestück, Schiene, Ferse, Fuß. Die Krallen des Fußgliedes betrachten wir an besonderen Präparaten, die wir von den Fußgliedern der einzelnen Beinpaare herstellen. Das erste Fußpaar trägt außer den beiden kammförmigen Webeklauen am Ende einige gleichfalls kammförmig ausgebildete, starke Borsten und die etwas weiter nach hinten eingelenkte, glatte Geh- oder Trittklaue, welche beim Gehen auf ebener Fläche in Anwendung kommt. Die Webeklauen und kammartigen Borsten dienen zur Fortbewegung im Spinngewebe. Während der Benutzung der Trittklauen werden die Webeklauen aufgerichtet getragen, so daß sie mit der Unterlage nicht in Berührung kommen. An den anderen Fußgliedern finden sich die entsprechenden Organe in etwas anderer Ausbildung wieder. Die Endorgane des vierten Fußpaares werden beim Ziehen der Spinnfäden benutzt.

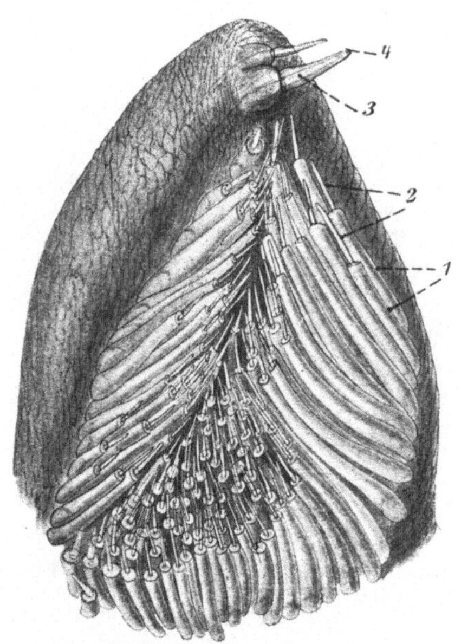

Fig. 52. Linke innere Spinnwarze von Epeira diadema.

1. Spinnröhrchen. — 2. Endstück derselben. — 3. Kanal für das Sekret der Spinndrüse. — 4. Öffnung am Gipfel des Endstückes.

Um ein gutes Bild der Spinnwarzen zu gewinnen, schneiden wir den Teil der Hinterleibshaut, welcher die Spinnwarzen trägt, aus und legen ihn nach der Behandlung mit absolutem Alkohol und Xylol mit der Außenseite nach oben auf einen Objektträger in Kanadabalsam; dann drücken wir mit zwei Nadeln die vier ohne weiteres sichtbaren, großen Spinnwarzen seitlich auseinander, so daß auch die dazwischen gelegenen kleinen Spinnwarzen zu Vorschein kommen und legen das Deckglas auf. Ein sanfter Druck auf dasselbe fixiert das Objekt in seiner Lage.

Die Betrachtung zeigt von vorn nach hinten zwei größere vordere, zwei innere kleinere und wieder zwei größere hintere Spinnwarzen. Hinten median sehen wir die Afterwarze, vorn median unmittelbar vor den Spinnwarzen eine sehr kleine Warze.

Die Spinnwarzen sind auf einem besonderen Felde mit Spinnröhrchen besetzt. Jedes Spinnröhrchen besteht aus zwei Teilen, einem dickeren Basalteil, der wie abgeschnitten endet und einem viel dünneren Endteil. Dieser setzt den im Inneren des Basalteiles gelegenen Drüsenausführungsgang fort.

Von ganz jungen Spinnen (etwa 1 mm lang) können ohne Behandlung mit Kalilauge leicht sehr schöne Präparate hergestellt werden.

4. Gryllotalpa vulgaris. Maulwurfsgrille.

Die Chitinteile der Maulwurfsgrille sind für mikroskopische Präparate zu dick. Sie werden mit der Lupe betrachtet und aus verschiedenen Ansichten stark vergrößert gezeichnet.

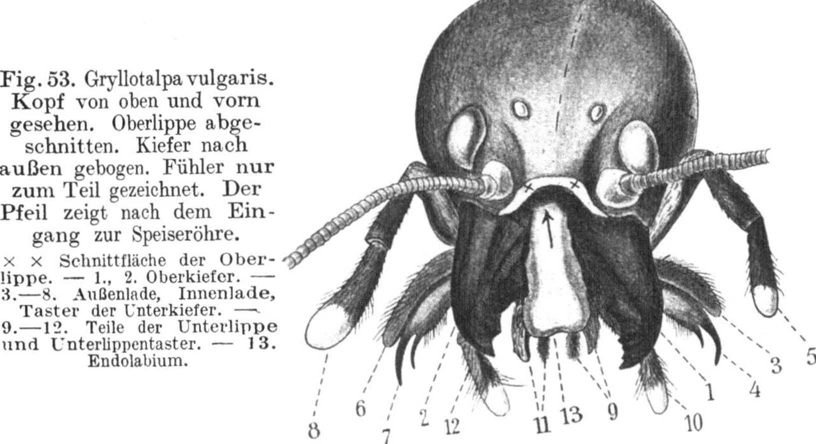

Fig. 53. Gryllotalpa vulgaris. Kopf von oben und vorn gesehen. Oberlippe abgeschnitten. Kiefer nach außen gebogen. Fühler nur zum Teil gezeichnet. Der Pfeil zeigt nach dem Eingang zur Speiseröhre. × × Schnittfläche der Oberlippe. — 1., 2. Oberkiefer. — 3.—8. Außenlade, Innenlade, Taster der Unterkiefer. — 9.—12. Teile der Unterlippe und Unterlippentaster. — 13. Endolabium.

Am Kopf sind zu unterscheiden: zwei größere Netzaugen (Facettierung bei Lupenbetrachtung kaum zu erkennen), zwei kleine Punktaugen, zwei mittellange, deutlich gegliederte Fühler, vier Taster mit weißen Endkuppen, Unterlippe, Oberlippe. Zur Präparation der Mund-

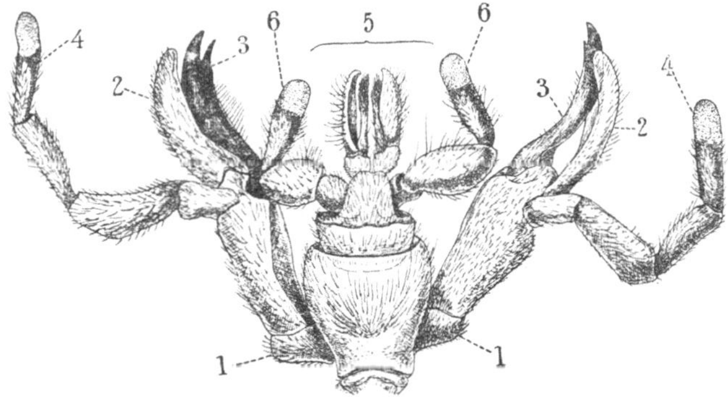

Fig. 54. Gryllotalpa vulgaris. Unterkiefer und Unterlippe von unten gesehen. 1. Grundglied der Unterkiefer. — 2. Außenlade der Unterkiefer. — 3. Innenlade der Unterkiefer. — 4. Endglied der Taster der Unterkiefer. — 5. Unterlippe. — 6. Endglied der Unterlippentaster.

teile fahre man mit dem Skalpell hinter den Oberkiefer und trenne die Unterlippe im Zusammenhang mit den beiden Unterkiefern ab. Durch Druck mit dem flachen Skalpell gibt man dem Ganzen eine ebene Form, so daß die einzelnen Teile nebeneinander liegen.

Wir erkennen an der Unterlippe zwei stärker entwickelte Stammstücke (Submentum und Mentum), das Palparium, welches zwei kurze dreigliederige Taster trägt, sowie die beiden äußeren und die beiden inneren Laden (Lobi exteriores und interiores). Letztere sind an ihrer stark pigmentierten Spitze leicht zu erkennen. Dieser ganze Aufbau zeigt, daß die Unterlippe durch Verwachsung eines zweiten Unterkieferpaares entstanden ist.

An der Innenseite der Unterlippe sitzt die Innenlippe oder Zunge (Endolabium).

Ebenso finden wir an den Unterkiefern zwei Basalstücke, die als Cardo (Angel) und Stipes (Stamm) bezeichnet werden, das Palparium mit den fünfgliederigen Maxillartastern und die beiden Laden. Die innere Lade ist am Ende hakenförmig und mit Nebenstacheln besetzt, die äußere Lade ist mehr lappenförmig ausgebildet.

Die Präparation der außerordentlich harten und starken Mandibeln erfolgt, indem man mit dem Skalpell zwischen Oberlippe und Oberkiefer fährt und die letzteren so lange ventralwärts drückt, bis sie locker werden. Sie sind ungegliedert und tragen an den einander zugewendeten Seiten einige kräftige Zähne.

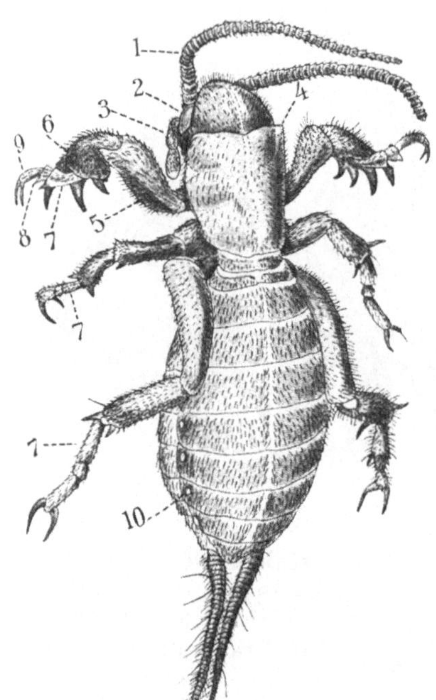

Fig. 55. Gryllotalpa vulgaris. Larve kurz vor der ersten Häutung. $^{14}/_1$.

1. Fühler. — 2. Auge. — 3. Unterkiefertaster. — 4. Rückenschild des ersten Brustringes. — 5. Oberschenkel. — 6. Unterschenkel. — 7., 8., 9. die Fußglieder. — 10. Stigmen.

Den Bau eines Beines (vgl. Fig. 55) untersuchen wir zuerst am zweiten Beinpaar. Wir unterscheiden fünf Teile: Hüfte (Coxa), Schenkelring (Trochanter), Schenkel (Femur), Schiene (Tibia) und Fuß (Tarsus). Der letztere ist im vorliegenden Falle dreigliederig und trägt zwei Endkrallen.

Wesentlich abweichend verhalten sich die einzelnen Teile der vorderen oder Grabbeine. Die Hüftglieder sind sehr stark und haben einen Fortsatz, welcher verhindert, daß der Schenkelring über eine gewisse Stellung hinaus nach innen gedreht wird (Scharniergelenk!). Der kräftige Oberschenkel ist außen stark verbreitert mit einem zahnartigen Fortsatz, auf welchen sich der Unterschenkel beim Graben stützen kann. Der Unterschenkel trägt seitlich vier gebogene Scharr-

krallen; auch die beiden ersten Fußglieder sind durch seitliche Aus-
wüchse zu Scharrkrallen umgestaltet. Um einen Einblick in die verhältnismäßig kolossalen Muskelmassen zu erhalten, welche die Grab-
arbeit leisten, führen wir mit dem scharfen Skalpell einen Querschnitt
durch das Tier, welcher die Hüftglieder der Grabbeine spaltet und
etwa durch die Mitte des Rückenschildes führt, oder wir lösen die Decke
des ersten Brustringes ab.

Das erste Flügelpaar, welches am zweiten Brustring sitzt, ist sehr
kurz und bedeckt nur einen kleinen Teil des Hinterleibes. Das zweite
Flügelpaar wird in der Ruhe eng zusammengefaltet getragen. In Wasser
kann man diese Flügel, ohne sie zu verletzen, ausbreiten. Zwei fühler-
artige Anhänge des Hinterleibes (Raife, Cerci) dienen als Sinnesorgane.
In der weichen Haut, welche die dunklen Dorsalteile und die hellen
Ventralteile der Hinterleibsringe verbindet, sehen wir jederseits dunkle
Punkte, die Atemöffnungen oder Stigmen.

5. Heuschrecke.

Wir präparieren und verarbeiten zu Balsampräparaten: a) von
kleinen Exemplaren Mundteile. Beachte an der Unterlippe Submentum, Mentum, Palparium mit dreigliederigen Tastern, zwei breitere
Außen- und zwei schmale Innenladen. Die Innenlippe ist selbständig
entwickelt. Beachte an den Unterkiefern Cardo, Stipes, das kleine
Palparium mit fünfgliederigem Taster, die stumpfe, zweigliederige
Außenlade und die zum Beißen eingerichtete, zweispitzige Innenlade.
Die sehr harten Oberkiefer sind am Kaurande mit Chitinzähnchen
und meist mit feilenartigen Mahlflächen besetzt. Die Oberlippe ist
rechteckig und von mehreren Gelenkfalten durchzogen.

b) Zirporgan der Männchen. α) Acridier (Feldheuschrecken).
Das Zirporgan sitzt hier an der Innenseite der Oberschenkel des letzten
Beinpaares. Wir erkennen bei schwacher Vergrößerung eine Leiste von
feinen Chitinzähnchen, schneiden dieselbe mit den umgebenden Teilen
der Chitinbekleidung heraus und montieren sie als Balsampräparat.
Bei starker Vergrößerung kann man erkennen, daß diese Zähnchen
den Haaren der Insekten entsprechende Hautbildungen sind, die am
Ende des Oberschenkels allmählich in gewöhnliche Haare übergehen.
Beim Zirpen wird die Zahnleiste gegen den Flügel gerieben. β) Locustiden (Laubheuschrecken). Hier liegt der Schrillapparat in den
Vorderflügeln nahe bei ihren Gelenken. Der obere, linke Flügel trägt
auf der Innenseite die Zirpvorrichtung, der rechte, untere Flügel an
der entsprechenden Stelle eine zur Schallverstärkung dienende Membran.
Beide Teile werden herausgeschnitten und mit den wichtigen Seiten
nach oben eingebettet.

c) Gehörorgan. α) Acridier. An den Seiten des ersten Hinterleibsringes finden wir jederseits eine ovale Membran. Dieselbe wird mit
ihrer Umgebung herausgeschnitten. Es ist eine dünne Stelle der Haut,
die von einem starken Chitinwulst umgeben wird und als Trommelfell dient. β) Locustiden. Hier liegen (meist zwei) kleine Trommel-
felle an den Seiten der Schienen der Vorderbeine. Die betreffenden
Chitinteile werden als Präparate hergerichtet. Man achte auf den

großen Tracheenreichtum in den die Gehörorgane tragenden Schienengliedern.

6. Libelle.

Für die Präparate vom ausgebildeten Insekt verwenden wir am besten eine größere Art (Libellula oder Aeschna).

a) Mundteile. Der Aufbau der Unterlippe ist am leichtesten bei Aeschna zu verstehen. Dem stark verkürzten Submental- und Mentalgliede sitzt seitlich ein kurzes Stammstück auf, welches die großen, mit sehr kurzem Taster versehenen Palparien trägt. Diese sind am Innenrande mit den Außenrändern der Außenladen verwachsen, doch so, daß die Verwachsungslinien noch deutlich zu erkennen sind. Die Innenladen sind mit ihren Innenrändern bis auf die Endstücke ebenfalls verwachsen. Bei Libellula ist diese Verwachsung so innig, daß sie nicht mehr zu analysieren ist. Die Innenladen bilden eine herzförmige Platte, Palparium und Außenlade zeigen keine gegenseitige Abgrenzung mehr. Am Ende sieht man den sehr kurzen Taster. Die Innenlippe ist ausgebildet und wird meist mit der Unterlippe zusammen abgezupft. Der Unterkiefer hat eine zweigliederige Außenlade und eine mit mehreren langen Chitinzähnen besetzte Innenlade und sehr kurze Taster. Die dicken, mit vielen scharfen Chitinzähnen besetzten Oberkiefer sind der räuberischen Lebensweise der Libellen angepaßt. Die Oberlippe ist eine einfache, flachrunde Platte.

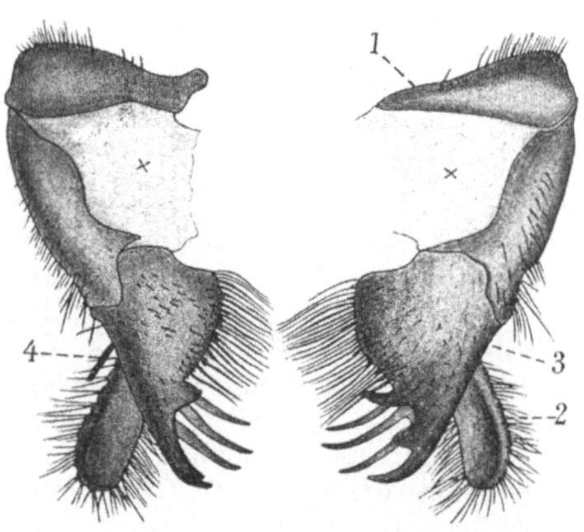

Fig. 56.   Libellula quadrimaculata.   Unterkiefer von hinten gesehen.

× × Ansatzstellen der Unterlippe. — 1. Grundstück der Unterkiefer. — 2. Außenlade. — 3. Innenlade. — 4. Unterkiefertaster.

b) Haut der Netzaugen. Man schneidet mit der feinen Schere eine Kalotte von den großen Netzaugen ab und behandelt mit Kalilauge. Es bleibt so nur die äußere Haut übrig, die zu einem Balsampräparat verarbeitet wird. Man sieht schon bei schwacher Vergrößerung die einzelnen Facetten.

c) In derselben Weise wird das zwischen den großen Augen gelegene Stirnstück behandelt. Es zeigt unter dem Mikroskop drei durchsichtige Stellen, welche den drei Punktaugen (Ocellen) entsprechen.

Larven von Libellen. a) Wir präparieren hier die zu der sog. Fangmaske ausgebildete Unterlippe. Dieselbe wird auseinandergeklappt und im ausgestreckten Zustande montiert. Submentum und Mentum sind außerordentlich verlängert. Die das Palparium tragenden Stammglieder liegen dem Mentum auf, mit dem sie verwachsen sind, die Palparien sind mit den Außenladen verwachsen und tragen kurze, krallenartige, eingliederige Taster. Die Innenladen sind noch nicht entwickelt (Aeschna).

Die bedeutend kürzer und gedrungener gebauten Larven von Libellula zeichnen sich durch eine mehr gewölbt ausgebildete Fang-

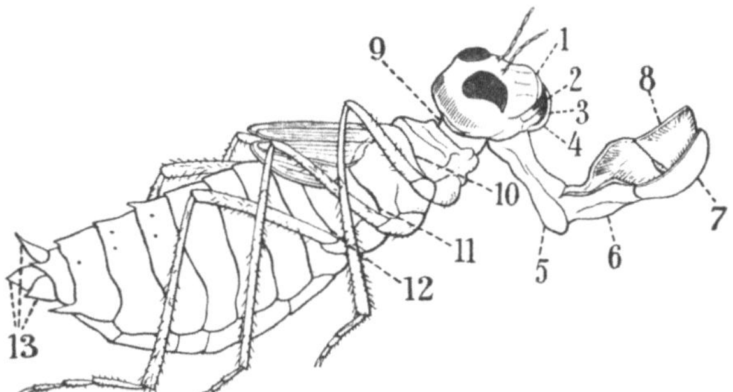

Fig. 57. Libellula quadrimaculata. Larve von der Seite gesehen. Unterlippe vorgestreckt.

1. Oberlippe. — 2. Oberkiefer. — 3. Unterkiefer. — 4. Zunge. — 5. Unterkinn. — 6. Kinn. — 7., 8. Klappen. — 9. Hals. — 10., 11. Grenzen zwischen den Brustringen. — 12. Grenze zwischen dem 3. Brustring und dem Hinterleib.—13.Afterklappen.

maske aus. Die Außenladen sind außerordentlich stark verbreitert, ihre nach innen gerichteten, distalen Ränder gekerbt und der außerordentlich kurze Taster nicht krallenartig entwickelt.

b) Ferner präparieren wir von den Libellenlarven die Darmtracheenkiemen. Hierzu eignen sich am besten die großen Aeschnalarven. Die Chitindecke des Rückens wird mit der feinen Schere an beiden Seiten des Abdomens gespalten und die Rückendecke vorsichtig abgehoben. Man sieht dann zwei mächtige Tracheenstämme an den Darm herantreten. Spaltet man auch die Dorsalwand des Darmes und breitet diesen aus, so bemerkt man sechs dunkel gefärbte, stark vorspringende Längsstreifen. Soweit sich diese erstrecken, wird der Darm herausgeschnitten, in absolutem Alkohol gründlich entwässert und nach dem Aufhellen in Xylol mit der Innenseite nach oben als

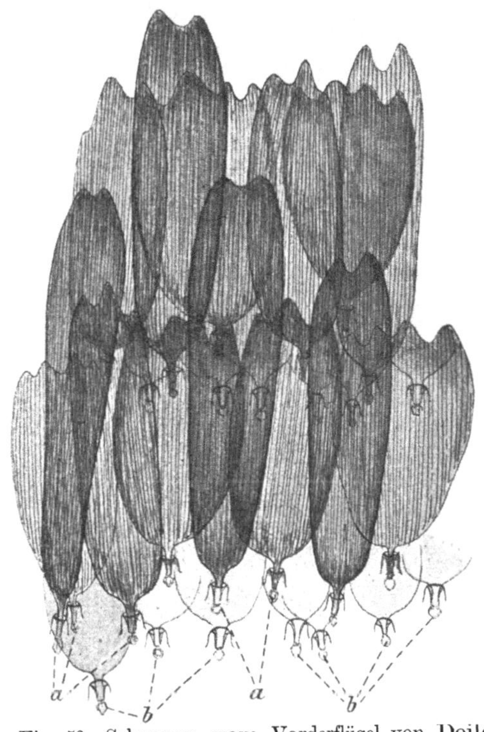

Fig. 58. Schuppen vom Vorderflügel von Deilephila Euphorbiae. Die Schuppen der Oberseite (a) sind ausgeführt, die der Unterseite (b) nur im Umriß gezeichnet.

Balsampräparat hergerichtet. Schon bei schwacher Vergrößerung sieht
man, daß jeder Streifen aus zwei Reihen von Papillen besteht, in denen
sich ein außerordentlich reich entwickeltes Tracheennetz findet.

7. Schmetterlinge.

a) Schmetterlingsschuppen. Zu diesen Präparaten sind lä-
dierte und Dütenexemplare der verschiedensten Arten zu verwenden.
Man stellt Präparate her in Lufteinschluß oder in Gelatine oder Kanadabalsam von Schuppen oder unversehrten Flügelstücken oder von Flügelstücken, deren Schuppen durch Schaben mit dem Skalpell ganz oder
zum Teil entfernt sind. So lassen sich die Schuppen in ihrem Formen-
reichtum, in ihrer Anordnung und der Art ihrer Befestigung am Flügel
beobachten. Besonders deutlich zeigen die Präparate der letzten Art

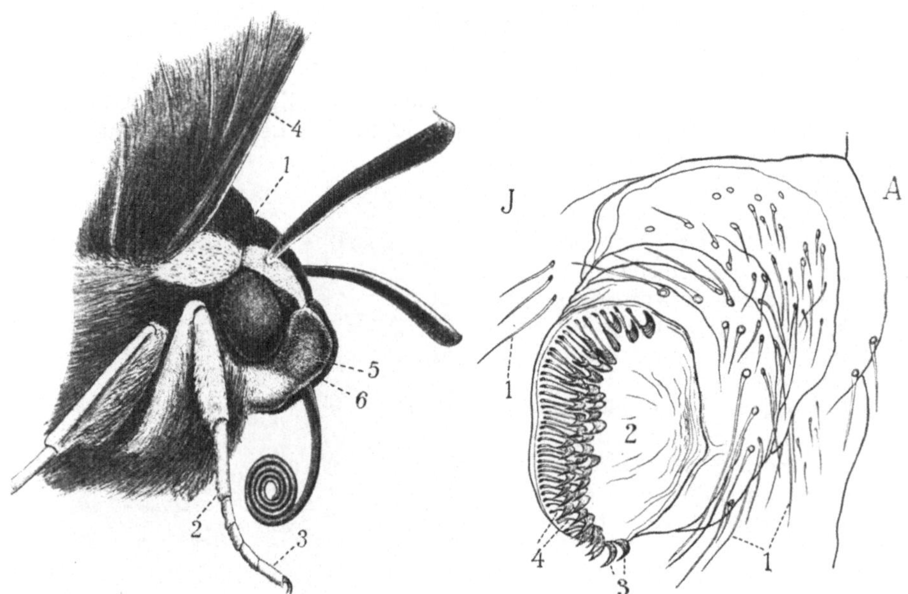

Fig. 59. Deilephila Euphorbiae. Vorderleib
von der Seite gesehen. Rüssel ein wenig
aufgerollt.

1. Grenze von Kopf und Vorderbrust. — 2. erstes,
— 3. fünftes Fußglied des rechten Vorderbeines. —
4. Vorderflügel. — 5., 6. Unterlippentaster.

Fig. 60. Bombyx mori. Ein linker Afterfuß der Raupe.

A. außen. — J. innen. — 1. Haare. — 2. Basal-
fläche des Afterfußes. — 3. Krallen aus der Haut
hervorragend. — 4. Basalstücke der Krallen.
in der Haut verborgen.

die in Reihen abwechselnd angeordneten Hohlkegelchen, in denen die
Schuppen mit ihren Stielen gesessen haben.

b) Mundteile von Schmetterlingen. Da die Schmetter-
linge meist als lufttrockenes Material vorliegen, so müssen sie erst
geweicht werden, bevor sich an ihnen präparieren läßt. Dies geschieht
durch Aufkochen in Wasser. Wir verwenden am besten einen größeren
Schwärmer, etwa Deilephila Euphorbiae (Wolfsmilchschwärmer). Man
sieht den Rüssel (die verlängerten Außenladen der Unterkiefer) vorn

am Kopf spiralig eingerollt, fährt mit einer Nadel in die Mitte der Spirale hinein und zieht sie auseinander. Meist löst sich hierbei schon der Falz, mit dem die beiden Rüsselhälften zusammenhängen, und wir erhalten beide einzeln, so daß wir sie mit verschiedenen Seiten zur Ansicht bringen können. Der Rüssel wird an seiner Anwachsstelle abgeschnitten. Bei vielen Arten (z. B. Agrotis) ist das Ende des Rüssels mit scharfen Zähnchen besetzt, welche zum Aufritzen der Nektarien dienen.

Von den übrigen, stark verkümmerten Mundteilen gelingt mit Sicherheit nur noch die Präparation der Unterlippe mit den wohl entwickelten Lippentastern. Die Unterlippe ist häutig, ihre Taster dreigliederig, zu beiden Seiten des Rüssels nach oben gerichtet. Von den drei Gliedern ist das letzte bei weitem das größte.

c) Tracheenpräparat von der Raupe des Wolfmilchschwärmers Die Raupe wird unter Wasser längs der Mittellinie des Rückens geöffnet und die Haut mit Nadeln zur Seite gesteckt. Die von den Hinterleibstigmen ausgehenden Tracheenbündel fallen durch die totale Reflexion des Lichtes an der in ihnen befindlichen Luft sofort auf. Wir umschneiden einige Stigmen und bringen sie mit den daran hängenden Tracheenbündeln in Alkohol. Durch leichtes Schütteln entweicht hier die Luft aus den meisten Röhrchen. Die weitere Technik folgt den allgemeinen Vorschriften. Bei mittlerer Vergrößerung läßt sich der Bau der Tracheen mit dem Spiralfaden schon gut betrachten.

d) Afterfuß der Raupe des Seidenspinners. Die ungegliederten Afterfüße werden durch flache, tangentiale Scherenschnitte abgetrennt und mit der Sohle nach oben als Balsampräparate hergerichtet. Man sieht unter dem Mikroskop, daß ein solcher Afterfuß eine einfache Hautausstülpung ist, die auf der Endfläche an einer Seite mehrere Dornenreihen trägt.

8. Stubenfliege (Musca domestica).

a) Füße. Das Präparat soll die Haftvorrichtung zeigen. Wir erkennen ventral von den beiden Endkrallen zwei besondere Haftlappen. Diese sind dicht mit Haaren bedeckt, welche eine Flüssigkeit absondern.

b) Halteren oder Schwingkölbchen. Hinter den Flügeln bemerkt man jederseits eine kleine, weiße Schuppe und unter dieser ein äußerst winziges, auf einem kleinen Stiele sitzendes Knöpfchen. Diese Rudimente des zweiten Flügelpaares werden vorsichtig mit der Lanzennadel abgetrennt und bei starker Vergrößerung betrachtet. Die Halteren sind trotz ihrer Kleinheit für das Zustandekommen des Fluges unentbehrlich, was durch viele Experimente bewiesen worden ist.

c) Rüssel. Vom Rüssel stellen wir zwei Präparate her: das eine zeigt einen ganzen Rüssel in Seitenansicht, das andere eine abgetrennte Saugscheibe in Vorderansicht. Der eigentliche Rüssel wird von der Unterlippe gebildet und trägt vorn die Saugscheibe (Labellum). Ventral ist das stark chitinisierte Mentum sichtbar. In den Seitenwänden des Rüssels sieht man die als Stützen wirkenden Reste der Maxillen in Gestalt langgestreckter Chitinborsten, dorsal die ebenfalls sehr langgestreckte, stark chitinisierte Oberlippe. Die an der Basis des Rüssels sitzenden, eingliederigen Taster werden als Maxillar- oder als Lippentaster gedeutet. Auf der Fläche des Labellums ziehen von außen nach innen zwei Systeme von gleichlaufenden Rinnen (Nebenrinnen) entlang, die in je eine quer zu ihnen verlaufende Hauptrinne einmünden.

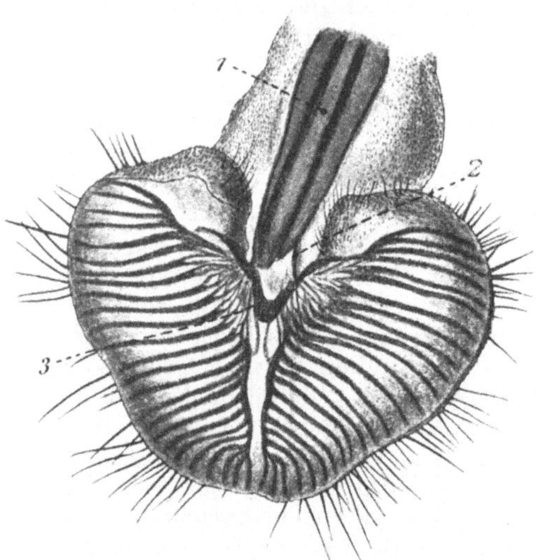

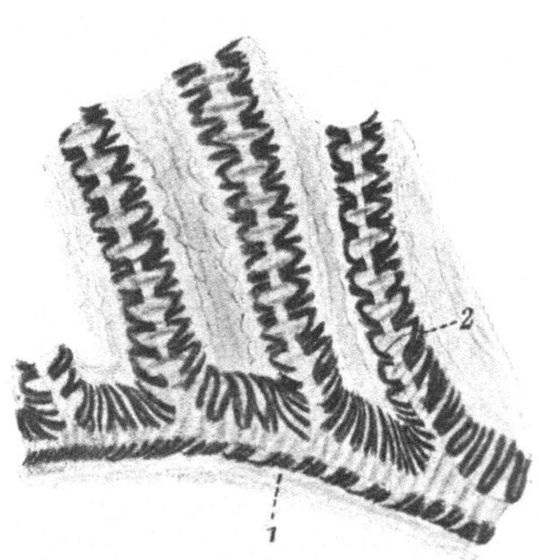

Fig. 61. Musca domestica. Endabschnitt des Rüssels von vorn und unten gesehen.

1. Oberlippe. — 2., 3. Chitinstützen des Labellums.

Fig. 62. Musca domestica. Saugrinnen, Ansicht von der Unterseite des Labellums her.

1. Rechter Hauptkanal. — 2. Nebenkanal.

Die Rinnen, deren Wandung von zierlichen Chitinbildungen gestützt wird, sind nach der Außenfläche des Labellums hin offen.

d) Maden. Die Tiere, durch längere Einwirkung von Kalilauge so vorbehandelt, daß sie vollkommen durchsichtig sind, werden zu Ganzpräparaten verarbeitet. Man sieht am Vorderende die Mundhaken mit dem sie tragenden Chitingerüst, am Hinterende zwei Stigmen, zu denen die beiden Haupttracheenstämme des Körpers führen.

9. Culex pipiens. Stechmücke.

Das Material darf der Einwirkung von Kalilauge nicht ausgesetzt werden. Xylol reicht zur Aufhellung vollkommen aus.

a) ♀ Totalpräparat. Schwingkölbchen frei. Flügel mit Schuppen. Fühler 14gliederig, schwach behaart. Große Facettenaugen. Unterlippe bildet einen Rüssel mit Endklappe. Oberlippe lang. Mandibeln, Maxillen und Endolabium bilden die fünf Stechborsten (möglichst herauspräparieren!). Unterkiefertaster fünfgliederig, sehr kurz.

b) ♂ Totalpräparat. Unterschiede vom Weibchen: Fühler stark buschig, Unterkiefertaster länger als der Rüssel. Stechborsten fehlen.

c) Larve, Totalpräparat. Am Kopf zwei Fühler und zwei große Kiefer. Die drei Brustringe gegen das Abdomen deutlich abgesetzt.

Am Ende des Abdomens eine vierteilige **Klappe**. Am vorletzten Abdominalsegment ein langes Atemrohr mit vierzipfeliger Klappe, in

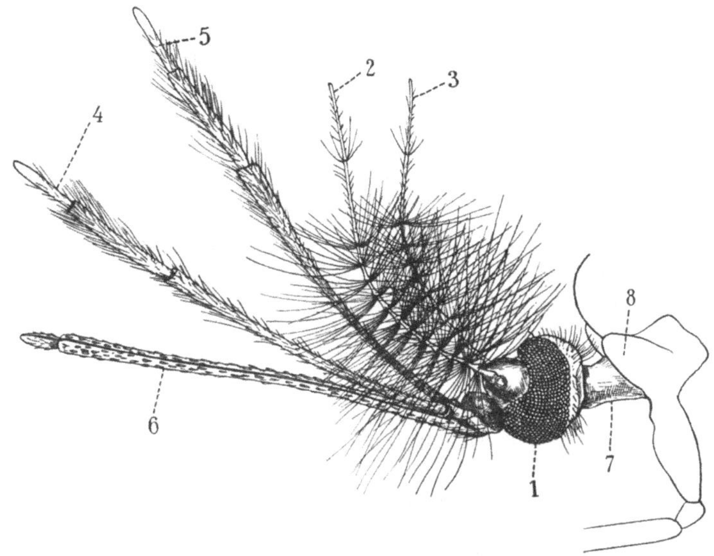

Fig. 63. Culex pipiens ♂. Kopf von der Seite gesehen.
1. Auge. — 2., 3. Fühler. — 4., 5. Unterkiefertaster. — 6. Rüssel (Unterlippe). — 7. Hals. — 8. Vorderbrust.

welchem Tracheen nachweisbar. Studiere an gut aufgehellten Exemplaren die innere Organisation: Verdauungskanal und Nervensystem.

Fig. 64. Culex pipiens ♀. Kopf von der Seite gesehen. Stechborsten aus der Unterlippe hervorgezogen.
1. Auge. — 2., 3. Fühler. — 4., 5. Unterkiefertaster. — 6. Oberlippe. — 7., 8. Oberkiefer. — 9., 10. Unterkiefer. — 11. Zunge. — 12. Unterlippe. — 13. Rinne der Unterlippe, in welcher die Stechborsten liegen.

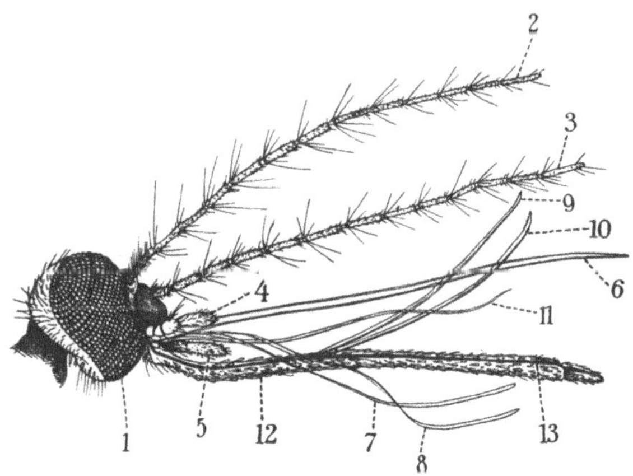

d) **Puppe, Totalpräparat.** In der **Puppe** erkennt man schon Fühler, Taster, Rüssel, Beine, Schwingkölbchen. Am Rücken sitzen zwei kurze Atemröhrchen, am Hinterleibsende zwei Ruderklappen.

10. Apis mellifica. Honigbiene.
Arbeiterin.

a) Die Vorderbeine. Am ersten Fußglied der Vorderbeine findet sich ein halbkreisförmiger Ausschnitt (Putzscharte), dessen Rand mit einem Kranze nach vorn gerichteter Dornen besetzt ist. Am Unterschenkel findet sich ein beweglicher Sporn, der gegen den Fuß geklappt werden kann (Reinigung der Fühler!).

b) Die Hinterbeine (Sammelbeine). Sie werden bis zur Schiene einschließlich abgetrennt und das eine mit der Innenseite, das andere mit der Außenseite dem Beschauer zugewendet.

Auf der Innenseite betrachten wir das stark verbreiterte erste Fußglied (Ferse). Dasselbe trägt am proximalen Ende einen kleinen Fortsatz, den Fersenhenkel, mit dem die Wachsblättchen zwischen den Bauchringen abgehoben werden. Die Innenseite der Ferse ist mit reihenweise angeordneten Haaren besetzt (Bürste zum Einsammeln des Blütenstaubes).

Auf der Außenseite sehen wir uns die ebenfalls stark verbreiterte Schiene an. Diese besitzt eine muldenförmige Vertiefung, die durch einen Randbesatz von Borstenhaaren zu einem Körbchen wird.

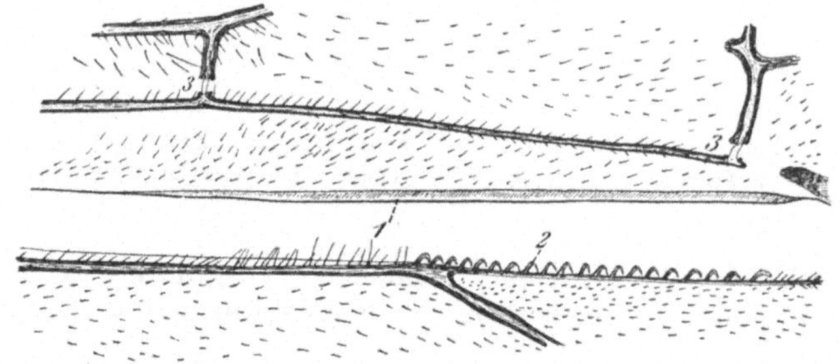

Fig. 65. Apis mellifica. Flügel der rechten Seite, Verbindungsmechanismus. 1. Ventralwärts umgelegter Rand des Vorderflügels. — 2. Dorsalwärts gekrümmte Haken am Vorderrand des Hinterflügels. — 3....3. Faltungslinie des Flügels; die Ausbildung der Flügeladern zeigt hier eine Unterbrechung.

c) Die Flügel. Man versuche, den Vorder- und Hinterflügel einer Seite im Zusammenhange abzutrennen und, ohne denselben zu lösen, die Flügel in Balsam gut auszubreiten, so daß man die Verankerungsvorrichtung von Vorder- und Hinterflügel studieren kann. Der Hinterrand des Vorderflügels ist nach der Bauchseite umgebogen und der Vorderrand des Hinterflügels trägt eine Reihe von Chitinhäkchen, welche in den Falz des Vorderflügels eingreifen. Der umgelegte Rand des Vorderflügels ist in Rücksicht auf die gegenseitigen Verschiebungen der Flügel fast doppelt so lang wie die Reihe der Haken.

d) Der Stachelapparat. Man schneidet das Hinterleibsende des Tieres etwa 4 mm lang ab und präpariert es von der Dorsalseite her mit zwei Nadeln auseinander. Es gelingt dann, die Stachelscheide im Zusammenhang mit den Scheidenklappen, der Giftblase und ev. einem Teile des Giftdrüsenganges zu isolieren und zu einem Präparat zu verarbeiten.

Die Scheidenklappen sind behaart, ungegliedert. Die Stachelscheide hat unterseits eine Rinne, in welcher die beiden vorn mit Widerhäkchen besetzten Stechborsten liegen. Die Stechborsten bilden mit der Rinne den Kanal für das ausfließende Gift.

e) Die Mundteile. Wir biegen die durch Kochen oder Kalibehandlung erweichten Mundteile, die gewöhnlich der Bauchseite des Thorax anliegen, auf und suchen erst die Unterlippe oder Unterlippe und Unterkiefer zusammen abzupräparieren. Gelingt es, die beiden letzteren im Präparat gut auszubreiten, so erhält man ein sehr instruktives Bild über den Aufbau des Saugrüssels.

Die deutlich geringelte und behaarte Zunge wird von den Innenladen des zweiten Maxillenpaares gebildet. Sie ist auf der Unterseite gefurcht und bildet, da die Ränder der Furche gegeneinander neigen, ein Rohr. Die Außenladen sind als kleine, löffelartige Gebilde (Nebenzungen) am Grunde der Zunge sichtbar. Die Unterlippentaster sind auf der Innenseite vertieft und können mit den ähnlich gebildeten Laden der Unterkiefer zu einem weiten Rohre zusammengelegt werden, in welchem die Zunge liegt. Die sehr kurzen Unterkiefertaster sitzen auf dem Außenrande des Palpariums. — Die Oberkiefer sind sehr kurz und zu kleinen Löffeln umgewandelt, die als Sammelorgane und beim Wabenbau Verwendung finden.

11. Dyticus marginalis. Gelbrand.

Die Gelbrandkäfer oder verwandte Arten sind im Frühjahr und Spätsommer in Tümpeln und Gräben leicht zu fangen und lassen sich bei Fütterung mit kleinen Wasserinsekten und deren Larven in Aquariengläsern einige Zeit lebend erhalten.

I. Beobachtungen am lebenden Material: Wir beobachten die gewandten und schnellen Schwimmbewegungen des Tieres. Die langen

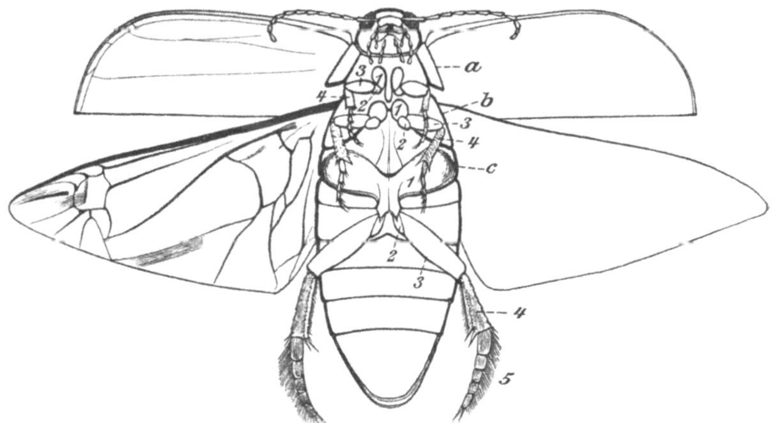

Fig. 66. Dyticus marginalis. Übersicht der Gliederung von der Unterseite.
a., b., c. die drei Brustringe. — 1.—5. die Abschnitte der Beine.

Hinterbeine (Schwimmbeine) sind so eingerichtet, daß sie sich fast nur in einer Ebene bewegen können. Es wird also keine Muskelkraft zum

Tragen der Beine verschwendet, sondern nur für die eigentliche Schwimmbewegung verbraucht. Von Zeit zu Zeit kommt der Käfer an die Oberfläche; er nimmt dabei an dem aus dem Wasser ragenden Hinterleibsende eine kleine Menge Luft in den zwischen Flügeldecken und Rückenwand gelegenen Hohlraum, in dem sich auch die Stigmen befinden. Er stützt sich hierbei gern an Wasserpflanzen. Man beachte ferner das Spiel der ·Fühler, Taster und Kiefer beim Fressen!

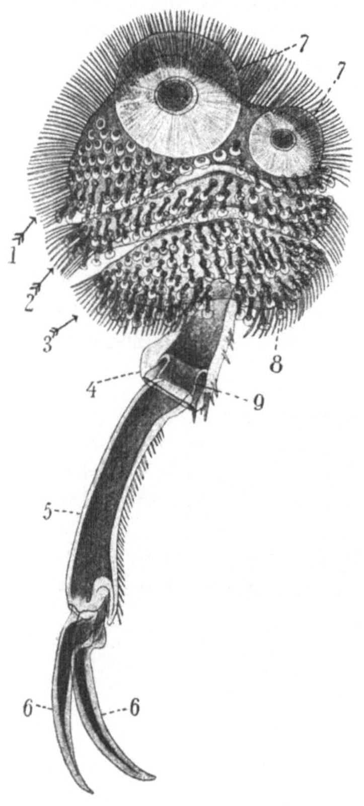

Fig. 67. Dyticus marginalis ♂.[1] Fuß des Vorderbeines, Innenseite.

1.—5. Fußglieder. — 6. Krallen. — 7. großer Saugnapf. — 8. kleiner Saugnapf. — 9. Gelenkhaut am Gelenk zwischen dem vierten und fünften Fußgliede.

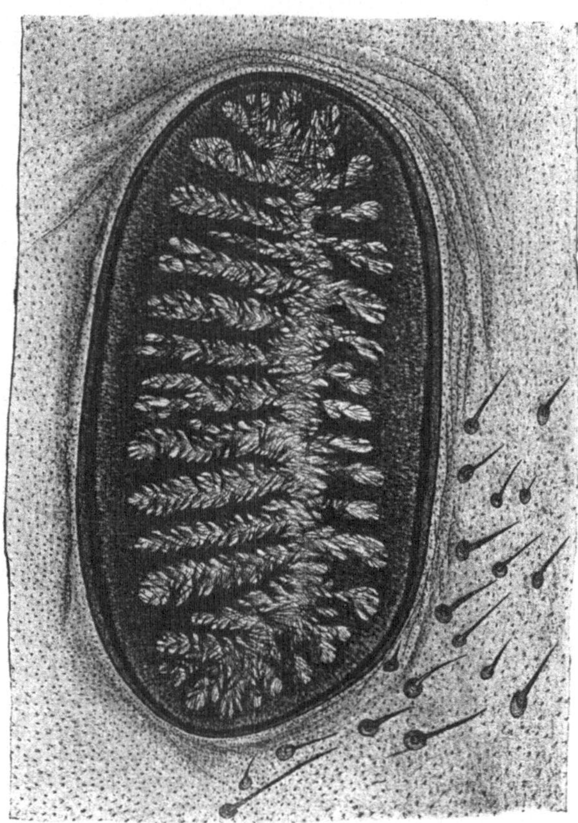

Fig. 68. Dyticus marginalis. Stigma.

II. Äußere Inspektion und mikroskopische Präparate von Chitinteilen: Wir betrachten zuerst die drei Brustringe. Auf der Bauchseite sind sie sofort zu sehen, weil jeder von ihnen ein Beinpaar trägt. Auf der Rückenseite sehen wir den ersten Brustring, das gelb umrandete Schild, vollständig. Vom zweiten Brustring, welcher die Flügeldecken trägt, ist nur das kleine, dreieckige Schildchen sichtbar, der dritte Brustring ist verdeckt.

An den drei **Beinpaaren** suchen wir die fünf Teile des Insektenbeines auf: Hüfte (Coxa), Schenkelring (Trochanter), Schenkel (Femur), Schiene (Tibia) und Fuß (Tarsus). Die Füße sind hier durchweg fünfgliederig. Biologisch interessant ist die durch die Funktion bedingte

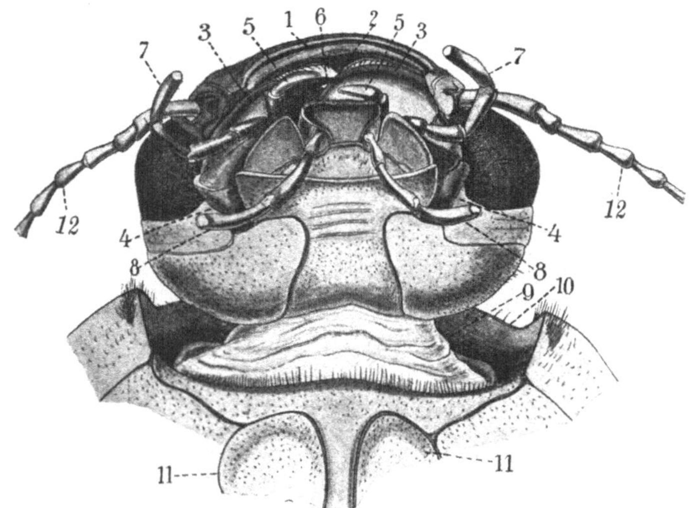

Fig. 69. Dyticus marginalis. Kopf von unten gesehen.

1. Stirnrand. — 2. Oberlippe. — 3. Oberkiefer. — 4. unterstes Glied der Unterkiefer. — 5. Außenlade der Unterkiefer. — 6. Innenlade der Unterkiefer (nur die rechte zu sehen). — 7. Unterkiefertaster. — 8. Unterlippentaster. — 9. Gelenkhaut des Halses. — 10. Rand des ersten Brustsegmentes. — 11. Hüften der Vorderbeine. — 12. Fühler.

verschiedenartige Ausbildung der Beinpaare. Wir untersuchen die Vorderbeine der Männchen und die Hinterbeine eines der beiden Geschlechter.

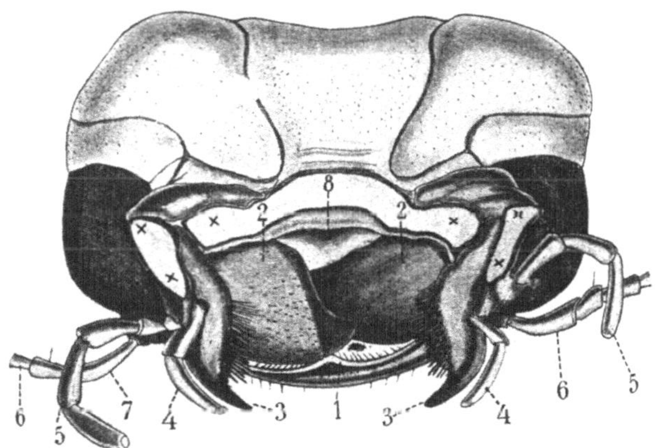

Fig. 70. Dyticus marginalis. Kopf von der Unterseite. Unterlippe abgeschnitten.

× × Ansatzstellen der Unterlippe. — 1. Rand der Oberlippe. — 2. Oberkiefer. — 3. Innere Lade des Unterkiefers. — 4. Tasterartige, zweigliederige äußere Lade des Unterkiefers. — 5. Unterkiefertaster. — 6. Fühler.

An den Vorderbeinen des Männchens sind die drei ersten Fußglieder stark verbreitert und bilden eine fast kreisrunde Scheibe. Schon mit bloßem Auge kann man auf der Innenseite der Scheibe zwei verschieden große Saugnäpfe wahrnehmen, und unter dem Mikroskop sieht man, daß auch die ganze Scheibe mit vielen kleinen Saugnäpfen besetzt ist. Die Flügeldecken der Weibchen zeigen eine kräftige Längsriefung. An dieser heften die Männchen bei der Begattung sich mit den Saugnäpfen fest. Der Rand der Scheibe ist mit kräftigen, gekrümmten Haaren besetzt. Bei starker Vergrößerung sieht man deutlich, daß die kleinen Saugnäpfe gestielt sind.

Am dritten Beinpaar sind Tibia und Tarsus mit reihenartig angeordneten Haaren besetzt, die sich bei der Bewegung des Beines von vorn nach hinten ausbreiten und das Wasser zurück- bzw. das Tier vorwärtsdrücken.

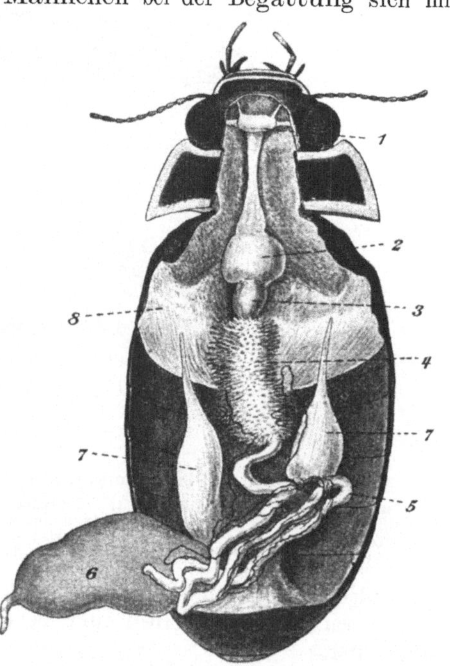

Fig. 72. Dyticus marginalis ♀. Situs. Rückendecke abgetragen, Bindegewebe und Tracheensystem herauspräpariert, Blinddarm zur Seite geklappt.

1. Oberschlundganglion. — 2. Kropf. — 3. Vormagen. — 4. Drüsenmagen. — 5. Darm mit Malpighischen Gefäßen. — 6. Blinddarm. — 7. Eierstöcke. — 8. Muskulatur.

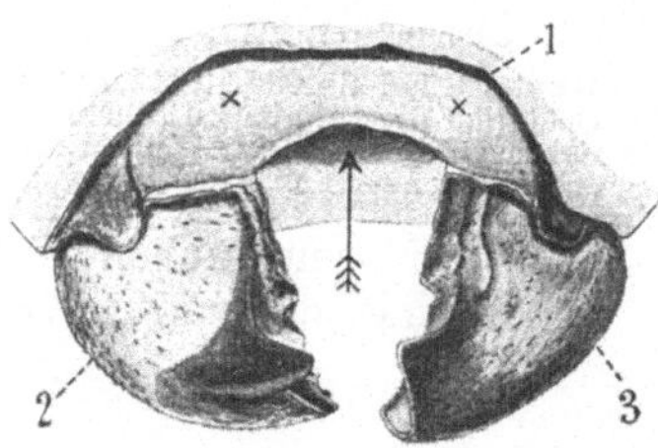

Fig. 71. Dyticus marginalis. Oberkiefer von vorn gesehen. Oberlippe abgetrennt.

× × Schnittfläche. — Der Pfeil deutet den Eingang zum Schlunde an. — 1. Stirnrand. — 2. rechter Oberkiefer. — 3. linker Oberkiefer.

Die Gelenkverbindungen sind so eingerichtet, daß die Bewegung der Glieder gegeneinander nur in der für die Fortbewegung günstigen Richtung möglich ist.

Wir klappen jetzt die Flügeldecken auf (beachte den Mechanismus zum Verschließen derselben!), breiten die häutigen Flügel zur Seite und sehen nun die konkave Dorsalseite des Abdomens und des zweiten und dritten Brustringes. In dem weichen, hellen Streifen, der auf beiden Seiten den Rückenteil des Hinterleibes begrenzt, liegt eine Reihe dunkler Punkte: die Stigmen. Der von den luftdicht schließenden Flügeldecken und dem konkaven Rücken des Abdomens begrenzte Raum enthält die zum Atmen nötige Luft, und die Stigmen öffnen sich naturgemäß in diesen Raum. Die ovalen Stigmen haben einen verdickten Rand. Dieser ist auf der einen Längsseite mit längeren, auf den übrigen Seiten mit kürzeren Stäben besetzt, auf denen sich viele verzweigte und gefiederte Haare befinden. Es wird so eine Reuse gebildet, welche das Eindringen von Fremdkörpern in den Tracheenstamm verhindert.

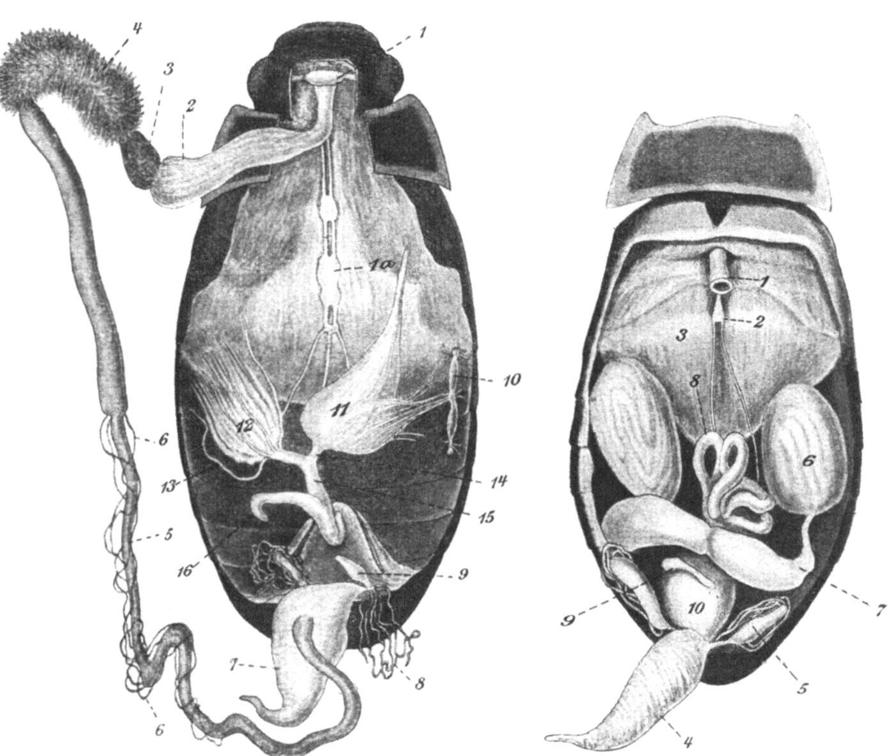

Fig. 73. Dyticus marginalis ♀. Situs.
Darm herausgeklappt und ausgebreitet.

1. Cerebralganglion. — 1a. Bauchmark. — 2. Kropf. — 3. Vormagen. — 4. Drüsenmagen. — 5. Enddarm. — 6. Malpighische Gefäße. — 7. Blinddarm. — 8. Analdrüsen. — 9. Reservoir der Analdrüsen. — 10. Rest des rechten Seitenstammes des Tracheensystems mit Tracheen, die zum rechten Eierstock verlaufen. — 11. Rechter Eierstock in natürlichem Zustande. — 12. Linker Eierstock, Eierstockröhren voneinander gelöst. — 13. Eierstockdrüsen. — 14. Eileiter. — 15. Vagina. — 16. Samenbehälter.

Fig. 74. Dyticus marginalis ♂.
Situs der Geschlechtsorgane.
Darm abgetragen.

1. Stumpf des Darmes. — 2. letztes Bauchganglion. — 3. Muskulatur. 4. Blinddarm. — 5. Reservoir der Analdrüsen. — 6. Hoden. — 7. Samenleiter. — 8. Anhangsdrüsen. — 9. Endstück des gemeinsamen Ausführungsganges. — 10. Muskulatur des Begattungsapparates.

Die Präparation der Mundteile wird durch die Figuren 69, 70, 71 erläutert. Man beginnt am besten mit der Ablösung der Unterlippe: man fährt mit dem Skalpell hinter die Unterlippe und trennt sie samt ihren Tastern ab. Dann werden die Unterkiefer abgelöst und zuletzt die Oberlippe. Jeder Unterkiefer besteht aus 2 Basalstücken (Cardo, Angel und Stipes, Stamm), einem Tasterträger (Palparium) mit **viergliedrigem Taster** und zwei Laden: Aussenlade (Lobus externus) und Innenlade (Lobus internus). Die Innenladen stellen ein Paar spitze Zangen dar, die Aussenladen sind tasterartig und zweigliedrig. Die Unterlippe, die zwei dreigliedrige Taster trägt, ist eine mehrteilige Platte. Die starken Oberkiefer sind zweispitzig und haben einen scharfen Innenrand. Die Oberlippe ist am Rande schwach ausgebuchtet.

Die fadenförmigen Fühler sind 11gliederig. Nachdem Fühler und Mundteile präpariert sind, kann man noch mit Hilfe eines Rasiermessers feine Schnitte durch ein Auge herstellen.

III. Sektion. Die Präparation erfolgt im Wachsbecken unter Wasser, doch hält man das Tier bei der Ausführung der ersten Schnitte, die die Abtragung der Rückendecke ermöglichen sollen, am besten in der linken Hand. In weiteren Stadien der Präparation ist der Käfer in Bauchlage durch Nadeln, die an geeigneten Stellen durch den Chitinpanzer geführt werden, zu befestigen.

Man beginnt die Sektion mit dem Abtragen der Flügeldecken und Flügel. Dann wird die Rückendecke des Hinterleibes in dem Umfange abgetragen, wie es Fig. 72 zeigt. Mit den die Stigmen tragenden Streifen an den Seiten der Abdominaldecke hebt man ein starkes Tracheengeflecht ab. Dann wird auch die Decke der Brustringe und der mittlere Teil der Kopfdecke abgetragen, wobei die ziemlich kräftige Muskulatur zu durchtrennen ist, die zur Bewegung des Kopfes und der Flügel dient. An der Innenseite der abgetragenen Abdominaldecke sehen wir bei gelungener Präparation median einen zarten, vielfach abgeschnürten Strang entlangziehen, das große Rückengefäß, dessen Pulsationen durch die Tätigkeit der beiderseits ansetzenden, flächenartig ausgebildeten Flügelmuskeln, die ebenfalls der abgetragenen Rückendecke ansitzen, bewirkt werden. Bei konserviertem Spiritusmaterial sitzt das Herzgefäß häufig nicht an der abgetragenen Decke, sondern liegt den Eingeweiden auf.

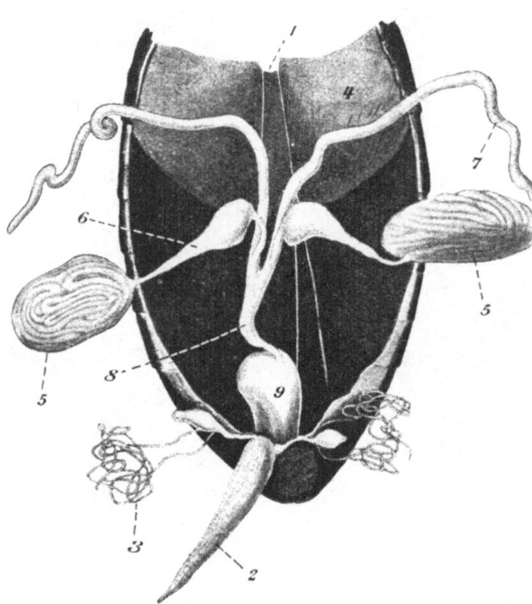

Fig. 75. **Dyticus** marginalis ♂. Geschlechtsorgane.
1. **Letztes Bauchganglion mit Nerven.** — 2. **Blinddarm.** — 3. **Analdrüsen und Reservoir.** — 4. **Muskulatur.** — 5. **Hoden.** — 6. **Samenleiter.** — 7. **Anhangsdrüsen.** — 8. **Gemeinsamer Ausführungsgang.** — 9. **Begattungsapparat.**

Durch sehr vorsichtiges Zupfen mit zwei Pinzetten legen wir das Oberschlund-(Cerebral-)Ganglion frei, von dem aus wir die zu den Augen und Fühlern ziehenden Nerven ein Stück verfolgen können. Wir zupfen dann das den Situs bedeckende Bindegewebe und die aufliegenden Tracheenbündel ab, klappen den mächtigen, im hinteren Teile des Abdomens liegenden Blinddarm zur Seite heraus und können nun schon die einzelnen Teile des Darmkanals erkennen. Zur Klärung des Bildes hat man allenthalben Tracheenbündel zu durchtrennen. Die reichlich 1 cm lange Speiseröhre erweitert sich zu dem Kropfe, an den sich der bräunlich gefärbte, kleine Vormagen anschließt. Der folgende Teil ist mit vielen kurzen Drüsenschläuchen besetzt (Drüsenmagen), und geht in den eigentlichen Darm über. Dieser ist zwar mehrfach gewunden, aber nicht aufgerollt wie beim Kolbenwasserkäfer (animalische Nahrung!). Die Malpighischen Gefäße bilden einen Knäuel bräunlichgelber Fäden. Man hüte sich, sie mit Tracheen zu verwechseln. Wir präparieren den Darmkanal der Länge nach frei, breiten ihn so aus, wie Fig. 73 zeigt und befestigen ihn durch von

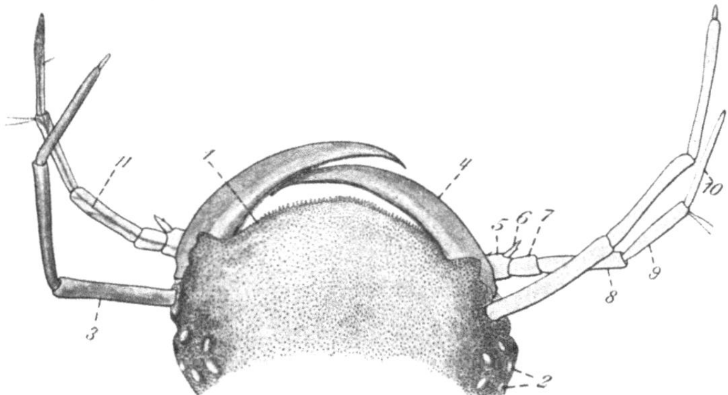

Fig. 76. Dyticus marginalis, Junge Larve; Kopf von oben gesehen.
1. Stirnrand. — 2. Ocellen. — 3. Fühler. — 4. Oberkiefer. — 5. Stipes. — 6. Lobus externus. — 7. Palparium. — 8., 9., 10. Tasterglieder. — 11. Nerven.

innen gegengesteckte Nadeln in dieser Lage. Wir erkennen nun deutlich die Malpighischen Gefäße, welche an einer Einschnürung des Darmes münden. Man achte auf die dorsal gelegene Einmündung des Darmes in den Blinddarm sowie auf die fadenförmigen After- oder Analdrüsen und die zur Aufnahme des Sekretes derselben bestimmten Reservoire.

Unter dem Darmkanal wird die Ganglienkette sichtbar, die etwa in der Mitte des Körpers mit einer größeren Anhäufung von Ganglienknoten endigt und von hier aus lange Nerven ins hintere Abdomen sendet. Um den Vorderteil der Ganglienkette freizulegen, muß man die Muskeln zu beiden Seiten derselben vorsichtig herauszupfen.

Liegt ein Weibchen vor, so sieht man beiderseits im Abdomen die aus vielen Röhrchen bestehenden Ovarien. Die einzelnen Röhrchen

werden zunächst noch mit den fadenförmigen Ovarialdrüsen durch Bindegewebe und ein reich entwickeltes Tracheennetz zusammengehalten.
Durch vorsichtiges Zupfen lockert sich die Verbindung, und man sieht
nun, daß die einzelnen Eierstockröhrchen und die Eierstockdrüsen in
einen kurzen Eileiter münden.   Beide Eileiter führen zur Scheide, der
ein Samenbehälter aufsitzt. Dahinter verschwindet der Zug der Geschlechtsorgane in einem besonders ausgebildeten, chitinösen Skelett.

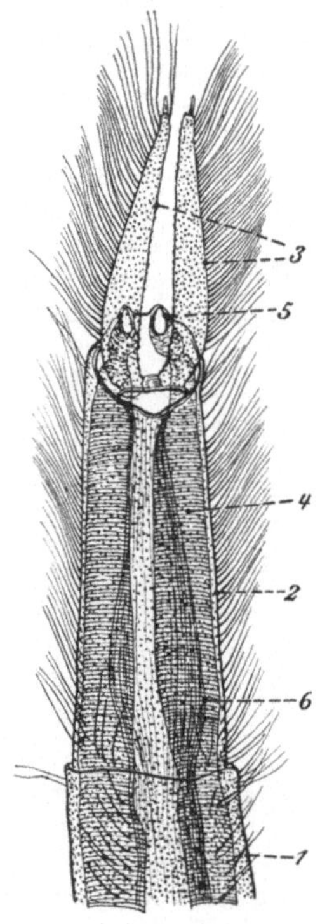

Beim Männchen finden wir in jeder
Seite der Abdominalhöhle einen Hoden.
Jeder derselben entsendet einen sich allmählich erweiternden, dann aber plötzlich
eng werdenden Samenleiter. Der enge Endabschnitt jedes Samenleiters nimmt noch
eine in ihrer natürlichen Lage stark ge-
knäuelte Anhangsdrüse auf und mündet in
einen Ausführungsgang, der in den von
starken Muskelmassen umgebenen Anfangsteil des Begattungsorganes führt. Ein schö-
neres und klareres Bild dieser Verhältnisse
gewinnt man, wenn man die Hoden etwas
zur Seite legt und die schlauchförmigen
Anhangsdrüsen auseinander präpariert.

IV. Dyticuslarve. Man verwendet am
besten ganz junge Tiere, da dann die Behandlung mit Kalilauge wegfällt und an
mit Xylol aufgehelltem Material auch die
innere Organisation studiert werden kann.
An jeder Seite des Kopfes befindet sich
eine Gruppe von Punktaugen (Ocellen). Vor
ihnen sind die viergliederigen Fühler ein-
gelenkt. Von Mundteilen erkennen wir
die als zwei mächtige Saugzangen ausgebildeten Oberkiefer. Der Stamm der Unterkiefer trägt am Innenrande eine sehr kleine
Außenlade, während die Innenlade fehlt.
Das Palparium trägt einen dreigliederigen
Taster.

Fig. 77. Ende des Abdomens
einer jungen Dyticus-Larve
ventral.

1. vorletztes Abdominalsegment.
— 2. letztes Abdominalsegment.
— 3. Abdominalanhänge. — 4.
rechter Tracheenstamm. — 5.
rechtes Stigma. — 6. Enddarm.

Stellt man die Linse auf eine tiefere
Ebene ein, so kann man das den Ösophagus
umgebende obere Schlundganglion gut
sehen. Von den davon ausstrahlenden
Nerven fallen uns außer den Fühlernerven namentlich die mit gang-
liösen Anschwellungen versehenen Sehnerven auf.

Ein interessantes Präparat liefert das Hinterende der Larve.
Wir finden in ihm den zum After führenden Enddarm und zwei große
Tracheenstämme die am Ende des letzten Hinterleibsringes in den
beiden einzigen offenen Stigmen des Tieres endigen. Dieses muß also
zum Atmen das Hinterende über die Wasseroberfläche erheben.

VI. Mollusken.

1. Helix pomatia. Weinbergschnecke.

Weinbergschnecken kann man am besten nach einem heftigen Regen im Sommer einsammeln. Sie sind dann meist zahlreich von Baumstämmen in alten, schattigen Parks und ähnlichen Örtlichkeiten abzulesen.

I. Beobachtungen am lebenden Tier. Wir können die eingesammelten Tiere in einem großen Glasgefäße längere Zeit am Leben erhalten, wenn wir ihnen stets einen größeren Vorrat frischer, grüner Salatblätter, die täglich zu erneuern sind, zur Verfügung stellen, so daß sie nicht nur genügend Nahrung haben, sondern auch auf den Blättern umherkriechen können.

Läßt man eine Schnecke über eine feuchte Glasplatte kriechen, so sieht man, daß sie bei der Fortbewegung mit der Unterlage überall

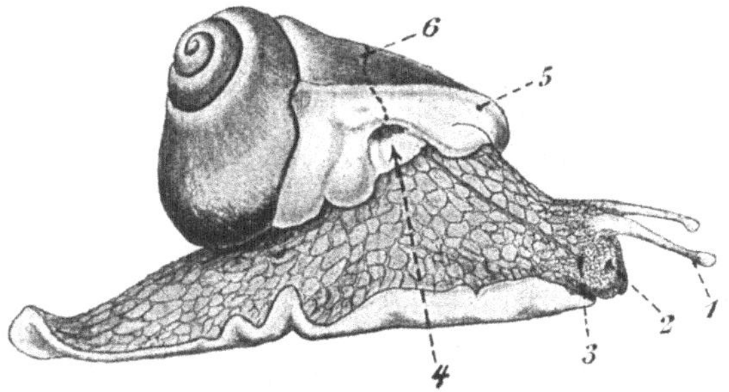

Fig. 78. Helix pomatia. Ansicht von rechts nach Entfernung des Gehäuses.
1. Augententakel. — 2. Einstülpungsöffnung des vorderen Tentakels. — 3. Geschlechtsöffnung. — 4. Atemöffnung. — 5. Mantelrand. — 6. Schnittlinie (s. Text).

in Berührung bleibt. Durch die Glasscheibe hindurch erkennt man, daß eine stetige Aufeinanderfolge von Wellen vom hinteren Körperende zum vorderen verläuft. Mit jeder Welle wird das Tier um ein kleines Stückchen vorwärts bewegt. Die Bewegung ist das Resultat eines sehr verwickelten Spieles der Fußmuskulatur. Ist die Welle am Vorderende angelangt, so wird dieses im wesentlichen durch Einpressen von Blutflüssigkeit vorgestreckt. Auf der Spur der Schnecke läßt sich leicht ein zäher Schleim nachweisen, den das Tier beim Kriechen aus der Sohle absondert, und der sowohl das Gleiten verhindert, als auch die Reibung herabsetzt.

Reizt man eine in der Hand gehaltene Schnecke durch leichte Berührung des Kopfes, so bemerkt man zunächst, daß sie die vier Tentakel einzieht, um sie nach einiger Zeit wieder auszustrecken. Man sieht, daß die Tentakel oder Fühler eingestülpt werden, indem die Spitze nach innen sinkt und die Wandung allmählich nachzieht. Die oberen, langen Tentakel tragen je ein Auge. Bei heftiger Berührung zieht sich die ganze Schnecke in das Gehäuse zurück. Sie verkürzt sich dabei in der Längsachse mit starker Faltung der Fußmuskulatur und vollständiger Zusammenziehung der Fühler.

Man beachte weiter bei einer ungestörten, ausgestreckten Schnecke den Atmungsvorgang. Man bemerkt in dem weißen Wulst (Mantelrand) am Schalenrande der rechten Seite eine ziemlich große Öffnung,

die sich periodisch öffnet und schließt. Diese Öffnung führt in die
Mantelhöhle der Schnecke, welche im Dienste der Atmung steht. Gelegentlich kann man an derselben Stelle auch die Kotentleerung beobachten, da der Enddarm ebenfalls am Ausgang der Atemhöhle mündet.

Die Mundöffnung finden wir auf der Unterseite des Kopfes. Beobachten wir eine Schnecke beim Fressen, so sehen wir, daß sie zwischen

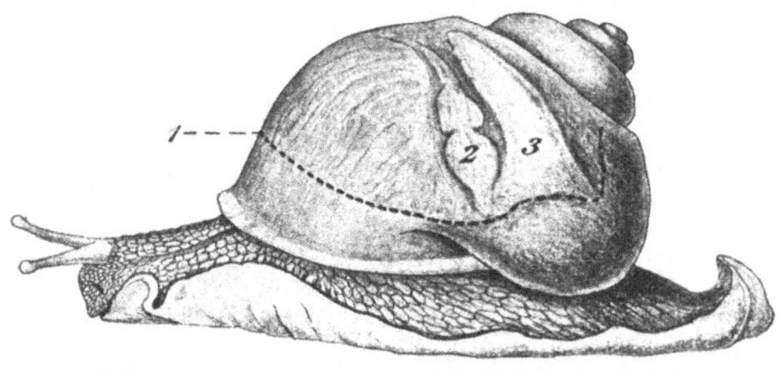

Fig. 79. Helix pomatia.   Ansicht
von links. Gehäuse
entfernt.
1. Schnittlinie. —
2. Herz (durchscheinend). — 3. Niere
(durchscheinend).

den fleischigen Lippen ein hornartiges Gebilde, den **Kiefer**, vorschiebt,
der beim Abreißen der Blatteile benutzt wird. Gleichzeitig wird auf
der Unterseite des Mundes die rauhe Zunge sichtbar.

II. Präparation: Zur Präparation werden die Tiere vorbereitet, wie
es Handbuch S. 269 beschrieben ist. Dann ist zunächst die Schale
zu entfernen. Sie wird mit einem harten Gegenstand leicht ange

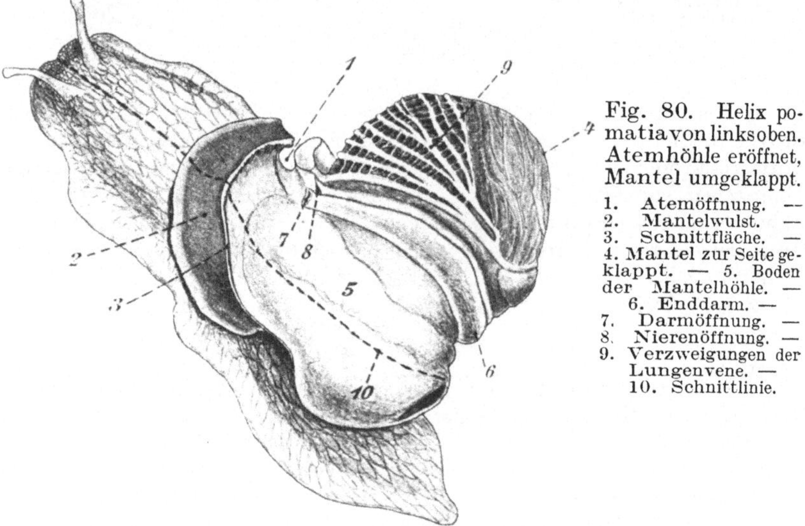

Fig. 80.   Helix pomatia von links oben.
Atemhöhle eröffnet,
Mantel umgeklappt.
1.   Atemöffnung. —
2.   Mantelwulst. —
3.   Schnittfläche. —
4. Mantel zur Seite geklappt. — 5. Boden
der Mantelhöhle. —
6. Enddarm. —
7. Darmöffnung. —
8. Nierenöffnung. —
9. Verzweigungen der
Lungenvene. —
10. Schnittlinie.

schlagen und mit Pinzette und Skalpell vorsichtig stückweise abgetragen,
doch so, daß die Windungen des Eingeweidesackes nach Möglichkeit in
ihrer natürlichen Lage erhalten bleiben. Die Präparation erfolgt im
Wachsbecken unter Wasser. Das von der Schale befreite Tier wird mit
einer Nadel durch das Hinterende des Fußes, mit zwei Nadeln durch
die vorderen Seitenlappen der Sohle befestigt.

Der Eingeweidesack wird nach vorn und rechts durch den weißen Mantelrand begrenzt. Links hinten auf der ersten großen Windung sieht man das Herz durchschimmern, in das von vorn her die aus vielen Ästen entstehende Lungenvene einmündet. Rechts neben dem Herzen sehen wir die bräunliche Niere durchscheinen. Die dunkle Masse in den übrigen Windungen ist Leber. Auf der Vorderseite der zweiten Windung erblickt man die heller gefärbte Eiweißdrüse.

Betrachtung der Manteldecke: Der erste Scherenschnitt führt von der Atemöffnung (Fig. 78) am vorderen Mantelrande entlang, auf der linken Seite der ersten Windung bis zu der Stelle, wo das Herz durchschimmert (Fig. 79 : 1). Er führt dann unterhalb von Herz und Niere entlang und biegt hinter der Niere nach oben um, darf aber nicht ganz bis zum Kamme der Windung emporsteigen, da sonst der Darm durchschnitten wird. Man beobachtet übrigens eine große Verschiedenheit in der Lage des Herzens; während dasselbe bei einigen Exemplaren in der Seitenansicht voll zu sehen ist, bemerkt man es bei anderen erst, wenn man die unterste Windung auf der Hinterseite von dem Schwanzteil des Fußes abhebt. Nach Ausführung des ersten Schnittes können wir mit der Pinzette die ganze Oberhaut der Atemhöhle nach rechts herüberklappen (Fig. 80). Das herübergeklappte Stück läßt sich natürlich nicht in einer Ebene ausbreiten, sondern bildet im umgeklappten Zustande eine ziemlich große Kalotte, auf deren konvexer Seite die Lungenvene mit ihren Verzweigungen sichtbar ist. Wir haben daher dieses Präparationsstadium durch zwei Figuren illustriert (Fig. 80 und 81). Wir sehen hier zunächst das Herz, welches mit seiner Vorkammer in einem Herzbeutel eingeschlossen ist und von der Nierenmasse begrenzt wird. Der Herzbeutel wird mit der feinen Schere aufgeschnitten. Wir eröffnen ihn durch einen medianen

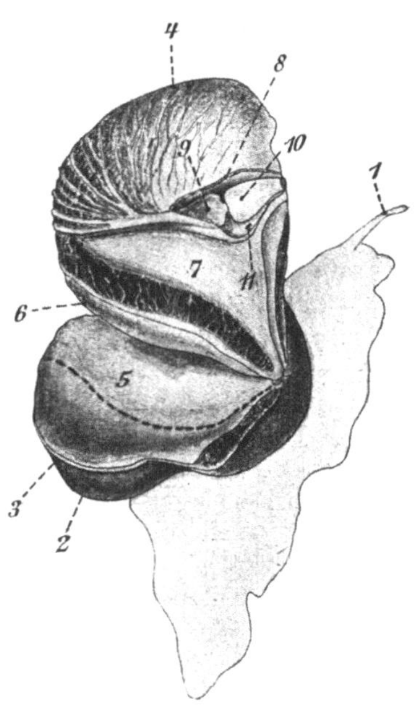

Fig. 81. Helix pomatia von rechts, Atemhöhle eröffnet. Mantel umgeklappt. Herzbeutel eröffnet.
1. Augententakel. — 2. Mantelwulst. — 3. Schnittfläche. — 4. umgeklappter Mantel. — 5. Boden der Mantelhöhle. — 6. Enddarm. — 7. Niere. — 8. Rest des Herzbeutels. — 9. Vorkammer. — 10. Herzkammer. — 11. Nephrostoma.

Längsschnitt, schneiden den äußeren Lappen ab, ziehen den inneren aber nur zur Seite, um die innere Nierenöffnung (Nephrostoma) nicht zu verletzen. Von vorn her mündet in die Vorkammer die große Lungenvene ein, deren zahlreiche Verzweigungen sich auf der Haut der Lungenhöhle ausbreiten. Nach hinten verläßt die große Aorta die Herzkammer. Die Enden der Aorta und ihrer Verzweigungen münden offen in die Leibeshöhle, aus der sich das Blut in der großen Vene wieder sammelt. Die Atmung erfolgt in den feinsten Verzweigungen der großen Vene, welche wir auf der Haut der Atemhöhle sehen. Am Innenrande der aufgeklappten Atemhöhle sieht man den Enddarm verlaufen, dessen Mündung im Atemloche liegt. Der Boden der Atemhöhle zeigt keine Verästelungen der Vene; er ist die Decke der Leibeshöhle.

Die innere Nierenöffnung liegt im Herzbeutel und ist von geübten Augen nach dem Öffnen desselben neben der Herzkammer (mediane Seite) zu sehen. Der Ausführungsgang der Niere verläuft neben dem Enddarm (Lungenseite) und mündet unmittelbar vor dem After.

Für die weitere Präparation haben wir einen dritten Schnitt auszuführen. Dieser verläuft von der Stirngegend zwischen den beiden großen Fühlern auf der Rückenlinie entlang (die ziemlich dicke Körperwandung ist vollständig zu durchtrennen) und spaltet den glatten Boden der Lungenhöhle längs, bis man an den Enddarm kommt (Fig. 80:10). Dann geht man mit der Schere soweit wie möglich den einzelnen Windungen nach. Mit Pinzette und Skalpell werden sehr vorsichtig die Organe von den Wandungen entfernt und diese abgeschnitten. Dann löst man noch überall die bindegewebigen Verbindungen der Organe und breitet dieselben übersichtlich aus (Fig. 82).

Wir verfolgen zunächst den Darmkanal. Derselbe beginnt mit einem muskulösen Schlundkopf, hinter welchem wir das Oberschlundganglion wahrnehmen. Zu beiden Seiten liegen der Speiseröhre ziemlich stark entwickelte, weiße Speicheldrüsen an, deren Ausführungsgänge unter dem Schlundring des Nervensystems hindurch nach vorn ziehen. Die Drüsen liegen schon zum Teil auf dem erweiterten Teile des Darmkanales, den man als Magen bezeichnet. Der Darm wird danach wieder dünner, biegt mit einer Schleife nach vorn und mündet in den wieder etwas weiteren Enddarm, dessen Verlauf schon geschildert ist. Die voluminöse, braune Masse, welche den Dünndarm zum Teil umgibt und den Hauptinhalt der oberen Schalenwindungen bildet, ist die Leber. Auf ihrer konkaven Innenseite kann man den aus mehreren Zweigen entstehenden, etwas heller gefärbten Gallengang beobachten. Seitlich und unterhalb der Speiseröhre sieht man einige Längsmuskelzüge, welche zum Zurückziehen des Kopfes, des Schlundes und der Tentakel dienen. Der breite Spindelmuskel setzt median vom Enddarm an.

Zwischen den beiden Schenkeln des im Präparat der Hauptsache nach U förmig gelagerten Darmkanals liegen die Geschlechtsorgane. Ganz oben in den Leberwindungen sehen wir die heller gefärbte Zwitterdrüse, die zu verschiedenen Zeiten männliche und weibliche Geschlechtsstoffe produziert. Aus derselben führt der vielfach und sehr eng schraubig gewundene, leicht abreißende Zwittergang quer durch das Präparat und vereinigt sich mit dem Ausführungsgang der sehr großen, gelblichen Eiweißdrüse. Von hier aus führt der mit dicht gedrängt stehenden, starken seitlichen Auftreibungen besetzte Uterus nach vorn bis in die Nähe des Kopfes (rechts vom Schlundkopf). Hier mündet auch der Ausführungsgang des kleinen, blasenförmigen Receptaculum seminis, welches am vorderen Ende der Eiweißdrüse aufzusuchen ist, und welches bei der Begattung die männlichen Geschlechtsstoffe des anderen Tieres aufnimmt. Der hier kurz als Uterus bezeichnete Teil ist in seinem Inneren zweiläufig. Der eine Lauf nimmt den Samen

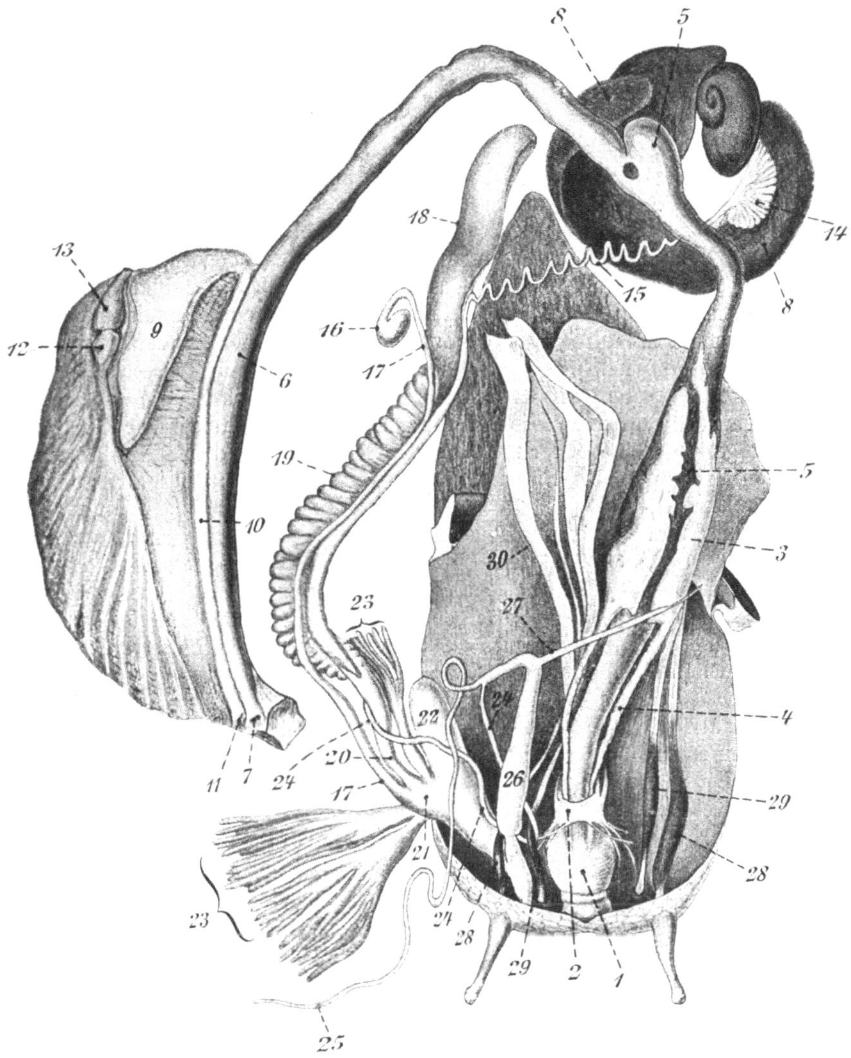

Fig. 82. Helix pomatia. Anatomie.

1. Schlund. — 2. Oberschlundganglion. — 3. Speicheldrüse. — 4. Ausführungsgang der Speicheldrüse. — 5. Magen. — 6. Enddarm. — 7. Darmöffnung. — 8. Leber. — 9. Niere. 10. Ausführungsgang der Niere. — 11. Nierenöffnung. — 12. Vorkammer. — 13. Herzkammer. — 14. Zwitterdrüse. — 15. Zwittergang. — 16. Receptaculum seminis. — 17. Samenleiter. — 18. Eiweißdrüse. — 19. Uterus. — 20. Eileiter. — 21. Vagina. — 22. Pfeilsack. — 23. Fingerförmige Drüsen. — 24. Samenleiter. — 25. Flagellum. — 26. Begattungsorgan. — 27. Retractor penis. — 28. Rückziehmuskeln der Augententakel. — 29. Rückziehmuskeln der unteren Tentakel. — 30. Teile der Spindelmuskulatur.

auf, der andere die Eier. In den Endteil des Uterus münden die finger-
förmigen Drüsen, neben denen man ein birnförmiges Gebilde bemerkt, den Liebespfeilsack. Er enthält einen kleinen, stilettartigen
Körper aus Arragonit. In der Richtung, die durch den Pfeilsack an-
gegeben wird (nach der Mitte zu!), führt die Vagina nach der an der
rechten Seite des Kopfes gelegenen, unpaaren Geschlechtsöffnung, die
von außen her mit einer Schweinsborste zu sondieren ist. Ehe der Uterus
in die Vagina mündet, gibt er auf der medianen Seite einen feinen Gang
(Vas deferens) ab, welcher, nachdem er unter einem Augententakel-
muskel hinweggezogen ist, in das mächtig entwickelte, in der Längs-
richtung gelagerte, vorstülpbare männliche Begattungsorgan, mündet.
Dieses wird durch einen langen, fadenförmigen Muskel mit seinem
Hinterende an der Leibeswand befestigt (M. retractor penis). Das
Begattungsorgan hat nach hinten einen frei endigenden, peitschen-
förmigen Anhang, das Flagellum, welches bei der Bildung der
Spermatophoren (Samenträger) beteiligt ist. Aus den männlichen Ge-
schlechtsstoffen, welche von der Zwitterdrüse geliefert werden, werden
im Begattungsorgan die Spermatophoren gebildet, die in die Geschlechtsöffnung des anderen Tieres entleert werden und zunächst in das Receptaculum seminis wandern. Die Begattung ist eine gegenseitige. Die Eier,
die man gelegentlich bei der Präparation findet, sind hartschalig und
erreichen Erbsengröße. Sie sind außerordentlich eiweißreich (Produkte
der Eiweißdrüse!).

Wenn das Präparat schonend behandelt ist, sieht man von dem
Oberschlundganglion nach vorn und nach den Seiten mehrere
Nervenstränge abgehen, die paarigen Augennerven nach den oberen
Fühlern, die Geruchsnerven nach den unteren Fühlern, ferner die paa-
rigen Lippennerven und rechts den unpaaren Geschlechtsnerven nach
dem Vas deferens.

Schneidet man sehr vorsichtig den Schlund vor dem Oberschlundganglion durch und zieht die Speiseröhre nach hinten heraus, und durchtrennt man dann noch unmittelbar hinter dem Ganglion die längs verlaufenden Muskelzüge, so kommt auch das Unterschlundganglion
zum Vorschein, das mit dem oberen Ganglion durch den Schlundring
mehrfach verbunden ist, und von dem die Freß- und Eingeweidenerven
abgehen.

Den Schlundkopf spaltet man mit einem scharfen Messer längs.
Man sieht dann im Grunde der Mundhöhle einen vorstehenden Knorpel,
dessen häutige Bekleidung auf der Vorder- und Hinterfläche scharfe,
hornige Erhabenheiten zeigt (Radula). Die Vorderseite wird von der
nach innen eingeklappten Unterlippe bedeckt. Im Dache der Mundhöhle bemerken wir den hornigen Kiefer, der durch besondere, in der
Oberlippe gelegene Muskeln bewegt werden kann. Der Schlundkopf
wird dann wie ein Chitinpräparat behandelt, Radula und Kiefer als
mikroskopische Präparate hergerichtet.

III. Betrachtung der Schale: Die Richtung der Windungen fällt
bei den meisten Exemplaren von oben betrachtet mit dem Drehungs-
sinne des Uhrzeigers zusammen (rechts gewundene Schnecken). In
verdünnter Salzsäure verliert die Schale unter Kohlensäureentwicke-

lung ihre harte Beschaffenheit, indem der kohlensaure Kalk derselben zersetzt wird. Die Spitze der Schale heißt **Apex** oder Wirbel. Hier liegen die kleinsten, zuerst entstandenen Windungen. Die inneren Flächen der Windungen, die miteinander verwachsen sind, bilden die **Columella**, welche innen hohl ist und in die man von der Basis der letzten Windung aus durch die Nabelöffnung mit einer Schweinsborste eindringen kann.

2. Anodonta mutabilis. Teichmuschel.

I. Beobachtungen am lebenden Tier: a) **Fortbewegung und Verankerung.** Man hält die lebenden Muscheln in einem größeren Glase mit frischem Wasser, dessen Boden mit einer etwa 15 cm hohen Kiesschicht bedeckt ist. Man kann dann gelegentlich beobachten, wie die Muschel die Schalen etwas öffnet, an der dem stumpfen Vorderende zugekehrten Kante den muskulösen Fuß heraussteckt und ihn in den Sand einbohrt. Mit Hilfe des Fußes kriecht sie langsam im Sande umher, so daß die Spur ihres Weges als leichte Furche erhalten bleibt. Um sich festzulegen, bohrt sie den Fuß tiefer in den Sand und zieht

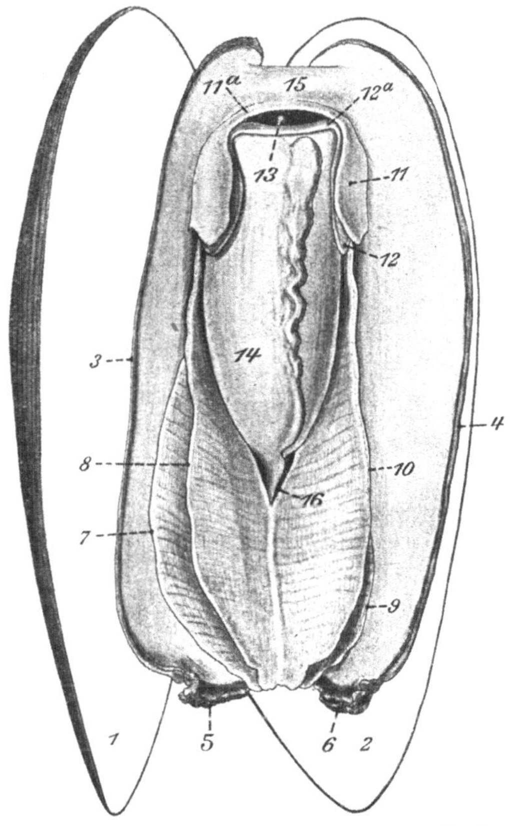

Fig. 83. Anodonta. Rechte Schalenhälfte vom Mantel abgelöst; Schalen geöffnet.

1. rechte. — 2. linke Schalenhälfte. — 3. rechte. — 4. linke Mantelhälfte. — 5., 6. rechter und linker Rand der Einführöffnung. — 7., 8. und 9., 10. äußere, innere Kieme der rechten und linken Seite. — 11. äußeres, — 12. inneres Velum der linken Seite. — 13. Mund. — 14. Fuß. — 15. vorderer Schließmuskel. — 16. Rand des Kiemenschlitzes.

das ganze stumpfe Vorderende nach, so daß zuweilen nur noch das spitze Hinterende aus dem Sande hervorragt. Bei so verankerten Muscheln ist auch am besten der Strom des Atemwassers zu beobachten.

b) **Atmung:** Zwischen den Schalen sieht man am Hinterende zwei Öffnungen. Die untere ist größer und von spitzen, warzenartigen Gebilden umgeben; die obere, kleinere zeigt einen glatten Rand. Man bringt nun mit einer Pipette etwas feingepulverten Karmin, der in

Wasser aufgeschwemmt ist, vor die Öffnungen. Man sieht, wie durch die untere Öffnung das Wasser mit den Farbstoffteilchen eingesogen wird und wie ein aus der oberen Öffnung hervorkommender Wasserstrom die Farbstoffteilchen der Umgebung wegbläst. Die untere Öffnung ist also die Einfuhröffnung, die obere die Ausfuhröffnung für das Wasser und die in ihm enthaltenen kleinen Körperchen.

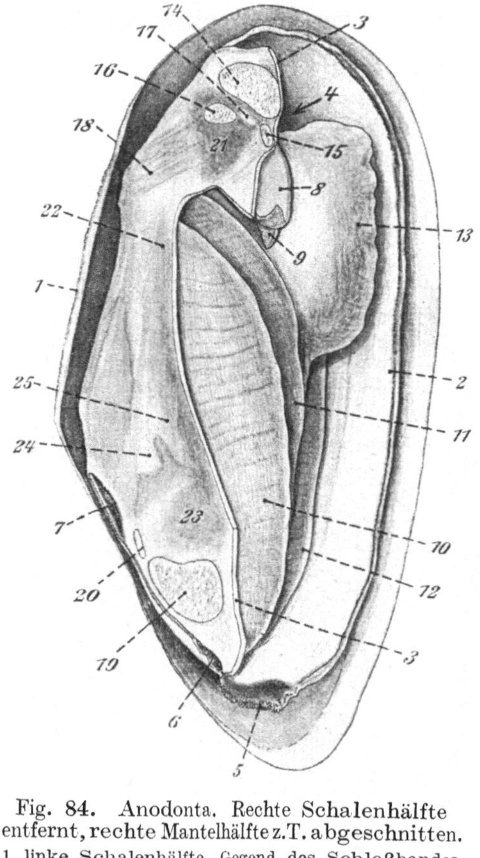

II. Schale: Zur Untersuchung benutzen wir leere Schalen. Die Schale besteht aus zwei Klappen, die durch ein äußeres elastisches Band, das **Schloßband**, miteinander verbunden sind. Dieses ist bestrebt, die Schalenhälften auseinanderzuklappen. Ihm entgegen wirken die Schließmuskeln, welche auf den Innenseiten der Schalen inseriert sind und von einer Schale zur anderen quer verlaufen. Die Ansatzstellen der Muskeln lassen sich auf der Innenfläche der Schalen leicht nachweisen. Wir bemerken am stumpfen Vorderende einen größeren Eindruck (vorderer Schließmuskel), dahinter meist zwei kleinere, die den vorderen Retraktoren (Rückziehmuskeln) angehören, am spitzen Hinterende ebenfalls einen größeren Eindruck (hinterer Schließmuskel), darüber die Ansatzstelle des hinteren Retraktors.

Auf der Außenseite der Schale kann man ein konzentrisches System von Linien, die Zuwachsstreifen, bemerken, welche im allgemeinen dem Rande der Muschel parallel laufen. Das Zentrum dieses Systems liegt in der Nähe des vorderen Schloßrandes und wird als Nabel (Umbo) bezeichnet. Die Zuwachsstreifen entsprechen dem allmählichen Wachstum der Schale. Die Muskelansatzstellen müssen in jüngeren Stadien der Muschel natürlich auch dem Nabel näher gelegen haben und sich

Fig. 84. Anodonta. Rechte Schalenhälfte entfernt, rechte Mantelhälfte z.T. abgeschnitten.
1. linke Schalenhälfte, Gegend des Schloßbandes. — 2. linker Mantel. — 3. Schnittlinie des rechten Mantels. — 4. Mund. — 5. linker Rand der Einfuhröffnung. — 6. Ausfuhröffnung. — 7. Mantelschlitz. — 8. äußeres, — 9. inneres Velum der rechten Seite. — 10. äußere, — 11. innere Kieme der rechten Seite. — 12. linke innere Kieme. — 13. Fuß. — 14. vorderer Schließmuskel. — 15., 16. vordere Retraktoren des Fußes. — 17. Cerebralganglion. — 18. Levator (Muskel). — 19. hinterer Schließmuskel. — 20. hinterer Retraktor des Fußes. — 21. Leber. — 22. rotbraunes Organ. — 23. Niere. — 24. Herzkammer vom Darm durchbohrt. — 25. rechte Vorkammer. — 17., 21.—25. durchscheinend.

allmählich von diesem entfernen. Die Spuren dieses Wanderns der Insertionsstellen zeigen sich auf der Innenseite in Gestalt radialer Linien, die von dem augenblicklichen Eindruck nach dem Nabel verlaufen.

Die Ansatzstelle des Mantels (Mantellinie) ist auf der Innenseite der Schalen in geringer Entfernung vom Rande, diesem parallel laufend, zu verfolgen. Die früheren Anheftungsstellen bilden zur jetzigen parallel verlaufende Linien.

III. Sektion: Die Vorbereitung der Muscheln für die Sektion erfolgt nach Handbuch S. 278. Die Zerlegung erfolgt im Wachsbecken unter Wasser. Man orientiert die Muschel so, daß sie mit der rechten Schale nach oben liegt, das stumpfe Vorderende sich also rechts befindet. Die Zeichnungen sind so gestellt, daß das Vorderende oben, das Hinterende unten liegt. Zur Entfernung der oberen Schale fährt man, um den Mantel abzulösen, mit einem Messer zwischen Schale und Mantellinie entlang, bringt dann das Messer flach unter die Schale und trennt vorn und hinten die Schließ- und Rückziehmuskeln durch. Nun kann man die obere Schale hochklappen und im Schloßband abtrennen. Wir sehen jetzt die rechte Hälfte des Mantels von außen mit den Schnittspuren der durchtrennten Schließmuskeln. In der Rückengegend scheint der Mantel durchsichtig; man sieht die Herzregion durchschimmern. Das braune Organ vor demselben ist die Herzbeuteldrüse (Perikardialdrüse, rotbraunes Organ). Unmittelbar hinter dem vorderen Schließmuskel scheint die grünliche Leber durch. Am hinteren Ende sehen wir die Ausbildung des freien Mantelrandes zur unteren mit Papillen besetzten Einfuhröffnung und darüber zu der glatten Ausfuhröffnung. Die schwarzen Papillen am Rande der unteren Öffnung sind mit Sinnesorganen besetzt. Über der Ausfuhröffnung sind die Mantelränder ein Stück verwachsen, um oben in der Rückenlinie, nicht weit hinter dem Schloß, noch einmal auseinander zu klaffen (Mantelschlitz). Erst hier ist der freie Mantelrand zu Ende.

Die rechte Mantelhälfte wird jetzt hochgeklappt, worauf man die äußeren Organe zur Orientierung betrachten kann (Fig. 83). Dann trenne man den rechten Mantel soweit ab, wie es die Schnittlinie 3 in Fig. 84 zeigt. Man sieht den muskulösen Fuß im rechten Teile des Präparationsfeldes und über demselben das doppelte Mundsegel (Velum). Wo Mundsegel und Fuß vorn zusammentreffen, suche man den Mund auf. (Fehlen des Kopfes!). Im linken Teile des Objektes fallen uns die beiden blattartig übereinanderliegenden, rechten Kiemen auf. Jede Kieme ist ein doppeltes Blatt, die freie Kante ist die Umknickungslinie. Die Kiemen bestehen aus einem feinen, chitinigen Balkenwerk, auf dem sich das der Atmung dienende Gewebe ausbreitet.

Wir schneiden die äußere rechte Kieme an, um uns von ihrer zweiblätterigen Beschaffenheit zu überzeugen. Darauf klappen wir beide rechte Kiemen hoch. Das Innenblatt der inneren Kieme ist in der vorderen Hälfte nicht mit dem Außenblatt verwachsen. Es klafft daher am oberen sichtbaren Rande des Fußes der Kiemenschlitz, welcher in den Raum zwischen den Blättern der inneren Kiemen führt (innerer Kiemengang). Hinter dem Rumpfe ist die vorn freie Kante des inneren Kiemenblattes mit der entsprechenden der Gegenseite verwachsen Diese Verwachsungslinie wird sehr vorsichtig durchtrennt. Man sieht dann, daß hier am hinteren Teile die inneren Kiemengänge beider Seiten zu einem gemeinschaftlichen Hohlraum verschmelzen, in welchen die äußeren Kiemengänge beider Seiten getrennt einmünden. Dieser ganze hintere Raum setzt sich unmittelbar in die Kloakenhöhle fort, die bei dem augenblicklichen Präparationsbilde gut sichtbar ist. Die Ausmündung des Enddarmes liegt auf einer leicht zu erkennenden Afterpapille (Fig. 85).

Das Wasser strömt durch die Einfuhröffnung in die Mantelhöhle, die mitgeführten Nahrungsteile werden durch das Velum zum Munde geführt. Das Wasser gelangt dann vorn durch den Kiemenschlitz in die inneren Kiemengänge, verläßt dieselben hinten wieder und wird durch die Kloake nach der Ausfuhröffnung geführt. Der Kiemenraum der äußeren Kiemen wird als Brutraum für die Larven benutzt; er enthält im Spätsommer häufig eine große Anzahl lebender Larven.

Öffnet man den inneren Kiemengang in der vorderen Verlängerung des Kiemenschlitzes, so bemerkt man die kleine, paarige Geschlechtsöffnung und darüber die Nierenmündung.

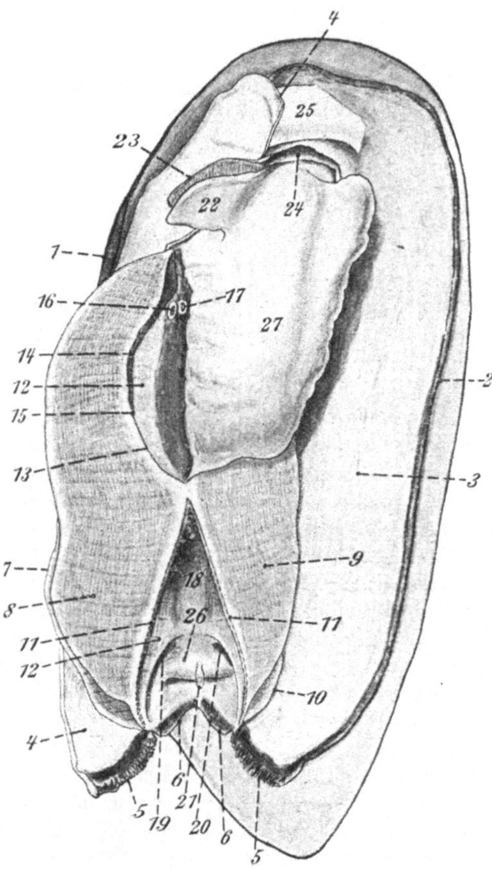

Fig. 85. Anodonta. Weichkörper in der linken Schalenhälfte; Rest des rechten Mantels und rechte Kiemen zur Seite geklappt; Verbindung der Innenblätter der inneren Kiemen z. T. gelöst, rechtes Innenblatt vom Fuß abpräpariert.

1. Schale, Gegend des Schloßbandes. — linker Mantel. — 3. Mantellinie. — 4. rechter Mantel, Rest. — 5., 6. Ränder der Einfuhröffnung bzw. Ausfuhröffnung. — 7. rechte äußere Kieme. — 8. Innenblatt der rechten Innenkieme. — 9. Innenblatt der linken Innenkieme. — 10. linke Außenkieme. — 11. Ränder des Schnittes, durch welchen 8. und 9. getrennt wurden. — 12. Außenblatt der Innenkieme. — 13. Rand des Kiemenschlitzes. — 14. Schnittfläche, längs deren das Innenblatt der rechten Innenkieme vom Fuße abgelöst wurde. — 15. Grenze von 13. und 14. — 16. äußere Nierenöffnung. — 17. Genitalöffnung. — 18. innerer Kiemengang (Niere durchscheinend). — 19., 20. Eingänge zu den äußeren Kiemengängen. — 21. Afterpapille. — 22. inneres, — 23. äußeres Velum der rechten Seite. — 24. Mund. — 25. vorderer Schließmuskel. — 26. hinterer Schließmuskel. — 27. Fuß.

Für die Untersuchung der inneren Organe benutzen wir ein neues Exemplar. Wir entfernen beide Schalen, bringen das Tier in Bauchlage und befestigen es mit Nadeln, die teils durch den Mantel, teils durch den vorderen Schließmuskel gehen. Darauf tragen wir mit der feinen Schere vorsichtig die Wandung des durchsichtigen Herzbeutels ab (Fig. 86). Man sieht dann den muskulösen Darm am Rücken entlanglaufen und in dem freigelegten Teile die namentlich am hinteren Ende deutlich abgesetzte Herzkammer, durch welche der Darm hindurchführt. Ist der Schnitt mit genügender Vorsicht geführt, so sind auch die zart häutigen Vorkammern deutlich sichtbar. Darauf öffne man das Herz in der dorsalen Mittellinie, hebe den Darm heraus (Fig. 87) und sondiere die spaltförmigen Ausgänge der Vorkammern. Das rotbraune, läng-

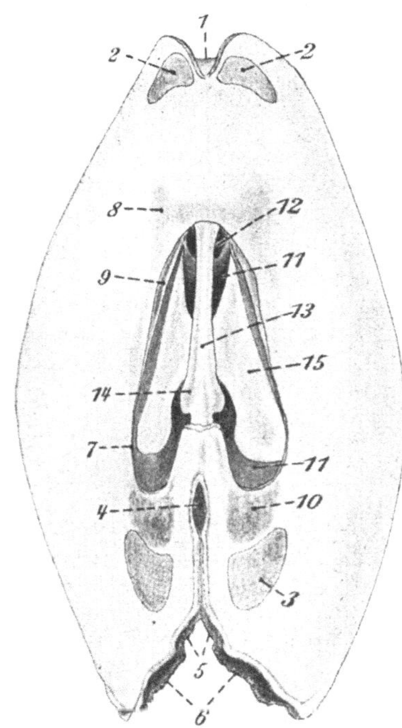

Fig. 86. Anodonta. Weichkörper von der dorsalen Seite, Schale entfernt, Herzbeutel eröffnet.

1. vorderer Schließmuskel. — 2. seine Ansatzflächen. — 3. hinterer Schließmuskel. — 4. Mantelschlitz. — 5., 6. Ränder der Einfuhröffnung bzw. der Ausfuhröffnung. — 7. Schnittlinie. — 8. rotbraunes Organ (Perikardialdrüse, Keber sches Organ). — 9. dasselbe in der Schnittfläche. — 10. Niere durch den Mantel durchscheinend. — 11. Nieren im Grunde des Herzbeutels. — 12. innere Öffnung der Niere. — 13. Darm im Herzen. — 14. Herzkammer. — 15. rechte Vorkammer.

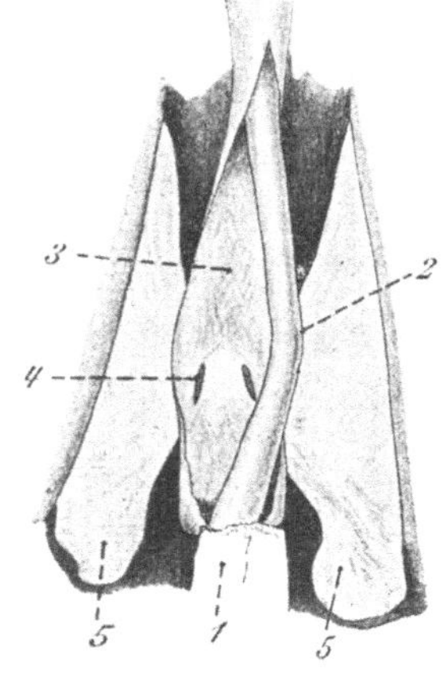

Fig. 87. Anodonta. Herz in der dorsalen Medianlinie eröffnet.

1. Rest des Mantels (Mittellinie). — 2. Darm nach rechts aus dem Herzen herausgezogen. — 3. Boden der Herzkammer mit sich kreuzenden Muskelzügen. — 4. Spalt, der von der Vorkammer zur Herzkammer führt. — 5. Vorkammern.

liche Gebilde, welches man mit dem abgeschnittenen oberen Mantelrande hochhebt, ist die Herzbeuteldrüse (Perikardialdrüse, rotbraunes Organ). Im vorderen Teile des Herzbeutelraumes, am vorderen Innenrande des rotbraunen Organes, sieht man das rechte Nephrostoma. Die beiden glänzenden, weißen Stränge, welche sich unmittelbar ventral vom Herzen in der Richtung nach vorn vereinigen, sind die hinteren Retraktoren. Man beobachte auch hier in der Rückenlinie den schon oben erwähnten Mantelschlitz. Die schwärzlichen Massen, die man unter dem Herzen durchschimmern sieht, gehören zu den Nieren.

Wir präparieren nun wieder die rechte Mantelhälfte wie oben ab und entfernen mit der feinen Schere die Kiemen derselben Seite. Dadurch legen wir die Niere frei. Diese schwarzbraune Masse wird von den hinteren Rückziehmuskeln begrenzt, erstreckt sich nach hinten bis an den hinteren Schließmuskel und nach vorn bis zur schon früher aufgesuchten Nierenmündung.

Man legt nun zunächst die Rückenseite des einheitlichen Teiles des inneren Kiemenganges frei und trägt durch Anritzen mit einer Lanzennadel und Nachhelfen mit einer feinen Pinzette die Haut ab; dann sieht man zwei feine weiße

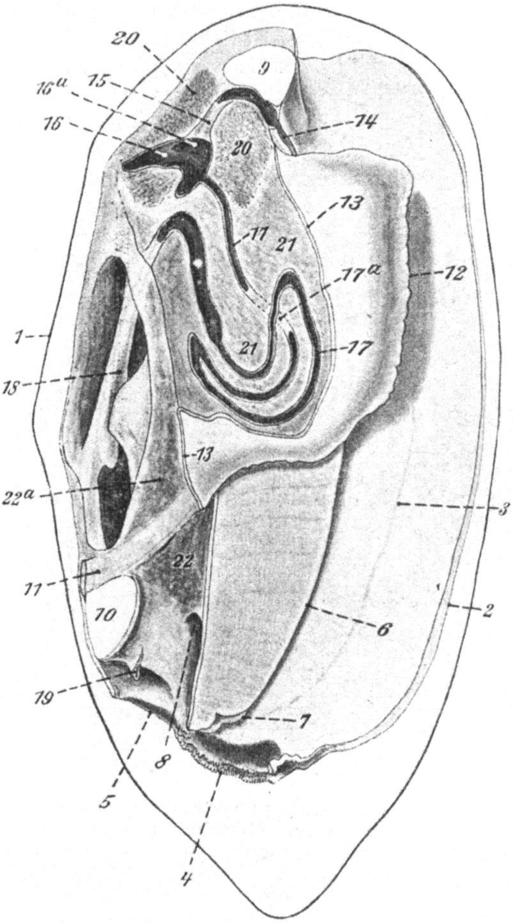

Fig. 88. Anodonta. Anatomie. Größter Teil der rechten Körperhälfte abgetragen.

1. linke Schale, Gegend des Schloßbandes. — 2. linker Mantel. — 3. Mantellinie. — 4. linker Rand des Atemsipho. — 5. linker Rand des Aftersipho. — 6. linke Innenkieme. — 7. linke Außenkieme. — 8. Eingang zum linken äußeren Kiemengang. — 9. vorderer Schließmuskel. — 10. hinterer Schließmuskel. — 11. hinterer Retraktor des Fußes. — 12. medianer Fußrand. — 13. Schnittlinie, längs welcher die Haut des Fußes abgelöst wurde. — 14. Mund. — 15. Abschnitt der Speiseröhre, dessen rechte Wandung noch erhalten ist. — 16. Magen. — 16 a. Eingang der Speiseröhre in den Magen. — 17. Dünndarm. — 17 a. Abschnitt des Dünndarms, der für den Beschauer durch Teile der Keimdrüse und eine andere Dünndarmschlinge verdeckt ist. — 18. Darm, das Herz durchbohrend. — 19. After. — 20. Leber. — 21. Keimdrüse. — 22. Niere, durchscheinend. — 22 a. Niere, angeschnitten.

Stränge auf dem dunklen Untergrunde der Nierenmasse, die Seiten- oder Pleuralnerven. Verfolgt man sie vorsichtig tastend und mit der Lanzennadel lösend nach hinten, so kommt man zu dem unmittelbar unter dem hinteren Schließmuskel gelegenen Kiemen- oder Visceralganglion.

Um eine Übersicht über die Organe der vorderen Körperregion zu gewinnen, führen wir mit einem breiten, sehr scharfen Skalpell von der Kante des Fußes her einen medianen Schnitt durch die vordere

Körperhälfte. Auf der Schnittfläche sehen wir, daß der Darmkanal nach Bildung einer kurzen Speiseröhre in einen ziemlich dorsal gelegenen Magen übergeht, darauf in mehreren Windungen durch die Fußmasse zieht, um schließlich in der Rückenlinie nach hinten zu verlaufen. Der weitere Verlauf durch das Herz usw. ist schon geschildert. Um den Magen sieht man die bräunlich-grüne Lebermasse, der übrige Teil des Hohlraumes im Fuße wird durch die Keimdrüse (Gonade) ausgefüllt. Wenn der Schnitt günstig geführt ist, sieht man unmittelbar das unter der Speiseröhre gelegene Gehirnganglion und im vorderen, unteren Winkel der Keimdrüse das Fußganglion. Eventuell kann man mit Hilfe von Nadeln diese Nervenzentren freilegen. Der untere Teil des Fußes ist eine feste Muskelmasse.

Man kann auch, wenn man Zeit und Mühe nicht scheut,

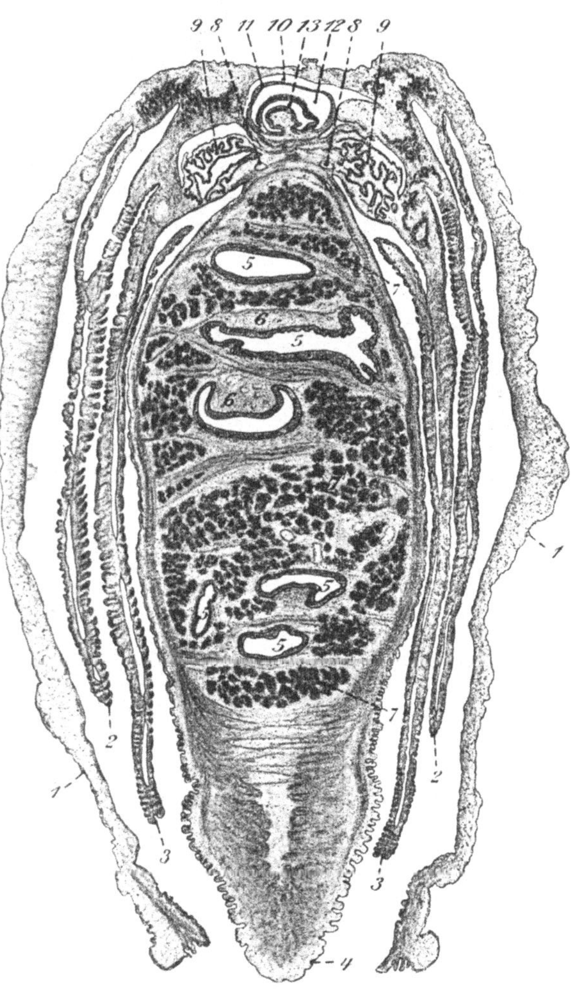

Fig. 89. Unio spec. Querschnitt für Niere und Darmwindungen.
1. Mantel. — 2. äußere Kieme. — 3. innere Kieme. — 4. Fuß. — 5. Darmquerschnitte. — 6. Typhlosolisartige Vorsprünge. — 7. Gonaden. — 8. Nerven-Kommissuren. — 9. Niere. — 10. Perikardialhöhle. — 11. Wandung der Herzkammer. — 12. Höhlung der Herzkammer. — 13. Querschnitt des Enddarms mit Einbuchtung der Darmwand.

nach Abtragung der Haut des Fußes durch vorsichtiges Abzupfen der Lebermasse zu den Darmwindungen gelangen und auf entsprechende Weise eine Seitenansicht der Herzhöhle sowie einiger Organe des hinteren Körperabschnittes gewinnen. Ein derartiges Präparationsbild ist in Fig. 88 dargestellt.

Im Hochsommer achte man auch auf die im äußeren Kiemengange befindlichen Larven. Weibliche Tiere haben im allgemeinen eine be-

deutend höher gewölbte Schale als männliche. Bringt man die äußere
Kieme eines wie oben behandelten Tieres in eine Schale mit Wasser,
so erhält man eine Aufschwemmung von kleinen Larven, die sich meist
noch bewegen und die man nun im Mikroskop beobachten kann.

Man nennt die hier auftretende Larvenform Glochidium. Es
läßt sich schon eine zweiklappige Schale erkennen. Jede Klappe trägt
an der Bauchseite eine dreieckige Spitze, die mit Stacheln besetzt ist
und nach innen vorspringt. Aus dem Innern ragt ein Klebfaden hervor.
Mit Hilfe dieses Fadens und der höckerigen Spitzen heften sich die frei-
gewordenen Glochidien an die Kiemen oder Flossenhaut vorüber-
schwimmender Fische. Hier erfolgt die weitere Entwickelung, bis die
ausgebildeten kleinen Muscheln zu Boden fallen.

Zum besseren Verständnis des Baues der Muschel ist ein Querschnitt von Unio (Malermuschel) beigefügt, der nach einem mikroskopischen Präparat gezeichnet ist.

VII. Stachelhäuter.

1. Astropecten aurantiacus, Seestern.

Wir unterscheiden an dem Seestern die Scheibe und die fünf
davon ausgehenden Arme. Die Mittellinien der Arme werden als
Radien bezeichnet, die Halbierungslinien der Winkel der Radien
heißen Interradien. Die Rückenseite ist gleichmäßig mit Paxillen besetzt, das sind gestielte Kalkgebilde, welche auf ihrem verbreiterten
Kopfende einen Kranz von Papillen tragen. Die oberen Randplatten,
welche die seitliche Begrenzung der Arme bilden, tragen größere Stacheln;
die Unterseite der Arme ist bis an die sogenannte Ambulakralfurche
heran mit kleineren Stacheln bedeckt. In der Ambulakralfurche unterscheiden wir zwei Reihen Ambulakralfüßchen und in der Mitte zwischen
ihnen den Hauptnervenstrang. Ein After fehlt. Auf der Rückenseite
liegt exzentrisch und interradial die Madreporenplatte, auf der Bauchseite in der Mitte der Scheibe die Mundöffnung. Bei manchen Exemplaren ist der Magen weit aus der Mundöffnung vorgestülpt.

Die Präparation geschieht im Wachsbecken unter Wasser. Man
schneide mit der Schere, von der Spitze der Arme ausgehend, längs
des Seitenrandes der Oberseite die Rückenhaut durch bis an die Winkel
zwischen den Armen. Dabei muß man die Schere stets nach oben drücken,
um die inneren Organe nicht zu verletzen, und unter Schonung der
unter der Rückenhaut gelegenen Darmblindsäcke (Leberschläuche) hat
man das Bindegewebe, welches diese mit der Rückenhaut verbindet,
vorsichtig zu durchtrennen. Will man dann die Rückendecke mit der
Zentralscheibe abheben, so muß man die Scheidewände, welche in den
Strahlwinkeln liegen und an der Rückenhaut befestigt sind, durchschneiden. In dem Interradius der Madreporenplatte ist die
Scheidewand doppelt und beherbergt den Steinkanal. Dieses System
wird nicht durchtrennt, sondern die Madreporenplatte kreisförmig
umschnitten.

Wir betrachten jetzt den afterlosen Magen mit seinen Leber-
schläuchen, welche als braune, gekräuselte Organe zu zweien in jedem

Arm verlaufen. Der Mund erweist sich als unbewaffnet. Wir durchtrennen mit der Schere die kurze Speiseröhre und entfernen den Magen
mit seinen Anhängen. Im Innern des Magens finden wir Muscheln
und Schnecken bis zu Walnußgröße, Teile von Fischen, Krebsen usw.

Die Präparation des Wassergefäßsystems beginnen wir mit
der Freilegung des Steinkanals. Wir präparieren die Scheidewand,
welche den Steinkanal von beiden Seiten umgibt, sehr vorsichtig ab
und können dann den Steinkanal bis zum Ringkanal verfolgen, der
die Mundöffnung in Form eines Fünfecks umgibt. Ein zweiter Kanal,

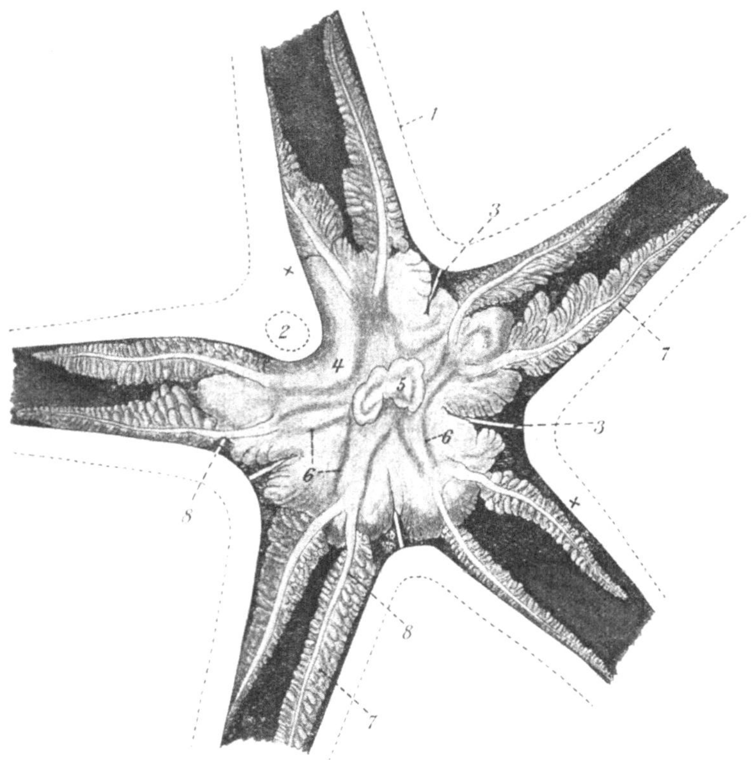

Fig. 90. Astropecten aurantiacus. Verdauungsorgane. Rückenhaut fast vollständig entfernt (× × Rest derselben).
1. Kontur (angedeutet). — 2. Madreporenplatte (Lage). — 3. Scheidewände. — 4. Magen. —
5. Blindsack. — 6. Muskelzüge. — 7. Leberschläuche. — 8. Ausführungsgänge der Leber.

welcher, ohne Verkalkungen zu besitzen, innerhalb der Doppelscheide-
wand neben dem Steinkanal nachweisbar ist, ist eine Lymphdrüse
(Axialorgan). Vom Ringkanal gehen interradial fünf Gruppen von
zwei bis drei birnförmigen Bläschen aus, die Polischen Blasen. Zentral
zu beiden Seiten dieser Gruppen von Blasen bemerken wir je zwei rund-
liche, orangefarbene Gebilde, die Tiedemannschen Körperchen,
welche mit dem Ringkanal kommunizieren. In den Armhöhlungen

sieht man vier Reihen dicht beieinander stehender Bläschen, die Ampullen, welche durch eine Reihe von Kalkplatten, Ambulakralplatten,
getrennt sind. Die Radialkanäle sind durch die Ambulakralplatten
verdeckt. Jedem Ampullenpaar entspricht ein Ambulakralfüßchen.

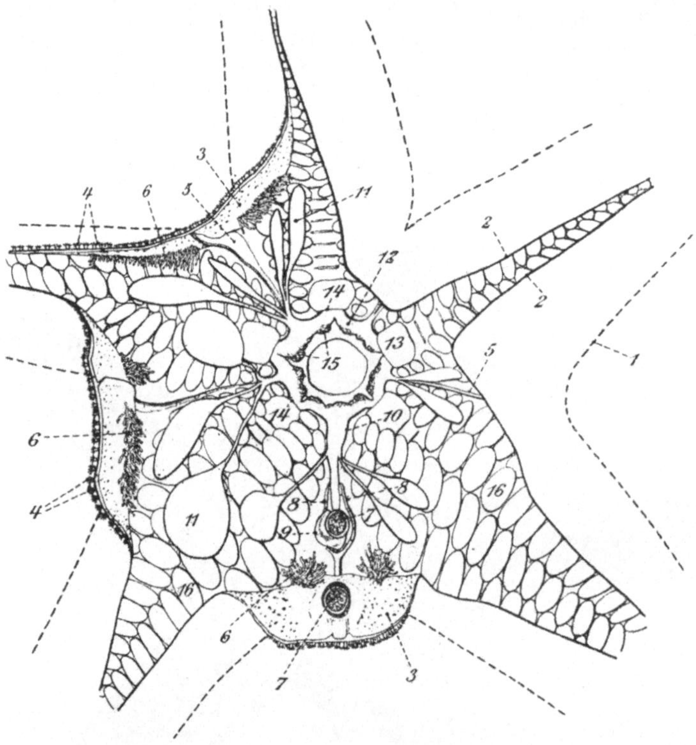

Fig. 91.   Astropecten aurantiacus.   Wassergefäßsystem und Geschlechtsorgane.
Rückenhaut in den Radien aufgeschnitten, z. T. entfernt; Magen und Leberschläuche
herausgelöst.

1. Kontur (das vorliegende Exemplar war nicht ganz regelmäßig gestaltet). — 2. Schnittränder der Rückenhaut. — 3. Rückenhaut umgeklappt. — 4. Paxillen. — 5. Scheidewände.
— 6. Geschlechtsorgane. — 7. Schnittfläche des Steinkanals. — 8. Doppel-Scheidewand
für den Steinkanal. — 9. Axialorgan (sog. Herz). — 10. Steinkanal. — 11. Polische
Blasen. — 21. Ringkanal. — 13. Mittelstück des ersten Ambulakralplattenpaares. — 14.
Durchtritt der Ambulakralgefäße unter die Ambulakralplatten. — 15. Tiedemannsche
Körperchen. — 16. Ampullen.

Sind Geschlechtsorgane schon ausgebildet, so liegen sie als
verästelte Drüsenschläuche in den Armwinkeln seitlich von je einer
Scheidewand. Sie münden auch an derselben Stelle aus.

Zur Präparation des Nervensystems werden alle Ambulakralfüßchen von der Bauchseite her abgezupft. Im Grunde jeder Ambulakralfurche verläuft ein Radialnerv. Die fünf Radialnerven münden
in den Ringnerven, welcher die Mundöffnung in Form eines Fünfecks
umgibt.

2. Echinus esculentus, Seeigel.
(oder Sphaerechinus granularis).

I. Äußere Inspektion: Wir benutzen zur Betrachtung ein Spiritusexemplar des Seeigels und ein getrocknetes Exemplar, an welchem man die Stacheln und sonstigen äußeren Anhänge entfernt hat, und beginnen die Inspektion an dem getrockneten Exemplar.

Die Kalkschale hat eine apfelförmige Gestalt. In der Mitte der flachen Unterseite liegt der Mund, aus dem die Spitzen der fünf Zähne hervorragen, am oberen Pole bemerkt man die Afteröffnung. In unmittelbarer Umgebung des Mundes und der Afteröffnung ist der Panzer nicht starr, sondern von lederartiger Beschaffenheit, und zwar ist das Mundfeld (Peristom) bedeutend größer als das Afterfeld (Periprokt). Die Afteröffnung sehen wir von fünf großen, polygonalen Platten um-

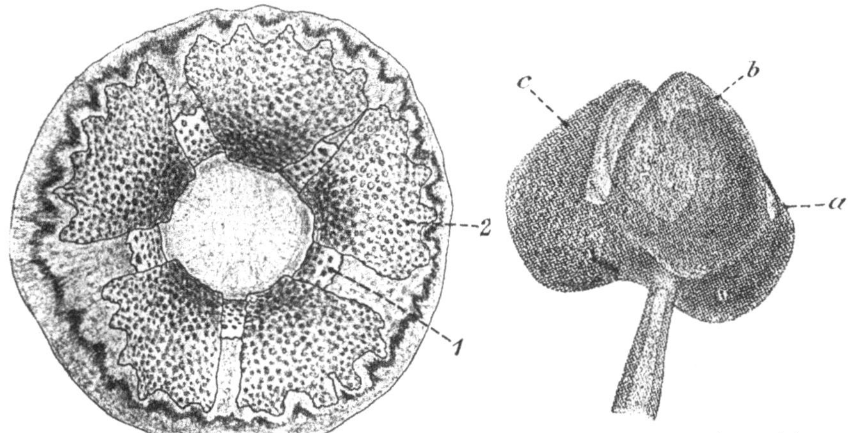

Fig. 92. Sphaerechinus granularis. Endscheibe eines Ambulakralfüßchens.
1. Kalkring. — 2. Kalkplatte.

Fig. 93. Obj. 0. Sphaerechinus granularis. Knospenförmige Pedicellarie, Endstück.
a., b., c. die drei Arme.

geben. Diese sind mit peripherisch gelegenen Öffnungen zum Durchtritt der Geschlechtsprodukte versehen (Genitalplatten). Eine von ihnen (Madreporenplatte) ist ein Sieb mit unzähligen feinen Öffnungen. In den Winkeln zwischen je zwei Genitalplatten liegen fünf kleinere Platten, die Ocellarplatten, die je mit einer feinen, ohne weiteres nicht sichtbaren, zum Durchtritt eines Nerven bestimmten Durchbohrung versehen sind. Die ganze übrige Oberfläche des Körpers wird bis an das Mundfeld heran von zehn Paar meridional verlaufenden Reihen von fest verbundenen Schildern gebildet. Die beiden Reihen eines Paares stoßen unter sich in einer Zickzacklinie zusammen, während die Grenzlinie zwischen je zwei Reihenpaaren annähernd ungebrochen verläuft. Die fünf Reihenpaare, welche von den fünf Ocellarplatten ihren Ursprung nehmen, weisen an den Außenrändern jede mehrere kleine Poren auf. Diese Plattenreihen heißen Ambulakralplattenreihen. Die zwischen den fünf Paaren von Ambulakralplattenreihen gelegenen, von den Genitalplatten bzw. der Madreporenplatte ausgehenden Paare von Plattenreihen heißen Interambulakralplattenreihen. Auf allen Platten, auch auf den das Afterfeld umgebenden, sieht man halbkugelige Höcker von verschiedener Größe, welche die Gelenkhöcker für die beweglich darauf angebrachten Stacheln darstellen.

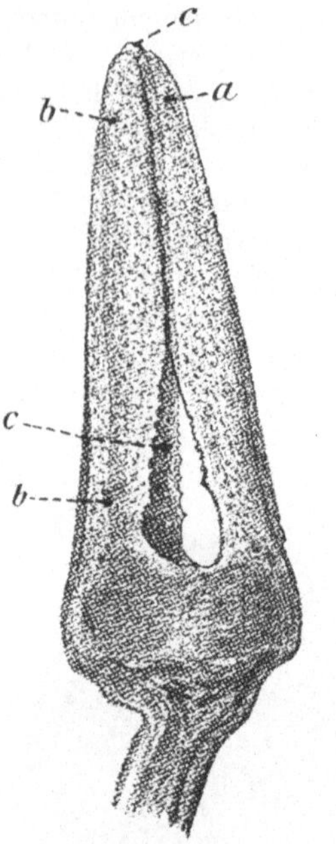

Jetzt vergleichen wir mit dem getrockneten das Spiritusexemplar. In dem Gewirr von Stacheln sehen wir deutlich an den Stellen, an denen das getrocknete Exemplar die Ambulakralporenreihen zeigt, entsprechend Reihen von Saugfüßchen mit scharf abgesetzter, knopfartiger Saugscheibe (Ambulakralfüßchen). Die Saugscheibe enthält ein flaches, aus mehreren (4—6) Stücken bestehendes Kalkgitter, welches die Form einer in der Mitte offenen Rosette hat, und darunter einen Kalkring. Durch Betasten stellen wir fest, daß die Stacheln beweglich sind. Überall zwischen den Stacheln sehen wir kleine Greifzangen (Pedicellarien) von verschiedener Form. Ihre Gestalt läßt sich mit bloßem Auge soweit feststellen, daß man die drei vorkommenden Formen erkennen kann:

Bei Sphaerechinus granularis gibt es

α) sehr kurzgestielte mit drei langen, dünnen Zangen (Fig. 94);

β) solche von mittlerer Größe mit kürzeren, dickeren Zangen mit stark gezähntem Rande (Fig. 95);

γ) lang gestielte mit drei ganz dicken knospenförmigen Endorganen und einer Verdickung in der Stielmitte (gemmiforme Pedicellarien, Fig. 93).

Das Mundfeld ist frei von Stacheln und zeigt in geringer Entfernung von der Mundöffnung einen Kranz von dicht gedrängt stehenden Pedicellarien. Fünf Paar sehr kurz gestielte, knopfförmige Gebilde, die wir in diesem Gewirr von Pedicellarien finden, sind die Mundambulakren, die mit dem Wassergefäßsystem in Verbindung stehen, gleichzeitig aber Organe eines chemischen Sinnes sind. An der Peripherie des Mundfeldes sieht man, interambulakral gelegen, fünf Paar baumartig verästelte, häutige Anhänge, welche als Kiemen bezeichnet werden.

II. Sektion: Die Präparation erfolgt in einem möglichst tiefen

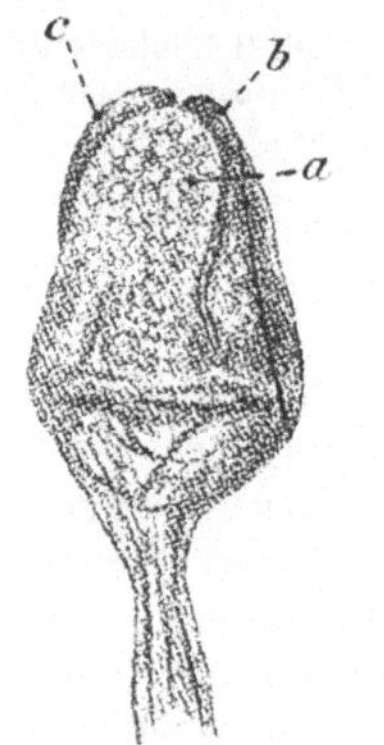

Fig. 94. Obj. 0. Sphaerechinus granularis. Pedicellarie, langarmige Form.

a., b., c. die drei Arme.

Fig. 95. Obj. 0. Sphaerechinus granularis. Pedicellarie, kurzarmige Form.

a,. b., c. die drei Arme.

Wachsbecken unter Wasser. Mit einer starken Schere schneidet man längs des Äquators die Schale durch. Will man die Schalen auseinanderklappen, so muß man erst an einigen Stellen vorsichtig die Anheftebänder (Mesenterien) des Darmes von der Schale lösen und den Steinkanal durchschneiden. Der Steinkanal geht von der Madreporenplatte nach der Basis des Kiefergerüstes. Der bandartige Darm durchzieht den Körper spiralig in zwei großen Windungen und ist durch viele Mesenterialfäden an der Schale aufgehängt. Bei ausgewachsenen Exemplaren sieht man die Geschlechtsorgane als fünf große, traubige Gebilde interambulakral an der Schale angeheftet liegen. Die Ausführungsgänge führen zu den Genitalplatten. Hoden und Ovarien

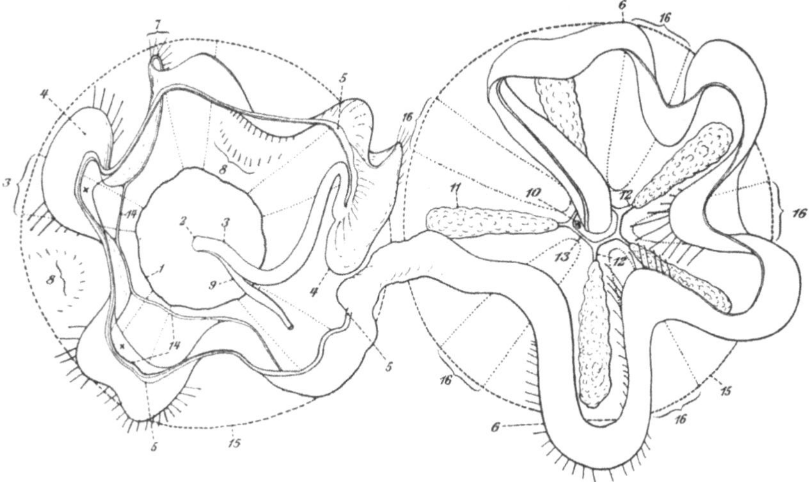

Fig. 96. Echinus esculentus. Anatomie. Schale äquatorial durchschnitten, die beiden Hälften nach Durchtrennung des Steinkanals nebeneinander gelegt.
1. Linie der Auriculae. — 2. Austrittsstelle der Speiseröhre aus dem Kauapparat. — 3. Speiseröhre. — 4. Erste Darmwindung. — 5. Nebendarm. — 6. Zweite Darmwindung. — 7. Adhäsionen der ersten Darmwindung. — 8. Adhäsionen der zweiten Darmwindung an den Mundabschnitt der Schale. — 9. Steinkanal. — 10. Eintritt des Steinkanals in das Afterfeld. — 11. Geschlechtsorgane. — 12. Ausführungsgänge der Geschlechtsorgane. — 13. Gemeinsamer Ringkanal für die Geschlechtsorgane. — 14. Blutgefäße. — 15. Schnittfläche der Schale (angedeutet). — 16. Radien, mit den Ampullen besetzt (im Umriß angedeutet). — × × Bindehaut.

unterscheiden sich schon äußerlich durch ihre Färbung, erstere sind gelblich, letztere dunkelbraun. Die Ampullen oder Bläschen der Radialkanäle des Wassergefäßsystemes sieht man an der Innenseite der Ambulakren als platte, zarte Organe von dreieckiger Form in langen Reihen angeordnet.

Es bleibt nun noch das Kiefergerüst, die Laterne des Aristoteles, zu präparieren. Die Laterne besteht aus ursprünglich 40 einzelnen Skelettstücken, welche durch Muskeln untereinander verbunden sind. Sie liegt auf der Innenseite des Peristoms, welches durch die fünf ambulakral gelegenen, ringförmig vorspringenden Aurikeln oder Öhrchen begrenzt wird. Nachdem man die feine bindegewebige Haut, welche den ganzen Apparat einschließt, vorsichtig entfernt hat, sieht

man auf der Innen- (Ober-) Seite die fünf radial verlaufenden Kompaß-
oder Bügelstücke. Die Kompaßstücke kann man zusammenhängend

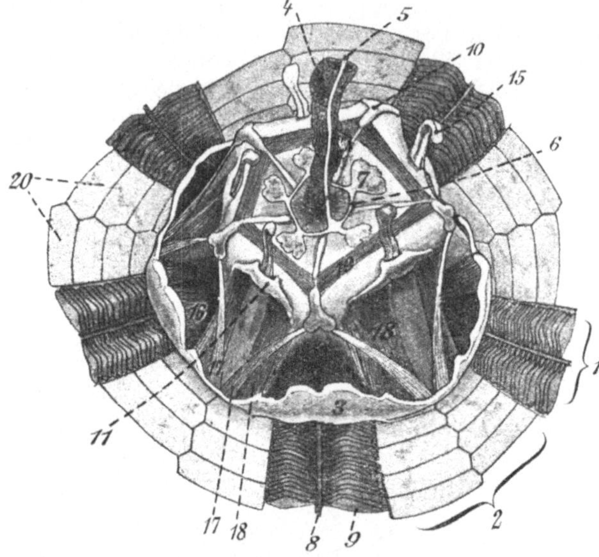

Fig. 97. Echinus
esculentus. Kau-
apparat.

1. Radius. — 2. Inter-
radius. — 3. Auriculae.
— 4. Speiseröhre. —
5. Steinkanal. — 6.
Ringkanal. — 7. Poli-
sche Blasen. — 8. Am-
bulakralgefäß. — 9.
Ampullen. — 10. Kom-
pass oder Radius. —
11. Epiphyse. — 12.
Rotula (s. Fig. 98).
— 13. Alveole. — 14.
Zahn. — 15. oberes
Ende des Zahnes. —
16. Rückzieher. — 17.
Vorzieher zu den Ra-
dien ziehend. — 18.
Protraktoren zu den
Epiphysen ziehend. —
19. Muskeln, die die
Radien verbinden. —
20. Ansatzstellen des
Darmmesenteriums.

abpräparieren. Dadurch werden fünf blasenartige Gebilde frei, die
man als Zahnwurzelblasen bezeichnet. Sie liefern die Bildungssub-
stanz des Zahnes. Diese Blasen werden da, wo sie aus den quer verlaufenden Kalkbögen (Epiphysen) heraustre-ten, abgetrennt, und es
wird die Speiseröhre ganz kurz abgeschnit-ten. Dadurch werden
die Schaltstücke oder Rotulae in ihrer Ver-bindung mit den Epiphysen freigelegt. Die Epiphysen, die oberen Abschnitte der Zahn-

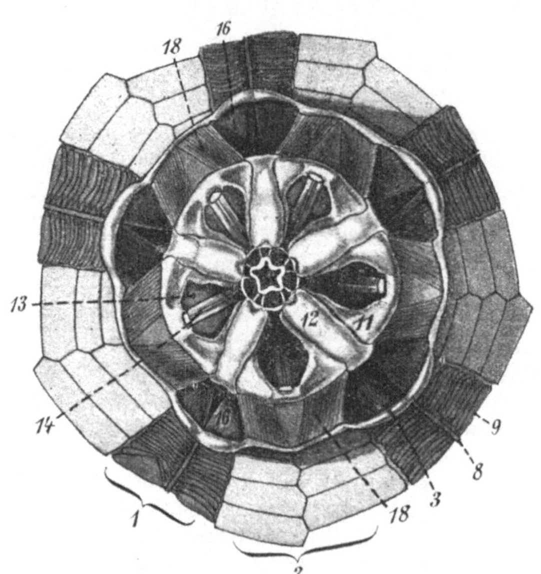

Fig. 98. Echinus esculentus.
Kauapparat nach Abtra-
gung der Radii, der Speiseröhre, des Ringkanals und
der Zahnursprungsstellen.
Bezeichnungen s. Fig. 97.

höhlen, werden durch die wie die Speichen eines Rades angeordneten
Rotulae gelenkig miteinander verbunden. Nun durchtrennt man die

Muskeln (Vorzieher, Protractoren), welche von den Epiphysen nach dem Peristomrande verlaufen, und hebt die Laterne heraus, wobei die Mundhaut durchreißt. In der leeren Schale sieht man die Rückziehmuskeln (Retraktoren), welche am Peristomrande befestigt sind. Man reinige nun die losgelöste Laterne von den Resten der betrachteten Muskeln, fahre mit der Messerspitze in den Spalt zwischen Rotula und Epiphyse nahe der Mitte und löse die Rotulae ab. Der Rest des Kauapparates besteht aus 5 Pyramiden. Die benachbarten Pyramiden sind durch Kaumuskeln verbunden. Aus einer jeden ragt unten die Zahnspitze hervor. Durchschneidet man nun die Kaumuskeln und die Anheftungen der Pyramiden an die Speiseröhre, so kann man die Pyramiden voneinander trennen. Die beiden Hälften einer jeden der Pyramiden sind nun oben noch durch die Epiphyse verbunden, deren jede aus zwei Stücken besteht. Der Zahn selbst läßt sich aus der Pyramide nur unter Zerstörung derselben herausheben.

Liegt Sphaerechinus granularis vor, so ist zwar alles kleiner, aber klarer, so daß man schon von vornherein leichter einen Überblick über das Ganze gewinnen kann. Die Zahnwurzelblasen sind hier länger.

VIII. Wirbeltiere.

1. Leuciscus rutilus. Plötze.

I. Äußere Inspektion. Der Fisch ist etwa 30 cm lang, seitlich stark zusammengedrückt, mit gerundetem Bauch. Die Farbe ist am Rücken schwarz, an den Seiten silberglänzend und am Bauche weiß, während die Flossen rot bis braunrot sind. Über allen Teilen des Körpers liegt eine zarte, Schleim absondernde Oberhaut. Die Schuppen decken einander ziegelartig. An den Seiten des Körpers fallen die Schuppen der Seitenlinie besonders auf. Die paarigen Brustflossen und Bauchflossen entsprechen den Gliedmaßen der übrigen Wirbeltiere. Außerdem finden wir eine unpaare, ziemlich hohe, aber weichstrahlige Rückenflosse, eine unmittelbar hinter dem After stehende Afterflosse und die ziemlich tief ausgeschnittene Schwanzflosse. Klappen wir die Kiemendeckel auf, so sehen wir die beim lebenden Tiere lebhaft rot gefärbten Kiemen. Die Mundöffnung liegt endständig. Über derselben finden wir die paarigen, blinden Nasengruben. Ein äußeres Gehörorgan fehlt. Die Augen können durch (sechs) Muskeln etwas bewegt werden. Die durchsichtige äußere Körperhaut überzieht den Augapfel, dessen flache Cornea (Hornhaut) die Augen nur wenig über die Körperoberfläche hervorragen läßt. Die Iris (Regenbogenhaut) ist bei unserer Art oft lebhaft rot gefärbt.

Vorbereitung der Sektion s. Handbuch S. 364.

II. Sektion. Wir führen zuerst einen ventralen Längsschnitt zur Eröffnung der Leibeshöhle. Die Schuppen reichen nicht ganz an den After heran, sondern lassen ein kleines Afterfeld frei. An der vorderen Ecke dieses Feldes setzen wir die Schere ein und führen den Schnitt nach vorn bis unter die Brustflossen. Dann tragen wir die Muskeldecke einer Seite ab. Bei der Eröffnung der Leibeshöhle muß man

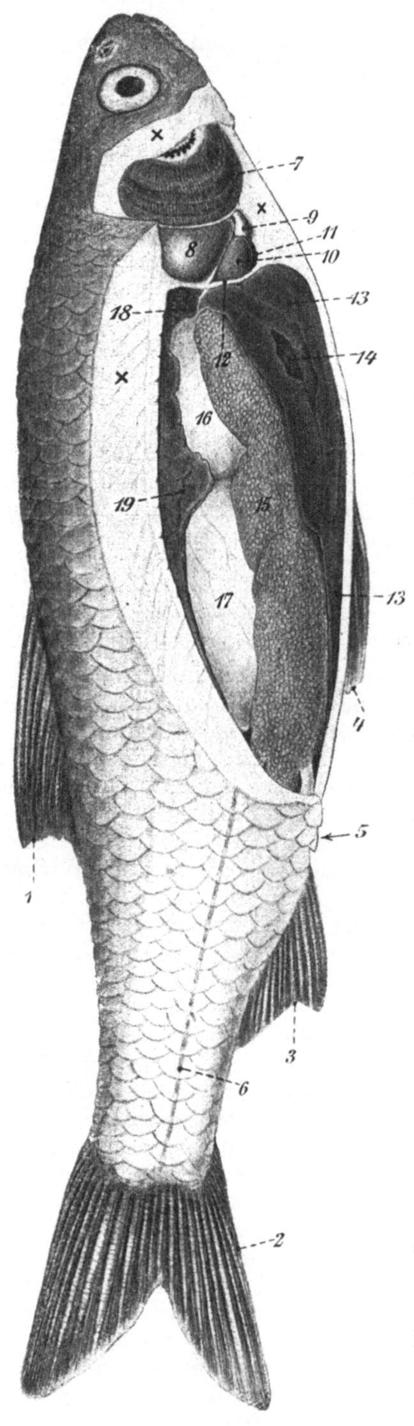

Fig. 99. Leuciscus rutilus. Situs von rechts. In der Mittellinie eröffnet, rechte Leibeswand entfernt. × Schnittflächen.

1. Rückenflosse. — 2. Schwanzflosse. — 3. Afterflosse. — 4. linke Bauchflosse. — 5. Lage der Afteröffnung, Geschlechtsöffnung und Harnleiteröffnung. — 6. Seitenlinie. — 7. Kiemen. — 8. Schlundkopf. — 9. Bulbus arteriosus. — 10. Herzkammer. — 11. Vorkammer. — 12. Vordere Abteilung der Schwimmblase. — 13. Leber. — 14. Gallenblase. — 15. Ovarium. — 16. vordere Abteilung der Schwimmblase. — 17. hintere Abteilung der Schwimmblase. — 18. Kopfniere. — 19. Niere.

vorsichtig alle häutigen Scheidewände (Diaphragmen) durchschneiden, die einzelne Teile derselben trennen, wie z. B. die Leibeshöhle von der Herzhöhle und diese wieder von der Kiemenhöhle. Kann man dann die seitliche Leibeswand anheben, so durchtrennt man die Diaphragmen und trägt zunächst den zwischen After und Brustflossen gelegenen Teil der Leibeswand bis an die Wirbelsäule ab. In der Rückengegend muß man vorsichtig sein, um die Niere zu schonen. Man löse dieselbe etwas von der Rückenwand ab, so daß sie mit dem Situs in Zusammenhang bleibt. Dann trage man für sich den Teil der Seitenwand, welcher die Brustflosse trägt, bis an den Kiemenrand ab. Man verfahre jedoch sehr schonend wegen des darunter gelegenen Schlundkopfes und wegen des Herzens. Auch der Kiemendeckel wird abgeschnitten. Wir erhalten durch diese Präparation die Ansicht der Fig. 99.

Von den Eingeweiden fällt uns die Leber auf, durch die wir stellenweise den Darm hervorblicken sehen. Die mächtige Gonade (hier der Rogen des Weibchens) nimmt den größten Raum in der Leibeshöhle ein. Die Schwimmblase besteht aus zwei Teilen. Am meisten dorsal liegt die Niere, deren vorderer Abschnitt als Kopfniere bezeichnet wird.

Wir klappen nun die Gonade auf der anpräparierten Seite ventralwärts heraus, um die Ausführungsgänge des Urogenitalapparates (der Harn- und Geschlechtsorgane) aufzusuchen. Der Darm mündet auf einer deutlich sichtbaren Afterpapille. Blasen wir mit einem kleinen Gummigebläse von hinten gegen die Afterpapille, so entdecken wir dort noch eine zweite Öffnung, die Urogenitalöffnung. Führen wir die Spitze der Kanüle in diese ein und blasen vorsichtig, so füllen sich die Harnblase und die Endteile der Harnleiter mit Luft. Die beiden Harnleiter vereinigen sich kurz vor ihrem Eintritt in die Harnblase. Der Ausführungsgang der Geschlechtsorgane mündet hinter dem Darm in die Vorderwand des Harnblasenhalses. Beim Weib-

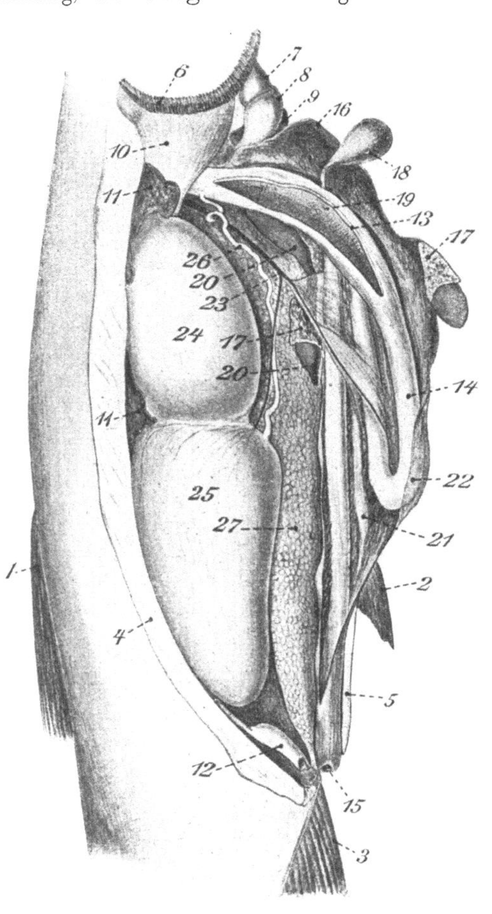

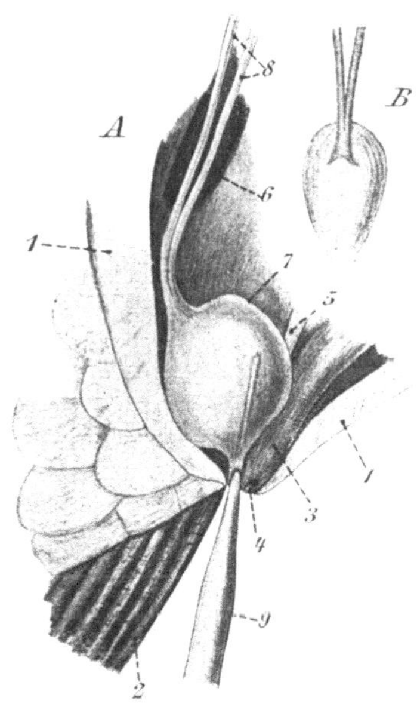

Fig. 100. Leuciscus rutilus. A Harnblase und Harnleiter von der Urogenitalöffnung her mit Luft gefüllt. B Harnblase und Einmündung der Harnleiter im natürlichen Zustande (Dorsal-Ansicht).

1. Schnittfläche. — 2. Afterflosse. — 3. Enddarm. — 4. Afteröffnung. — 5. Eileiter. — 6. Niere. — 7. Harnblase. — 8. Harnleiter. — 9. Kanüle (innerhalb der Harnblase durchscheinend).

Fig. 101. Leuciscus rutilus. Situs von rechts. Rechtes Ovarium entfernt, Leber in der Mittelebene durch schnitten (Schnittfläche 17) und rechte Hälfte mit dem Darme herausgeklappt, Magen eröffnet.

1. Rückenflosse. — 2. linke Bauchflosse. — 3. Afterflosse. — 4. dorsale Schnittfläche in der Leibeswandung. — 5. ventrale Schnittfläche in der Medianlinie der Bauchwand. — 6. Kiemen. — 7. Bulbus arteriosus. — 8. Herzkammer. — 9. Vorkammer. – 10. Schlundkopf. – 11. Niere. – 12. Harnblase. – 13. Schnittfläche der Magenwandung. – 14. Darm. — 15. After. — 16. Leber. — 17. Schnittfläche der Leber. — 18. Gallenblase. — 19. Mündung des Gallenganges in den Magen. — 20. Pankreas. — 21. Fettgewebe. — 22. Bindegewebige Hüllen. – 23. Darmarterie. – 24., 25. Abteilungen der Schwimmblase. — 26. Luftgang. — 27. linkes Ovarium.

chen entsteht dieser Ausführungsgang durch Vereinigung der beiden, etwas kanalförmig ausgezogenen Enden der Ovarien. Die weißlichen Hoden („Milch") des Männchens entsprechen nach Lage und Größe den Ovarien (Rogen). Die Vasa deferentia verhalten sich wie die Oviducte.

Wir entfernen nun die Gonade der anpräparierten Seite und spalten die bindegewebige Umhüllung des Darmkanales. In der Darmschlinge findet sich häufig eine größere Menge Fett eingelagert. Wir sehen die Speiseröhre aus dem Schlundkopf (Fig. 101) herauskommen und eine schwache Erweiterung, den Magen, bilden. Ungefähr in der Mitte der Leibeshöhle biegt der Darm wieder nach vorn um, zieht bis in die Gegend des Schlundkopfes und wendet sich dann geradlinig nach hinten zum After. Die Leber besteht aus mehreren Lappen, deren Innenfläche sich genau an die Oberfläche der Darmwindungen anschmiegt. Die Gallenblase liegt im vorderen Teile der Leber. Die bräunlich rote Milz liegt dem Magen nahe im Bindegewebe eingeschlossen. Die Schwimmblase besitzt hier einen Ausführungsgang. Dieser entspringt aus der hinteren der beiden Blasen, zieht in schwach geschlängeltem Verlaufe nach vorn und mündet in die Rückenseite der Speiseröhre. Nun wird auch die Schwimmblase herausgenommen, so daß die langgestreckten, braunroten Nieren frei liegen. Man sieht die Harnleiter längs der ganzen Nieren nach hinten ziehen.

Das Herz liegt mit seiner Vorkammer und dem kegelförmigen Anfangsteil der Schlagader (Bulbus arteriosus) in einem Herzbeutel eingeschlossen, den man vorsichtig abzutragen hat. Die meist rot gefärbte, stark muskulöse Herzkammer liegt in der ventralen Mittellinie, davor der meist bedeutend hellere Arterienbulbus. Die dünnwandige Vorkammer ist größer als die Herzkammer und bedeckt diese sowie den Grundteil des Arterienbulbus von der Rückenseite. Bei Rückenlage des Fisches liegt die Vorkammer also unter der Herzkammer. Dorsal von der Vorkammer, jedoch außerhalb des Herzbeutels liegt ein sogen. Venensinus, in den die Körpervenen münden. Das Herz der Fische führt also nur venöses Blut. Der Arterienbulbus setzt sich in den Kiemenarterienstamm fort, der an die Kiemenbögen Kiemenarterien abgibt und in der Höhe des vordersten Kiemenbogens eine einfache Gabelung erfährt.

Zum Schluß präparieren wir den Schlundkopf soweit frei, daß wir ihn herauslösen können. Zu diesem Zwecke müssen wir noch die Gaumendecke durchtrennen. Den ausgelösten Schlundkopf spaltet man in der ventralen Mittellinie mit dem Messer, biegt den Schnitt ausein-

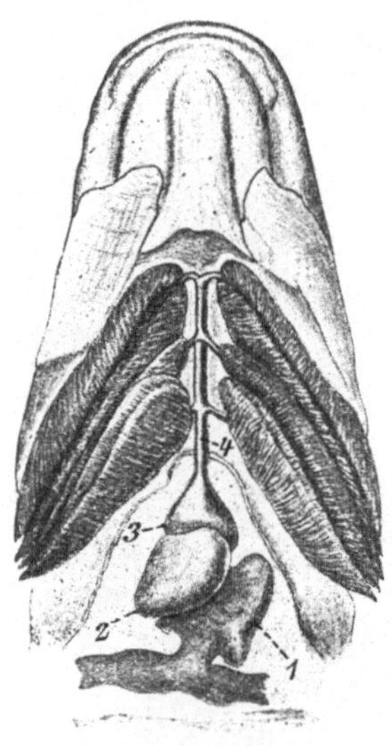

Fig. 102.   Leuciscus rutilus.
Ansicht des Herzens von der
Ventralseite.

1. Vorkammer. — 2. Herzkammer.
— 3. Bulbus arteriosus. — 4. Aorta.

ander und erblickt dann die Schlundzähne. Die Rückendecke des Schlundkopfes bildet ein festes Mittelstück; seitwärts liegen die Leisten, welche die Schlundzähne tragen. Diese Leisten (untere Schlundknochen) sind ein fünftes Kiemenbogenpaar, welches keine Kiemen trägt. Die Form und Zahl der Schlundzähne ist für die Systematik von Wichtigkeit. Wir legen die Schlundknochen auf einige Zeit in Kalilauge und können sie dann mit der Pinzette bequem von den Weichteilen säubern.

Wir suchen noch die reusenartig ausgebildeten inneren Kiemenspalten im Rachen auf und stellen mit der Pinzette den Durchgang zu den Kiemen fest. Das Atmungswasser tritt also vom Munde aus durch die Reuse an die Kiemen heran und verläßt dieselben durch die äußere Kiemenöffnung. Das Zungenrudiment ist auf dem Grunde der Mundhöhle aufzusuchen. Es vermittelt keine Geschmacksempfindung.

III. Mikroskopische Präparate. a) Schuppenpräparate. Wir entnehmen der präparierten Plötze eine Anzahl von Schuppen, darunter auch solche aus der Seitenlinie, legen sie auf einige Zeit in absoluten Alkohol, darauf in Xylol und montieren sie als Balsampräparate. Wir können auf jeder Schuppe ein System konzentrischer Linien wahrnehmen (Wachstumslinien), sowie eine Anzahl vom Zentrum des Systems entspringender Radien. Der freie Rand der Schuppen der Plötze ist glatt (Cycloidschuppen). Zum Vergleiche stelle man auch ein Schuppenpräparat vom Barsch her. Hier ist der freie Hinterrand der Schuppe gezähnelt (Ctenoidschuppe).

Die Schuppen der Seitenlinie zeigen auf der Unterseite eine kleine Röhre, die sich am hinteren Rande der Schuppe nach außen öffnet. Die einzelnen Röhren führen in den Seitenkanal. Die Fische nehmen mit den Seitenorganen selbst ganz geringfügige Bewegungen des Wassers wahr.

b) Ein sehr lohnendes Objekt ist auch die Haut junger Fische, besonders kleiner Flundern. Von etwa 10 cm langen Exemplaren, die längere Zeit in Alkohol gelegen haben, läßt sich die Haut sehr leicht abziehen. Sie wird in Xylol aufgehellt und in Kanadabalsam eingeschlossen. Bei Einstellung auf eine tiefere Schicht sieht man die konzentrische Streifung der kleinen, in der Haut liegenden Schuppen, bei Einstellung auf die oberflächliche Schicht wunderschöne, sternförmige Pigmentzellen.

Auch die Kiemenbogen dieser Fische lassen sich einzeln herauslösen, nach gründlicher Entwässerung in Xylol aufhellen und als Balsampräparate herrichten. Man erkennt die Fiederstruktur der einzelnen Kiemenblättchen und die durch Selbstinjektion gefüllten und daher dunkel erscheinenden, zu- und abführenden Kiemengefäße innerhalb derselben.

c) Kleine, 1—1½ cm lange Fischchen irgendeiner Art ergeben nach dem Aufhellen gute Totalpräparate, an denen man die ganze innere Organisation übersehen kann, und die an einzelnen Stellen, z. B. Gehirn und Zentralnervensystem, selbst eine stärkere Vergrößerung aushalten.

2. Frosch.

Als Material wählen wir möglichst große Exemplare der überall häufigen Arten Rana esculenta oder Rana temporaria.

I. Äußere Inspektion. Man achte auf die stets feuchte, kalte Haut, die dem Körper an den meisten Stellen nur lose anliegt. Am Kopfe bemerken wir die vorstehenden Augen mit einem oberen Augenlid, welches am Augapfel festgewachsen ist und seinen Bewegungen folgt, und mit einer durchscheinenden Nickhaut, welche die Stelle des unteren Augenlides einnimmt. Hinter den Augen liegt jederseits das runde Trommelfell und ventral davon beim Männchen eine Haut-

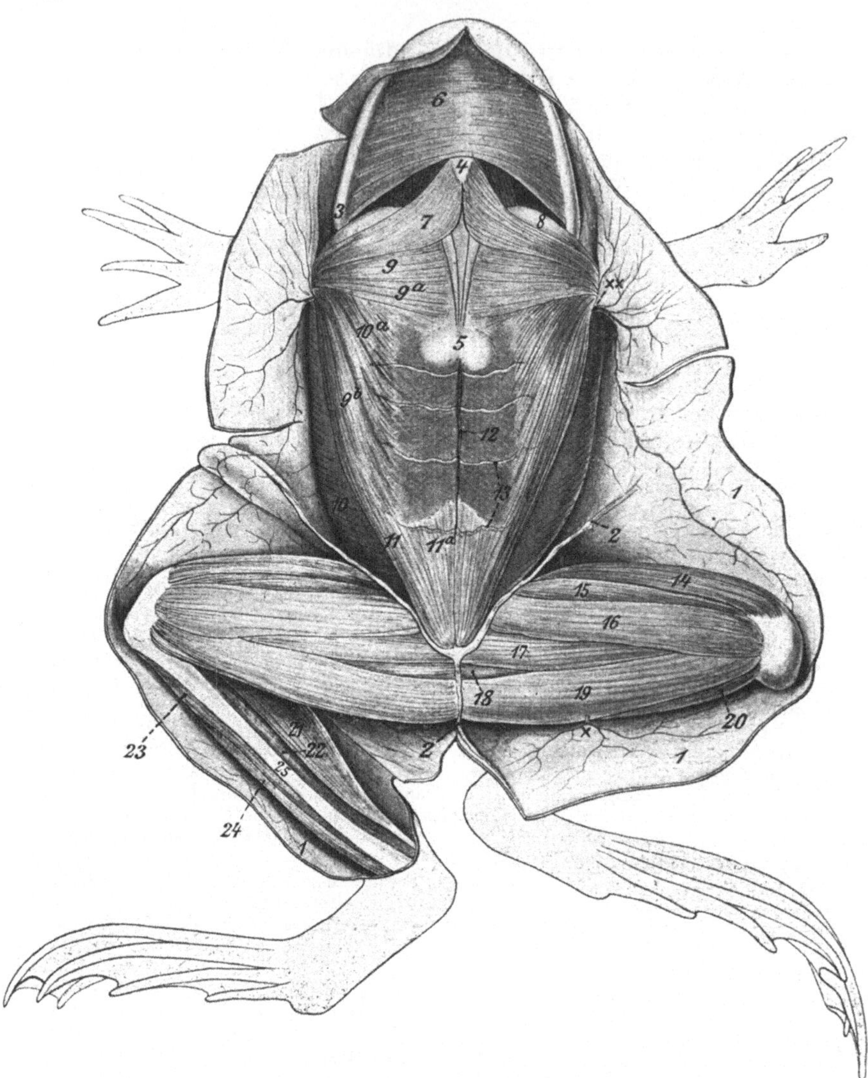

Fig. 103. **Rana esculenta.** [Muskulatur der Bauchseite. Haut abpräpariert und zur Seite geklappt. Auch die Trennungswände zwischen dem **Bauchlymphsack** und den Seitensäcken sind durchschnitten, wobei die Vena cutanea magna jeder Seite angeschnitten wurde und sich entleerte. Diese Venen sind daher nicht dargestellt. Bei ×× treten sie durch die Bauchwand. Bei × Durchtritt einer **kleinen Hautvene.**

1. Innenfläche der Haut mit Blutgefäßen (angedeutet). — 2. Scheidewände von Lymphsäcken. — 3. Unterkiefer. — 4. Basis des Episternums (durchscheinend). — 5. Schwertfortsatz des Brustbeins (durchscheinend). — 6. Musculus submaxillaris. — 7. Musculus sterno-radialis. — 8. Musculus deltoideus. — 9., 9a., 9b. Teile des Musculus pectoralis. — 10., 10a. Teile des Musculus abdominalis obliquus. — 11., 11a. Teile des Musculus abdominalis rectus. — 12. Vena abdominalis. — 13. Inscriptiones tendineae. — 14. Musculus latus internus. — 15. Musculus adductor longus. — 16. Musculus sartorius. — 17. Musculus adductor grandis. — 18. Musculus adductor brevis. — 19. Musculus grandis internus. — 20. Musculus rectus internus minor. — 21. Musculus gastrocnemius. — 22. Musculus tibialis posterior. — 23. Musculus extensor femoris. — 24. Musculus tibialis anterior. — 25. Unterschenkelbein (Tibia — Schienbein — und Fibula — Wadenbein — verschmolzen).

falte, aus der beim Quaken die Schallblasen vorgestülpt werden. Die
Nasenöffnungen sehen wir an der Schnauzenspitze. Die Kloakenöffnung liegt stark dorsal unmittelbar hinter dem Ende des Steißbeines. Zu beiden Seiten des Steißbeinendes sieht man beim lebenden
Tiere eine schwache Pulsation.
Diese rührt von der Bewegung zweier
Lymphherzen her. Die Zehen der
Füße sind nagellos; es sind vorn vier
und hinten fünf vorhanden. Die
Zehen der Hinterfüße sind durch
Schwimmhäute verbunden. Die
Männchen besitzen an den Vorderfüßen Daumenschwielen, die bei
der Begattung als Reizorgan dienen.

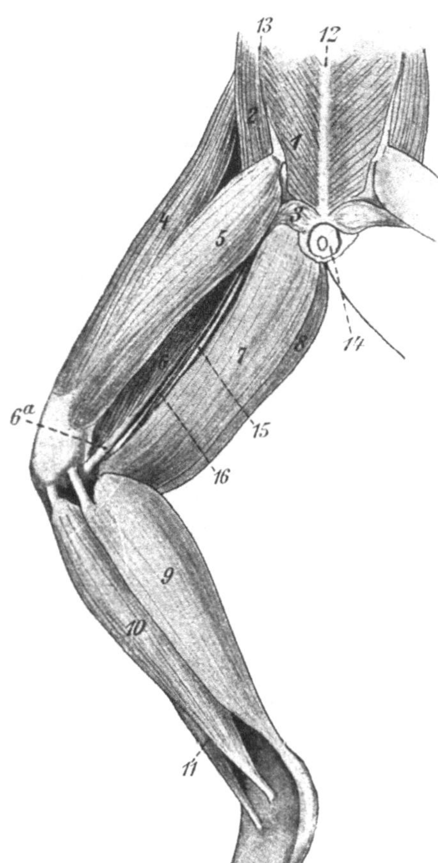

Fig. 104. Rana esculenta. Muskulatur des
linken Beines. Dorsalseite.

1. Musculus coccygeo-iliacus. — 2. Musculus glutaeus.
— 3. Musculus pyriformis. — 4. Musculus rectus
anterior. — 5. Musculus vastus externus. — 4. und
5. Teile des Musculus triceps. — 6. Musculus biceps
(6a. Sehne). — 7. Musculus semimembranosus. —
8. Musculus rectus internus minor. — 9. Musculus
gastrocnemius. — 10. Musculus peronaeus. — 11. Musculus tibialis anterior. — 12. Os coccygis (Steißbein).
— 13. Darmbein. — 14. Rest der Haut mit der Afteröffnung. — 15. Nervus ischiadicus. — 16. Vena
ischiadica.

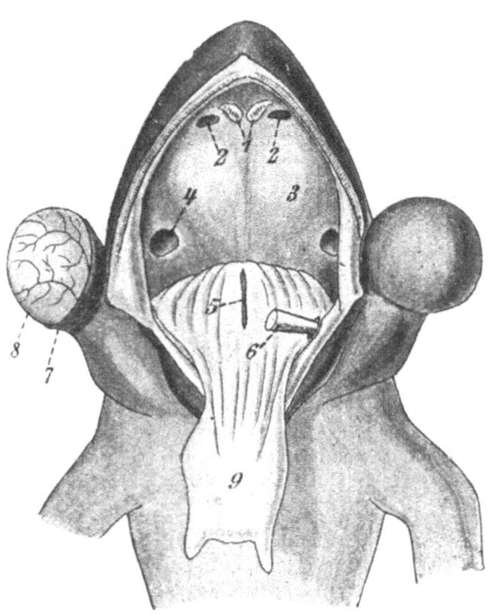

Fig. 105. Rana esculenta var. ridibunda ♂.
Darstellung der Schallblasen; in dem Eingang zur linken Schallblase ist die Kanüle
(6) des Gebläses angedeutet. Im übrigen
s. Text.

1. Gaumenzähne. — 2. Choanen. — 3. Lage des
Augapfels. — 4. Öffnungen der Eustachischen Röhren. — 5. Kehlkopfspalte. — 6. Kanüle.
— 7. Körperhaut. — 8. Ausstülpung der Mundschleimhaut. — 9. Zunge, herausgeklappt.

II. Makroskopische Präparation. a) Lymphsäcke und Muskeln.

Wie schon bemerkt wurde, ist die Haut des Frosches zum größten
Teile nicht an der Muskulatur angewachsen. Sie ist nur längs be-

stimmter Linien daran befestigt, so daß große Hohlräume, die Lymphsäcke, gebildet werden, welche stets mit Lymphe gefüllt sind. Hier-
durch wird die Haut feucht gehalten (Hautatmung!). Die Präparation
dieser Lymphsäcke erfolgt in der Weise, daß man die Haut mit der
Pinzette faßt, wo sie lose ist, anhebt und einen kleinen Einschnitt
macht. Dann führt man die stumpfe Schere ein und tastet mit geschlossenen Branchen, bis man an eine Grenze kommt.

Für die Ausführung der weiteren Präparation, die im Wachsbecken
unter Wasser erfolgt, kann Fig. 103 als Muster dienen. Die seitwärts

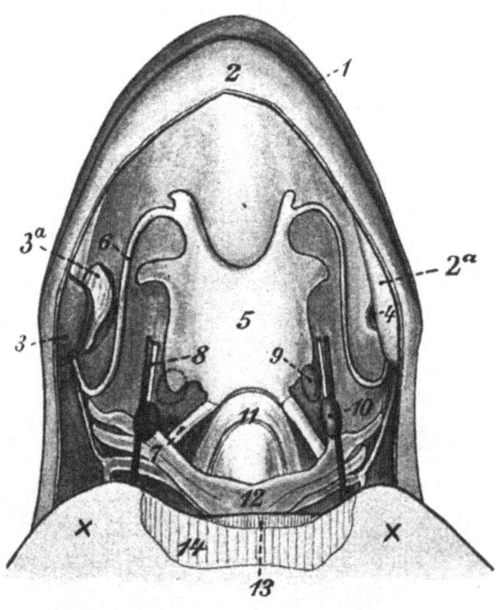

Fig. 106. Rana esculenta var. ridibunda ♂.
Ansicht des Zungenbeins. Haut und oberflächliche Muskulatur der Kehlseite mit
einem Teil des Brustbeins abpräpariert.

1. Mundspalte. — 2. Rest der Haut. — 2 a. Unterkiefer. — 3. Schallblase (Einstülpung der
Körperhaut). — 3 a. Schallblase (Einstülpung der
Mundschleimhaut). — 4. Eingang zur Schallblase (diese abgetrennt). — 5. Zungenbeinkörper. — 6. Vordere, 7. hintere Zungenbeinfort-
sätze. — 8. Vena und Arteria lingualis. — 9.
Thymus (die rechte punktiert angedeutet). — 10.
Glandula thyreoidea (Schilddrüse). — 11. Kehlkopf (Ringknorpel). — 12. Arterienstämme (noch
vom Herzbeutel umschlossen). — 13. Schnittfläche des Brustbeins. — 14. Durchschnittene
Muskeln. — × Lage des Schultergelenkes.

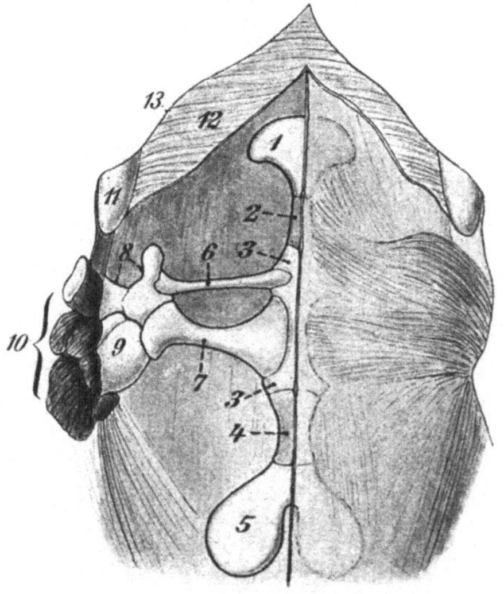

Fig. 107. Rana esculenta var. ridibunda. Rechte Seite des Brustbeins freipräpariert.

1. Handgriff des Episternums. — 2.
Corpus des Episternums. — 3. Knorpelige Sternalplatte. — 4. Brustbeinkörper.
— 5. Processus xiphoideus. — 6. Schlüsselbein. — 7. Rabenschnabelbein. — 8.
Schulterblatt. — 9. Oberarmbein. — 10.
Reste von abpräparierten Muskeln. —
11. Unterkiefer. — 12. Reste des Musculus submaxillaris. — 13. Rand der
Haut.

geschlagenen Hautlappen werden mit Nadeln festgesteckt. Die so
sichtbar gewordenen Muskeln der Bauchseite können unter Benutzung
der Figurenerklärung festgestellt werden, ebenso die Muskeln der Oberseite des Beines, wie Fig. 104 sie zeigt.

b) Die Mundhöhle. Man klappt den Unterkiefer herunter und
zieht die vorn angewachsene, am freien Rande ausgeschnittene Zunge
heraus. Der Rand des Oberkiefers ist mit angewachsenen Zähnen
bedeckt. Auch auf dem Vorsprunge des Pflugscharbeines (Vomer)
liegt rechts und links eine kleine Gruppe von Zähnen. Wir bemerken

die Choanen (innere Nasenöffnungen), erkennen die Lage der Augäpfel und die weiten Öffnungen der Eustachischen Röhren (innere Ohröffnungen). Hinter der Zunge sieht man die längliche Kehlspalte und zu beiden Seiten derselben unter dem Unterkieferrand den Eingang in die Schallblasen.

Wir führen die Glaskanüle eines Gummigebläses in die Öffnung einer Schallblase ein (Fig. 105 : 6) und füllen dieselbe mit Luft. Die Schallblase ist von der Körperhaut bedeckt. Man durchtrennt die letztere ganz vorsichtig im aufgeblasenen Zustande durch einen sehr flachen Skalpellschnitt; dann erscheint darunter eine ebenso geformte, zarte Schleimhautblase (Fig. 105 : 8). Die Schallblase ist also eine Ausstülpung der Mundschleimhaut, welche in eine Erweiterung der Körperhaut hineinpaßt.

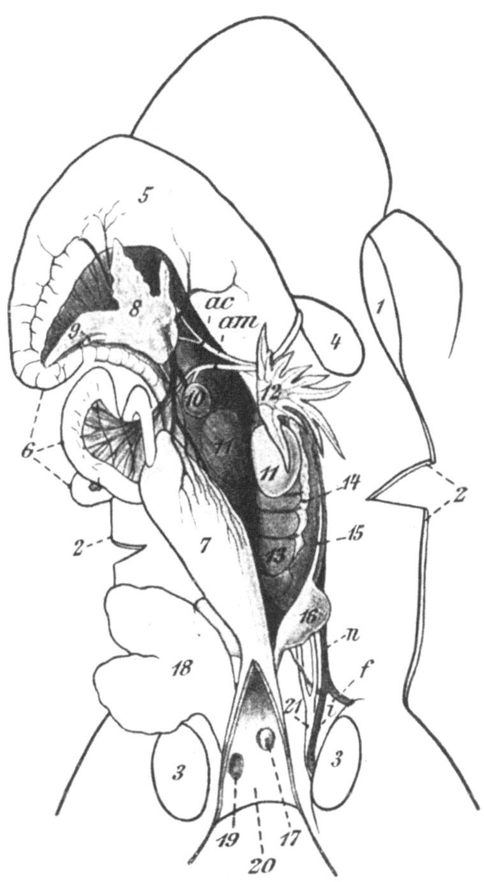

Fig. 108. Rana temporaria ♂. Situs. Leber und Magen nach vorn, Darm nach links umgeklappt. Schambeinsymphyse durchschnitten, Kloake ventralwärts gespalten.
1. Schnittfläche des Brustbeins. — 2. Schnittfläche der Bauchwand. — 3. Schnittfläche der Schambeinfuge. — 4. linke Lunge. — 5. Magen. — 6. Windungen des Darmes. — 7. Enddarm. — 8. Pankreas. — 9. Mündung des Gallenganges. — 10. Milz. — 11. Hoden (der rechte durchscheinend). — 12. Fettkörper. — 13. Niere. — 14. Nebenniere. — 15. Harn-Samenleiter. — 16. sog. Vesicula seminalis. — 17. Mündungspapille der Harn-Samenleiter. — 18. Harnblase. — 19. Mündung der Harnblase in die Kloake. — 20. Dorsalwand der Kloake. — 21. Nervus ischiadicus. — f Vena femoralis. — i Vena ischiadica. — n zuführende Nierenvene. — ac Arteria coeliaca. — am Arteria mesenterica.

Der Raum zwischen beiden Häuten gehört dem Kehllymphsack an. Durchtrennt man auch die feine Schleimhaut, so zeigt uns die durchtretende Spitze der Kanüle die Öffnung unter dem Unterkiefer.

c) Brustbein, Schultergürtel und Zungenbein. Wir präparieren jetzt die Muskulatur des Halses und des Schultergürtels möglichst vorsichtig und vollständig ab. Das Zungenbein ist eine breite Platte, welche vorn weit ausgebuchtet ist und zwei Paar Fortsätze trägt, ein vorderes und ein hinteres Paar.

Am **Brustbein** (Fig. 107) suchen wir die knorpelige Brustbeinplatte auf, von der die Schlüsselbeine und die Rabenschnabelbeine
ausgehen. An der Brustbeinplatte sitzt vorn das **Episternum**, be-
stehend aus einem knöchernen Körper und dem knorpeligen Handgriff,
hinten das **Sternum**, das ebenfalls einen knöchernen Körper und einen
knorpeligen Fortsatz (Schwertfortsatz, Processus xiphoideus) unterscheiden läßt.

d) **Situs.** Hat man nur eine einfache Situspräparation vor, die
auf feinere Einzelheiten des Gefäßsystems verzichtet, so erfolgt die
Öffnung der Leibes-
höhle durch einen
einfachen Median-
schnitt durch die
Bauchdecke, der an
der Schambeinfuge
beginnt und, das
Brustbein spaltend,
bis zum Unterkiefer-
winkel nach vorn ge-
führt wird. Auf Blu-
tungen, die sich bei
dieser Präparation

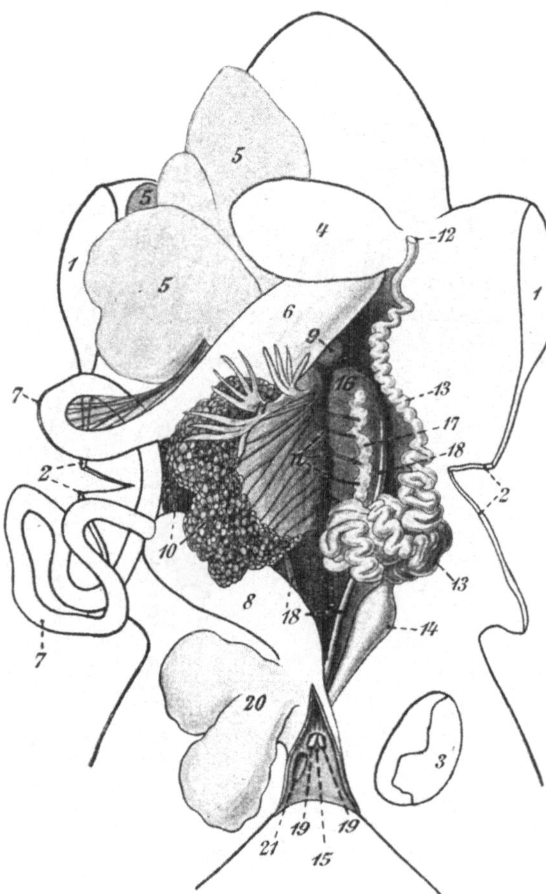

Fig. 109. Rana escu-
lenta var. ridibunda ♀.
Situs, Leber nach oben.
Darm und Ovarien nach
links umgeklappt.
Schambeinfuge durch-
schnitten, Kloake ven-
tralwärts gespalten.
1. Schnittfläche des Brustbeins. — 2. Schnittfläche
der Bauchwand. — 3.
Schnittfläche der Scham-
beinfuge. — 4. linke Lunge.
— 5. Leber. — 6. Magen.
— 7. Darmschlingen. —
8. Enddarm. - 9. Milz. —
10. Eierstock. — 11. Fettkörper. — 12. Tuba des
Eileiters. — 13. Eileiter.
— 14. Uterus. — 15. Ge-
meinsame Mündung der
Uteri in die Kloake. —
16. Niere. — 17. Neben-
niere. — 18. Harnleiter.
— 19. Mündungen der
Harnleiter in die Kloake.
— 20. Harnblase. — 21.
Mündung der Harnblase
in die Kloake. — n aus-
führende Nierenvenen.

nicht vermeiden lassen, achte man nicht weiter. Die Bauchwand wird
dann zur Seite präpariert und mit Nadeln befestigt, der durchtrennte
Schultergürtel auseinander gebogen und ebenfalls festgesteckt. Nun
wird noch der Herzbeutel geöffnet, und seine Reste werden so gut wie
möglich abgetragen.

Jetzt führen wir die Glaskanüle des Gummigebläses durch die Kehlspalte ein, jedoch nur sehr wenig, da eine eigentliche Luftröhre fehlt. Die beiden häutigen, traubenförmigen Lungensäcke lassen sich sehr schön aufblasen. Sieht man trübe, undurchsichtige Stellen an der Innenfläche der aufgeblasenen Organe, so hat man es mit Parasiten zu tun. Meist beherbergt die Lunge Rhabdonema nigrovenosum, einen mehrere Millimeter langen Rundwurm, den man gelegentlich verarbeiten kann. Auch ein Saugwurm (Distomum cylindraceum) kommt vor.

Wir ziehen nun die beiden Lungensäcke nach hinten und außen und heften sie durch Nadeln fest. Die sehr große Leber besteht im wesentlichen aus drei Lappen, einem sehr großen rechten und zwei kleineren linken. Die Lappen sind durch Brücken aus Lebersubstanz verbunden. Klappen wir jetzt die beiden kleineren Lappen hoch, so finden wir auf der linken Seite des Tieres den langgestreckten Magen, der in den vielfach gewundenen, in einem gefäßreichen Mesenterium aufgehängten Darm übergeht und einen deutlich abgesetzten, gurken-förmigen Enddarm (Rectum) bildet. Zur genaueren Untersuchung der Verdauungsorgane klappen wir die Leber und den Magen nach vorn und den Darmkanal nach der linken Seite des Präparationsfeldes um und erhalten so die Ansicht der Fig. 108. Die Gallenblase liegt an der die rechte und linke Leberhälfte verbindenden Brücke. Die Bauch-speicheldrüse finden wir in der Duodenalschlinge, und die dunkel-rote, kugelrunde Milz, liegt dem Magen dicht an. Der Gallenblasengang (Ductus cysticus) vereinigt sich mit dem Lebergang (Ductus hepaticus) zu einem Gallengang (Ductus choledochus), der mit dem Ausführungs-gang der Bauchspeicheldrüse (Ductus pancreaticus) zusammen in den Anfangsteil des Zwölffingerdarms mündet.

Zur Untersuchung des Urogenitalsystems spalten wir durch einen Skalpellschnitt die Schambeinverbindung und biegen die Schnittflächen auseinander. Die zweizipfelige Harnblase läßt sich mit dem Gummi-gebläse von der Kloake aus leicht aufblasen. In der Harnblase findet sich häufig ein Saugwurm: Polystomum integerrimum. Zunächst mögen die Verhältnisse beim Männchen betrachtet werden. Die dunkelroten, mehrlappigen, plattgedrückten Nieren werden vom Bauchfell bedeckt. Unmittelbar vor und über ihnen sieht man die lebhaft gelb gefärbten und fingerartig geschlitzten Fettkörper. Zieht man das Bauchfell herunter, so bemerkt man die ihnen aufliegenden goldgelben, kleinen Nebennieren. Die Hoden liegen als gelbliche, bohnenförmige Körper dem Kopfende der Nieren auf. Die ausführenden Samengänge treten in die Nieren ein. Ein gemeinschaftlicher Harnsamenleiter verläßt dieses Organ und bildet vor seinem Eintritt in die Kloake eine Erweiterung, die Vesicula seminalis, die sich aber nur bei Rana temporaria gut nachweisen läßt. Spalten wir die Bauchwand der Kloake, doch so, daß der Blasenhals erhalten bleibt, so sind die Öffnungen des Blasen-halses und die Mündung der auf einer gemeinsamen Papille endenden Harnsamenleiter leicht zu finden.

Die allgemeine Technik bei der Präparation des Weibchens ist ganz wie beim Männchen. Die mächtig ausgebildeten Ovarien (Fig. 109) sind in einer Falte des Bauchfells aufgehängt. Wir schlagen wieder die Leber nach oben, den Verdauungskanal und das linke Ovarium des Tieres nach der linken Seite des Präparationsfeldes. Niere, Nebenniere und Fettkörper gleichen denen des Männchens. Der eng gewundene Eileiter beginnt unmittelbar unter dem hinteren Lungenrande mit einer zarthäutigen Tube und bildet am Ende eine als Uterus bezeichnete Erweiterung. Die Eröffnung der Kloake erfolgt wie beim Männchen. Die Harnleiter führen hier nur Harn und münden auf zwei unmittelbar nebeneinander liegenden Papillen getrennt in die Dorsalwand der Kloake. Unmittelbar darunter, d. h. zum Teil von den Papillen verdeckt, liegt die gemeinsame Öffnung der beiden Uteri.

Will man das Gefäßsystem der Leibeshöhle, namentlich das Nierenpfortadersystem, genauer untersuchen, so hat man schon bei der Öffnung der Bauchdecke eine andere Technik zu befolgen. Man legt einen Längsschnitt durch die Bauchdecke, der, am hinteren Ende beginnend, einige Millimeter rechts (vom Beschauer) neben der Mittellinie nach vorn läuft. Kurz vor dem Schwertfortsatz des Brustbeines biegt er zur Mitte um und spaltet das Brustbein median bis ans vordere Ende. Ein zweiter Schnitt fängt am Hinterende des Bauches einige Millimeter links von der Mittellinie an, läuft parallel zum ersten Schnitt nach vorn und mündet unmittelbar da, wo der erste Schnitt die Mittellinie erreicht, in diesen ein. An der Stelle, wo die beiden Schnitte sich vereinigen, biegt die große Bauchvene (Vena abdominalis), die bis hier-

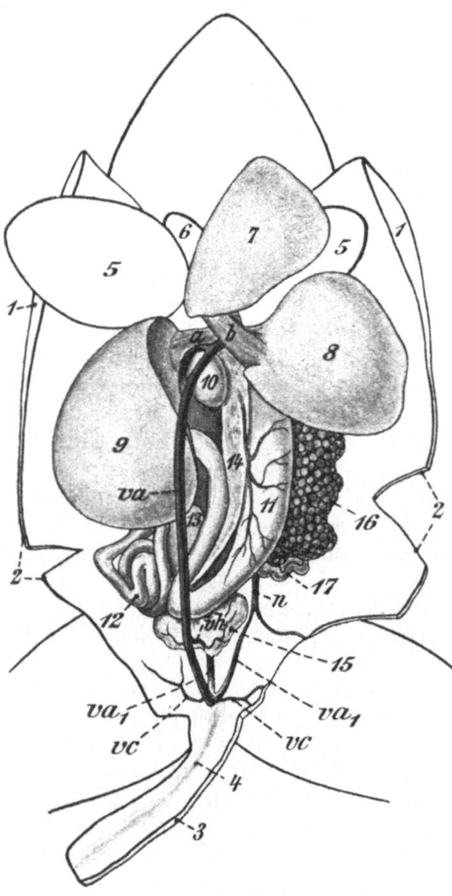

Fig. 110. Rana temporaria ♀. Situs mit Vena abdominalis. Herz nach vorn geklappt, Leberlappen auseinandergeschoben.

1. Schnittfläche des Brustbeins. — 2. Schnittfläche der Brustwand. — 3. Lappen der Bauchwand, von der Vena abdominalis abpräpariert und kaudalwärts geklappt. — 4. Rinnenförmige Vertiefung dieses Hautlappens, in welcher die Vena abdominalis eingebettet war. — 5. Lunge. — 6. Herzspitze. — 7., 8., 9. Leberlappen durch die Brücken a. und b. verbunden. — 10. Gallenblase. — 11. Magen. — 12. Darmschlingen. — 13. Enddarm. — 14. Pankreas. — 15. Harnblase. — 16. Ovarium. — 17. Eileiter. — n zuführende Nierenvene. — vh Harnblasenvene. — vc Venen der Bauchwand. — va Vena abdominalis. — va₁ Zweige der Vena abdominalis, die von der hier nicht gezeichneten Vena femoralis kommen (s. Fig. 111).

her an der Innenseite der Muskeldecke des Bauches entlangläuft, ins Körperinnere hinein. Man faßt nun den Zipfel, der beim Zusammenfließen der beiden Schnitte in der Bauchdecke gebildet wird, mit der Pinzette, und trennt ihn, indem man ihn langsam nach hinten zieht, vorsichtig von der Abdominalvene (siehe Fig. 110, 3).

Wir schneiden nun die Speiseröhre unmittelbar vor dem Magen durch, wozu das Herz etwas angehoben werden muß, ziehen den

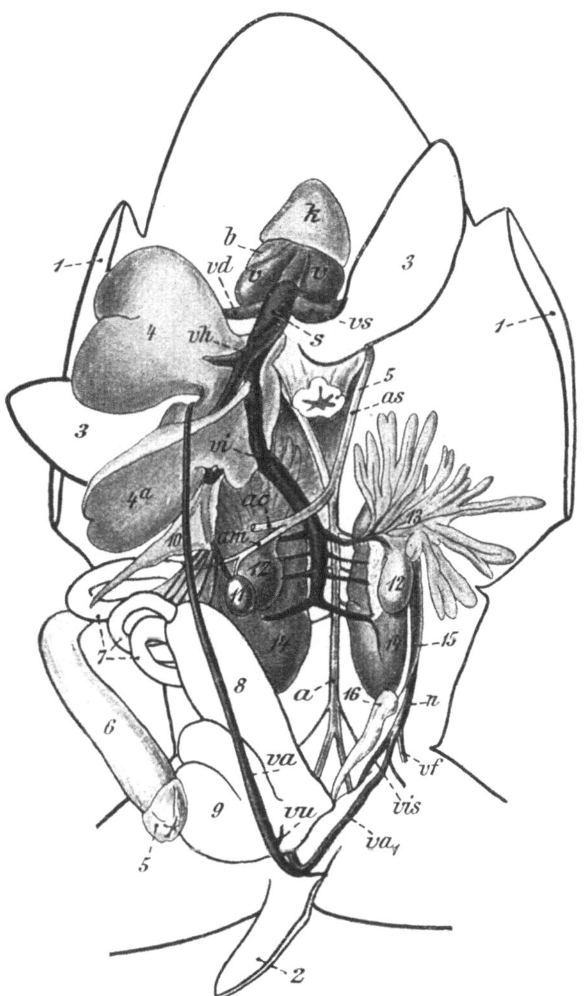

Fig. 111. Rana temporaria ♂. Venöse Gefäße der Leibeshöhle. Herz nach vorn, linker oberer Leberlappen (4) nach rechts geklappt, der untere unter der Vena abdominalis hindurchgeschoben und umgedreht, so daß seine Dorsalseite (4a) sichtbar ist; Schlund durchschnitten. (Näheres s. Text.)

1. Schnittfläche des Brustbeins. — 2. Lappen der Bauchwand s. Fig. 110. — 3. Lunge. — 4. und 4a. Leberlappen (7. bzw. 8. in Fig. 110). — 5. Schnittfläche des Schlundrohres. — 6. Magen. — 7. Darmschlingen. — 8. Enddarm. — 9. Harnblase. — 10. Pankreas. — 11. Gallenblase. — 12. Hoden. — 13. Fettkörper. — 14. Niere. — 15. Harnsamenleiter. — 16. sog. Vesicula seminalis. — k Herzkammer. — b Basalteil des Bulbus. — v Vorkammer. — vs und vd obere linke und rechte Hohlvene. — s Sinus venosus. — vh Vena hepatica sinistra. — vi Vena cava inferior. — vf Vena femoralis. — vis Vena ischiadica. — vu Harnblasenvene. — va Vena abdominalis. — va₁ Verbindungszweig von der Vena femoralis zur Vena abdominalis. — as Aorta sinistra. — ac Arteria coeliaca. — am Arteria mesenterica. — a Bauchaorta. — n zuführende Nierenvene.

ganzen Verdauungskanal unter der noch immer unversehrt zu erhaltenden Abdominalvene hindurch nach der linken Seite des Präparationsfeldes (Fig. 111) und legen den Magen nach unten um. Die ganze Leber wird ebenfalls nach links herübergelegt und der linke untere Leberlappen (des Tieres) unter der Abdominalvene nach der linken Seite des Beschauers hindurchgezogen und nach außen und oben geklappt. Dabei wird die Abdominalvene sehr gespannt. Beim Herumklappen des Magens muß man die Darmarterie (Arteria coeliaca, Fig. 111: ac) durchschneiden.

Beim Männchen, wo keine Eierstöcke das Bild stören, haben wir durch diese Präparation einen guten Überblick über das Nierenpfortadersystem erhalten. Aus jedem Oberschenkel kommt eine stärkere Vena femoralis (Fig. 111) und eine schwächere Vena ischiadica, die sich zu einer zuführenden Nierenvene vereinigen und je einen starken Zweig abgeben, der sich mit dem der anderen Seite zu der mächtigen Abdominalvene vereinigt.

Die zuführenden Nierenvenen oder Nierenpfortadern jeder Seite verzweigen sich in den Nieren, aus denen sich die abführenden Nieren-

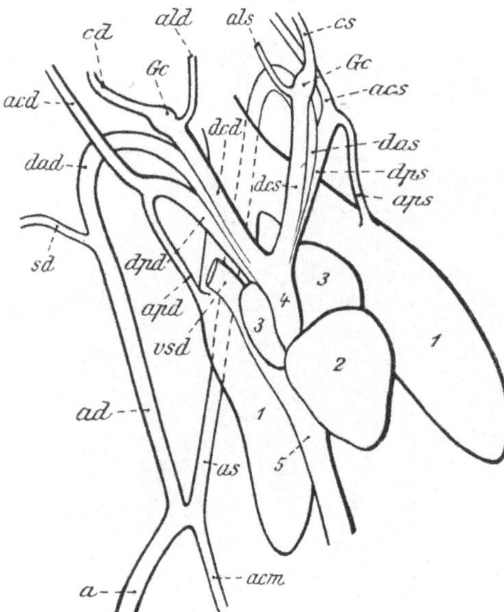

Fig. 112. Rana temporaria. Arterielle Gefäße von der Ventralseite. Herz, Lungen und Magen im Präparat nach rechts und oben gezogen.

1. Lunge. — 2. Herzkammer. — 3. Vorkammern. — 4. Bulbus arteriosus. — 5. Sinus venosus. — dcs Ductus caroticus sinister. — dcd Ductus caroticus dexter. — Gc Glandula carotidis. — cs Carotis sinistra. — cd Carotis dextra. — als Arteria hyoideolingualis sinistra. — ald Arteria hyoideo-lingualis dextra. — das Ductus aorticus sinister. — dad Ductus aorticus dexter. — sd Arteria subclavia dextra. — as Aorta sinistra. — ad Aorta dextra. — acm Arteria coeliaco-mesenterica. — a Aorta abdominalis. — dps Ductus pulmo-cutaneus sinister. — dpd Ductus pulmo-cutaneus dexter. — acs Arteria cutanea sinistra. — acd Arteria cutanea dextra. — aps Arteria pulmonalis sinistra. — apd Arteria pulmonalis dextra. — vsd Vena cava superior dextra.

venen zur großen Vena cava inferior vereinigen, die in den Venensinus mündet. Kurz vor der Bildung des Venensinus nimmt die Hohlvene die große Lebervene auf, deren Mündung gut sichtbar wird, wenn man das Herz hochklappt. Die große Abdominalvene verzweigt sich in der Leber. Sie nimmt in ihrem Anfangsteile noch Zuflüsse von der Bauchwand und von der Wandung der Harnblase auf.

Das Präparat können wir noch zur Aufsuchung der Hauptarterienstämme der Leibeshöhle benutzen. Die beiden Aortenbögen (Fig. 111) vereinigen sich zur gemeinsamen Aorta descendens. Von dem linken Aortenbogen entspringt kurz vor seiner Vereinigung mit dem der anderen Seite die Eingeweidearterie, die sich alsbald in Zweige gabelt.

Die Präparation des Herzens und der Blutgefäße der Brusthöhle nimmt man am besten an einem neuen Frosch vor. Man führt die Eröffnung der Leibeshöhle, um die hier besonders störenden Blutungen zu vermeiden, wieder unter Schonung der Abdominalvene nach der auf S. 102 gegebenen Technik aus, durchtrennt das Brustbein, befestigt Haut und Muskeldecke seitlich mit Nadeln und präpariert auf der ventralen Halsseite noch die Reste der von den Zungenbeinhörnern zum Brustbein ziehenden Muskeln ab. Durch das Auseinanderbiegen des Schultergürtels erscheinen die aus dem Herzen kommenden Gefäße stark gespannt.

Wir spalten den Herzbeutel, schieben ihn hoch und suchen seine Reste möglichst vollständig zu entfernen. Das Herz besteht aus einer Herzkammer und zwei Vorkammern. Aus der Kammer entspringt ein

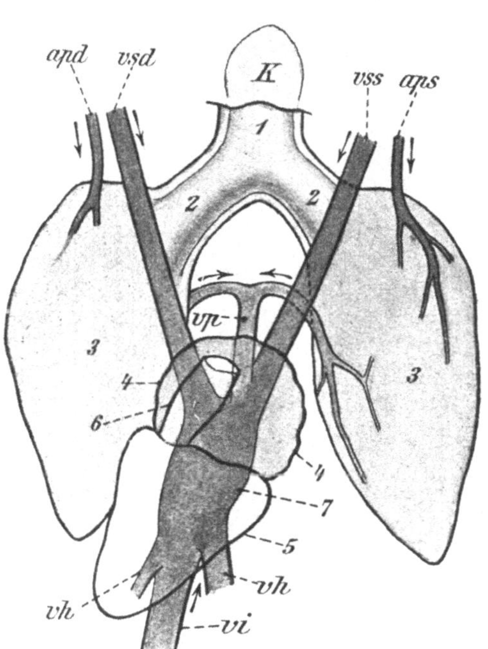

Fig. 113. Rana temporaria. Ansicht der Lunge und ihrer Hauptgefäße von der Ventralseite; Arterienstämme nach Durchtrennung des Bulbus arteriosus abgelöst. Herz nach hinten gezogen.

K. Lage des Kehlkopfes. — 1. Luftröhre. — 2. Bronchus. — 1., 2. mit Luft gefüllt, deren Vorhandensein durch totale Reflexion bemerkbar wird. — 3. Lunge. — 4. Vorkammern. — 5. Herzkammer. — 6. Rest des Bulbus arteriosus. — 7. Sinus venosus. — vss Linke obere Hohlvene (Vena cava superior sinistra). — vsd Rechte obere Hohlvene (Vena cava superior dextra). — vh Lebervene (Vena hepatica). — vi Untere Hohlvene (Vena cava inferior). — aps Linke Lungenarterie (Arteria pulmonalis sinistra). — apd Rechte Lungenarterie (Arteria pulmonalis dextra). — vp Lungenvene (Vena pulmonalis). — Die Pfeile geben die Richtung des Blutstromes an.

Arterienbulbus, welcher der Trennungslinie der beiden Vorkammern aufliegt. Er teilt sich in zwei Äste, jeder Ast alsbald in drei Zweige, die wir nun einzeln verfolgen wollen:

Der erste Zweig liefert die Carotiden oder Halsschlagadern.

Der zweite Zweig einer jeden Seite biegt an seiner Wurzel scharf nach hinten und unten um und bildet den Arterienbogen, der sich später mit dem der anderen Seite zur Bauchaorta vereinigt. Um den Verlauf eines solchen Arterienbogens bis zur Vereinigungsstelle an dem vorliegenden Präparat sichtbar zu machen, ziehen wir Herz, Lungen und Magen nach rechts (vom Beschauer) und oben. Wir erhalten so die Ansicht der Fig. 112.

Der dritte Zweig des Arterienstammes führt jederseits in eine Lungenhälfte. Es ist die **Arteria** pulmonalis oder Lungenarterie. Diese Zweige geben, ehe sie zur Lunge umbiegen, je eine starke Hautarterie (**Arteria cutanea magna**) ab. Diese sendet ihre Zweige über die ganze Körperhaut (Hautatmung!).

Um die in das Herz mündenden Venen zu untersuchen, trenne man den Arterienbulbus ab und ziehe das Herz nach hinten. Man erhält dann die Ansicht der Fig. 113, die mit Hilfe der Fig.-Erkl. verständlich ist.

e) Wir wollen nun noch einige Präparationen am **Nervensystem des Frosches** vornehmen. Enddarm und Schlund werden durchschnitten und der ganze Verdauungskanal herausgehoben. Ebenso entfernen wir Herz und Lungen sowie die Harn- und Geschlechtsorgane, doch ist bei letzteren wegen der darunter verlaufenden Nerven des Pferdeschweifes Vorsicht geboten. Die große Aorta lassen wir mit den sie bildenden Aortenbögen stehen. Dicht neben den Wirbelkörpern sehen wir stecknadelkopfgroße, körnige Klümpchen, die Kalkkonkremente. Zu beiden Seiten der Wirbelsäule verläuft je ein Grenzstrang des **Sympathicus** (Eingeweidenervensystem). Wir machen den der linken Seite des Tieres deutlicher, indem wir die Aorta fassen und nach der entgegengesetzten Seite (der linken) des Präparationsfeldes ziehen. Man sieht dann nicht nur den Grenzstrang mit seinen Verdickungen, sondern auch die Verbindungsstränge desselben mit den Rückenmarksnerven. Die lezteren ziehen meist ein Stück an der Wirbelsäule entlang und bilden im hinteren

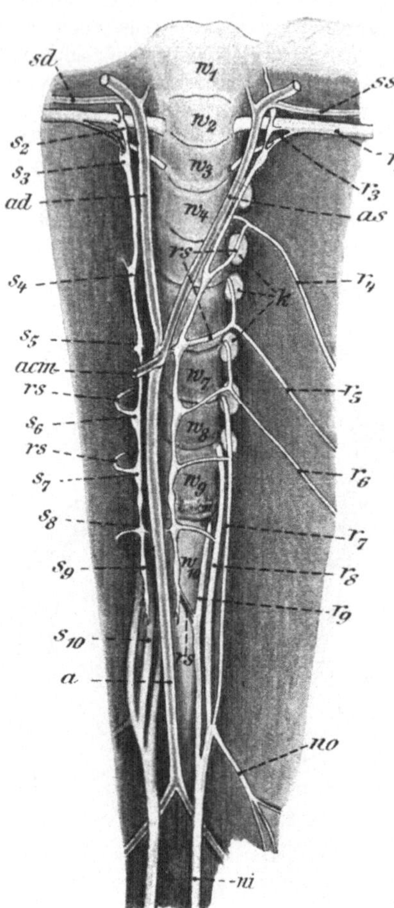

Fig. 114. Rana. Grenzstränge des Sympathicus und wichtige Rückenmarksnerven. Vergrößert. Aorta mit den beiden Grenzsträngen nach links (im Bilde) gezogen.

$w_1 \ldots w_{10}$ Wirbel. — $r_2 \ldots r_9$ Rückenmarksnerven. — $s_2 \ldots s_{10}$ Ganglien des Sympathicus. — rs Verbindungsstränge vom Grenzstrang zu den Spinalnerven (Rückenmarksnerven). — ss und sd Subclavia sinistra und dextra. — as und ad Arteria sinistra und dextra. — acm Arteria coeliaco-mesenterica. — a Bauchaorta. — k Kalkkonkremente. — no Nervus obturatorius. — ni Nervus ischiadicus.

Teile der Leibeshöhle den mächtig entwickelten Pferdeschweif.

Die **Eröffnung des Wirbelkanales** erfolgt von innen. Man

kneift mit der Schere nacheinander die Wirbelkörper durch und trägt sie mit der Pinzette vorsichtig ab, jedoch unter möglichster Schonung der Rückenmarksnerven. Ebenso wird der knöcherne Hirnboden vorsichtig abgetragen. Bei gelungener Präparation erhält man eine Ansicht, wie sie die Fig. 115 zeigt. Die Vereinigung der dorsalen und der ventralen Wurzeln der Rückenmarksnerven liegt innerhalb des Wirbelkanales. Die Nerven ziehen erst eine mehr oder weniger lange Strecke längs des Rückenmarkes nach hinten, ehe sie den Wirbelkanal verlassen. Von Gehirnnerven sind an der Unterseite des Gehirnes zu sehen: die Riechnerven, die Sehnerven, die Nervi oculomotorii und die Nervi abducentes, von denen die letzteren zu den Augenmuskeln ziehen.

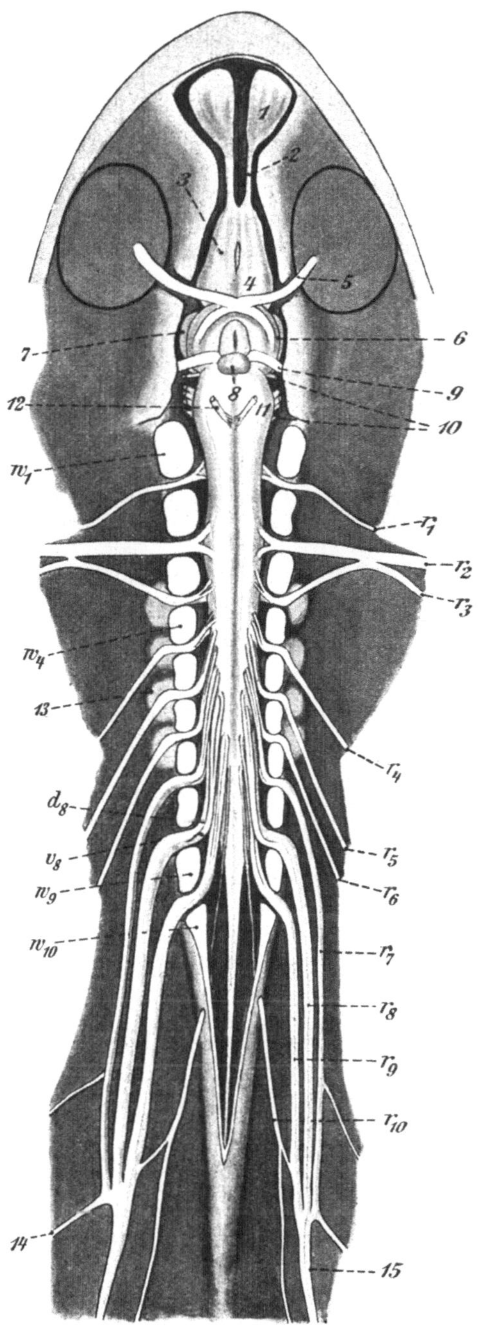

Fig. 115. Rana. Nervensystem ventral. Wirbel und Boden der Schädelhöhle abgetragen. Vergr.

$w_1 . . , w_9$ Wirbelbogen. — w_{10} Schnittfläche des Os coccygis. — $r_1 . . . r_{10}$ Rückenmarksnerven. — d_8 dorsale, — v_8 ventrale Wurzel des 8. Spinalnerven. — 1. Nasensack. — 2. Nervus olfactorius (Riechnerv). — 3. Lobus olfactorius (Riechlappen des Gehirns). — 4. Vorderhirn. — 5. Nervus opticus (Sehnerv). — 6. Zwischenhirn. — 7. Mittelhirn. — 8. Hypophyse (Hirnanhang). — 9. Nervus oculomotorius (Augenmuskelnerv). — 10. Gehirnnerven. — 11. Nachhirn. — 12. Nervus abducens (Augenmuskelnerv). — 13. Kalkkonkremente. — 14. Nervus obturatorius. — 15. Nervus ischiadicus.

Das Vorderhirn bildet vorn je einen Riechlappen (Lobus olfactorius), der durch den Nervus olfactorius mit den Nasensäcken in Verbindung steht. Das Mittelhirn ragt seitlich nur wenig über das Zwischenhirn vor. Der Hirnanhang (Hypophyse) ist deutlich zu erkennen. Das Nachhirn geht allmählich in das Rückenmark über.

3. Eidechse.

Äußere Inspektion. Die einheimischen Eidechsenarten sind wegen ihrer sehr geringen Größe ziemlich schwierig zu präparieren und daher ein wenig lohnendes Objekt. Wo die äußeren Umstände es irgend zulassen, wähle man die bedeutend größere Smaragdeidechse (Lacerta viridis), die auch wir unserer Betrachtung zugrunde legen wollen.

Zur Unterscheidung der beiden Geschlechter bei dieser Species sei folgendes bemerkt: Beim Männchen ist der Kopf länger, höher und stärker als beim Weibchen. Die Schläfengegend am und über dem 6. Oberlippenschild ist stark aufgetrieben; die Kiefer treten kräftig hervor. Die Schwanzwurzel ist dicker, die Beine stärker, die Schenkelwarzen deutlicher entwickelt. Die Weibchen haben dagegen wenig bemerkbare Schenkelporen und auf der Oberseite dunkle Flecke und helle Streifen.

Am lebenden Tiere beobachte man die beweglichen Augenlider, die Nickhaut und das Spiel der zweispitzigen, schwarzen Zunge. Bemerkenswert ist auch die starke Neigung zum Beißen. Die Fortbewegung auf ebenem Boden ist ein eigenartiges Schlängeln, wie es den meisten Vierfüßern zukommt, bei denen Oberarm und Oberschenkel wagerecht ansetzen, Unterarm und Unterschenkel dagegen senkrecht stehen. Oberarm und Oberschenkel bewegen sich in wagerechten Ebenen um Ellenbogen- und Kniegelenk als Drehpunkte. Während die Drehung auf einer Seite stattfindet, wird die Extremität der anderen Seite vorgesetzt, doch dreht die linke Vordergliedmasse immer gleichzeitig mit der rechten Hintergliedmasse und umgekehrt. Der Rumpf unterstützt die beiden gleichzeitig stattfindenden Drehungen durch wellenförmiges Ausbiegen. Er bildet ein bis zwei stehende Wellen, die in Schulter- und Beckengürtel Knotenpunkte haben. Kopf und Schwanz bewegen sich ausgleichend nach der der Rumpfbiegung jeweils entgegengesetzten Seite. Bei sehr schneller Bewegung kann die Zahl der stehenden Wellen längs des Rumpfes größer als zwei werden, so daß eine entfliehende Eidechse, z. B. fast gestreckt erscheint. — Man werfe ferner eine Eidechse in ein großes Gefäß mit Wasser und beobachte, daß ihre äußerst geschickten Schwimmbewegungen in ganz ähnlicher Weise zustande kommen.

Die Körperbedeckung wird durch Hornschuppen gebildet, der Kopf trägt feste Schilder. Ihre Form und Zahl ist für den Systematiker von großer Bedeutung, für uns kommt sie nicht in Betracht. Um den Hals herum läuft eine kragenartige Hautfalte. Die schon erwähnten, in einer Längsreihe an der Innenseite der Oberschenkel angeordneten Schenkelporen sind die Ausgangsöffnungen von Hautdrüsen. Am Kopfe beachten wir die kleinen Nasenlöcher, die schon erwähnten Augen-

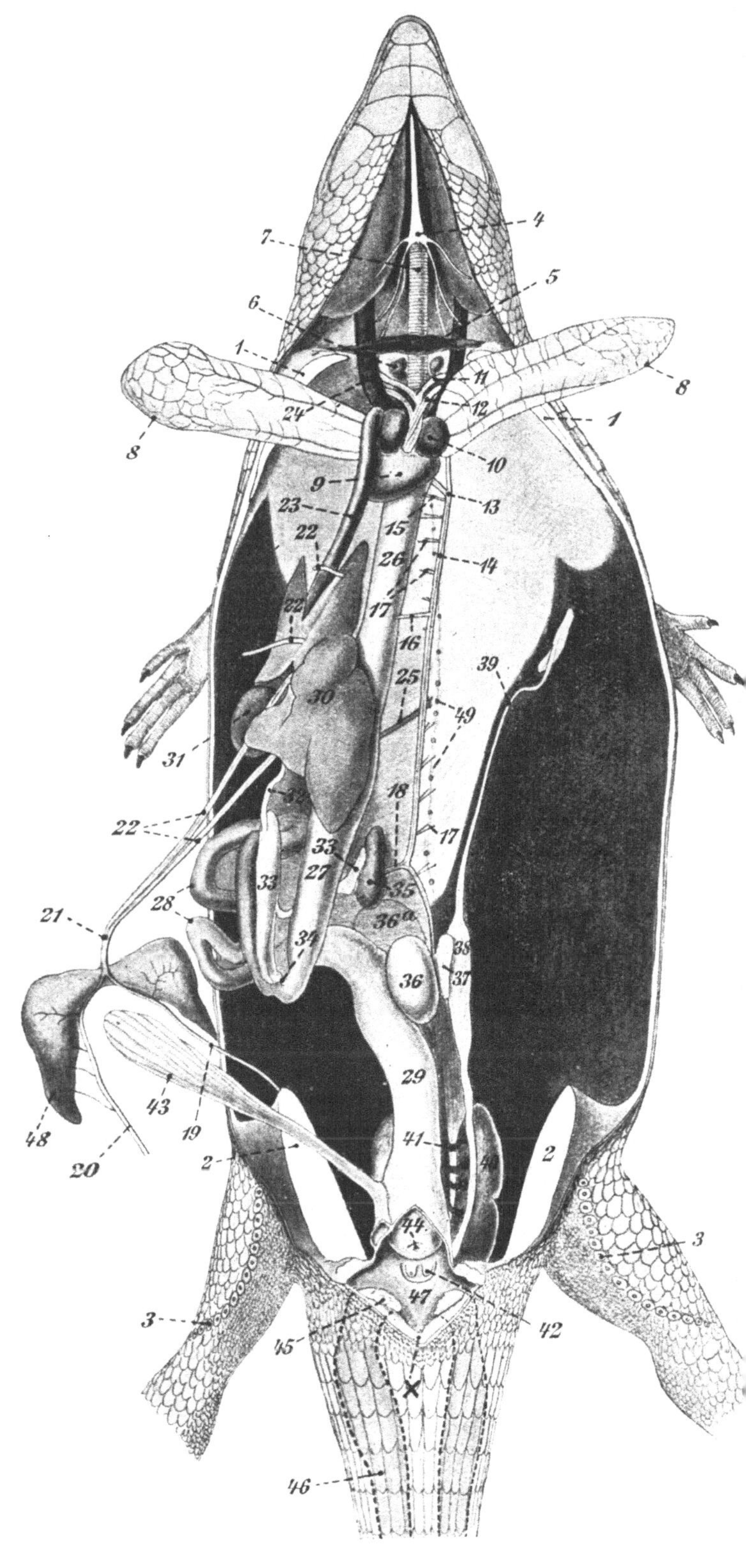

Fig. 116. Lacerta viridis ♂. Situs. Schultergürtel und Beckengürtel in der Mittellinie gespalten. Leber, Magen und Darm nach links (im Bilde) gezogen, ebenso die Herzspitze; Lungen beiderseits herausgeklappt; Vereinigungsstelle (13) der beiden Aorten unter dem Herzen nach der rechten Hand des Beschauers vorgezogen; linker Hoden nach links (im Bilde) umgeklappt; Kloake ventral gespalten, Mitte des Hinterrandes der Kloakenspalte (×) nach hinten gezogen.

1. Schnittfläche des Brustbeins. — 2. Schnittfläche der Schambeinfuge. — 3. Schenkelporen.—4. Zungenbein. — 5. Thyreoidea. — 6. Thymus. — 7. Luftröhre.— 8. Lunge.—9. Herzkammer. — 10. linke Vorkammer. — 11. erster Aortenbogen (links).—12. zweiter Aortenbogen (links). — 13. Vereinigungsstelle der Aorta sinistra u. dextra.—14. Aorta descendens. — 15. Speiseröhrenarterie.—16. Magenarterie. — 17. Wirbelarterien. — 18. Arteria splenica (Milzarterie). — 19. rechte Baucharterie. — 20. linke Baucharterie.—21. Arteria mesenterica externa. — 22. Zweige derselben in Aufhängebändern der Leber. — 23. Vena hepatica. — 24. Jugularvenen. — 25. Vene (von der Wirbelsäule kommend).—26. Ösophagus. — 27. Magen. — 28. Darmschlingen. — 29. Enddarm. — 30. Leber. — 31. Gallenblase. — 32. Gallengang. — 33. Pankreas. — 34. Mündung des D. cyst. und pancreaticus in den Dünndarm. — 35. Milz. — 36. Linker Hoden. — 36 a. rechter Hoden. 37. Nebenniere. — 38. Nebenhoden. — 39. Müllerscher Gang. — 40. Niere. — 41. Abführende Nierenvene. — 42. Gemeinsame Mündung des Vas deferens und des Ureter. — 43. Harnblase. — 44. Afteröffnung. — 45. Vorderende des Penis. — 46. Rückziehmuskel des Penis (unter der Haut, Umriß punktiert). — 47. Dorsalwand der Kloake. — 48. Fettkörper (umgeklappt, so daß seine Dorsalseite sichtbar ist). — 49. Sympathicus.

lider und Nickhaut und hinter denselben das oberflächlich liegende Trommelfell. Biegt man den Unterkiefer herunter, so sieht man die schwarze, zweispitzige Zunge und im Hintergrunde den spaltförmigen Eingang in die Luftröhre. Am Gaumendach sind die Choanen leicht zu finden. Die Nasenscheidewand endet hier mit einer knopfartigen Verdickung. Die Zähne, die an beiden Kiefern sitzen, sind pleurodont, d. h. sie stecken nicht in besonderen Höhlungen der Kiefer, sondern stehen auf seitlichen, gesimsartigen Vorsprüngen an der Innenseite der Kiefer und lehnen nur mit der Außenseite gegen sie.

Die Füße tragen vorn und hinten fünf mit Krallen besetzte Zehen. Auffällig ist, daß am Vorder- und Hinterbein die dritten Zehen vier, die vierten sogar fünf freie Zehenglieder haben.

II. Sektion. Wir nehmen die Präparation im Waschbecken unter Wasser vor. Die Eröffnung der Leibeshöhle erfolgt, vom Schambein beginnend, nicht genau in der Mittellinie, sondern etwas rechts daneben. In der Brustbeingegend biegt man allmählich nach der Mitte ein. Brustbein und Schultergürtel werden genau in der Mittellinie gespalten. Oral vom Brustbein darf man nur noch ganz flach und mit größter Vorsicht schneiden, damit man nicht Zungenbein und Schilddrüse verletzt. Klappt man nun die Bauchwand auf der linken Seite des Beschauers zur Seite, so bemerkt man auf dem schwarzen Untergrunde des Bauchfells oder Peritoneums einige weiße Bündel mit Blutgefäßen. Es ist dies hauptsächlich die Arteria mesenterica externa, deren Zweige zusammen mit eigentümlichen Aufhängebändern der Leber verlaufen (Fig. 116). Diese Bänder heften an der Mittellinie der Bauchwand an und würden mit den Gefäßen zerstört werden, wenn man die Leibeshöhle genau median öffnen würde. Um die Lungen deutlich zu sehen, können wir in diesem Stadium der Präparation ein Gummigebläse vom Munde aus in den Eingang zur Luftröhre einführen. Die beiden Lungensäcke sind spitz eiförmig und von traubiger Oberfläche.

Wir präparieren nun das Halsfeld, um die Ansicht der Fig. 116 von dieser Gegend zu erhalten. Das Zungenbein besteht aus einem Mittelstück und drei sehr feinen Bogen. Der Zungenbeinkörper bedeckt den Kehlkopf, der im wesentlichen aus einem breiten, weißen Knorpelringe besteht. Quer über die Luftröhre zieht sich die dunkel gefärbte Thyreoidea. Die Gabelung der Trachea ist von den Wurzeln der Herzgefäße verdeckt. Am Herzen sind deutlich die Herzkammern und die beiden Vorkammern zu unterscheiden. Zum Studium des Verlaufes der Hauptgefäßstämme spannen wir die Lungen seitwärts mit Nadeln fest und drücken das Herz nach Entfernung des Herzbeutels mit der Spitze nach der linken Seite des Präparationsfeldes. Aus der Herzkammer entspringt ein Arterienbulbus, welcher sich zwischen die beiden Vorkammern schiebt. Der Bulbus ist aus zwei Arterienstämmen zusammengesetzt, die durch eine Drehung um die Längsachse umeinander geschlungen scheinen und bis zur Basis des Bulbus deutlich getrennt sind. Der von der linken Herzhälfte (des Tieres) kommende Stamm entsendet die beiden Carotiden (erste Aortenbögen); welche Kopf und Vordergliedmaßen versorgen. Der Hauptstamm biegt nach rechts (Tier) hinten um und vereinigt sich mit dem aus der rechten Herzhälfte kommenden Arterienstamm (zweite Aortenbögen) unmittelbar hinter der Herzspitze zur gemeinsamen Bauchaorta. Die wichtigsten, von dieser entspringenden Arterienzweige sind aus der Figur zu ersehen. Der Ursprung der kurzen, auf der Rückenseite des Bulbus entspringenden Lungenarterien ist sehr schwer zu präparieren. Schneidet man das Herz quer durch oder eröffnet es sonst in geeigneter Weise, so sieht man, daß zwei durch eine unvollkommene Scheidewand getrennte Ventrikel (Kammern) vorhanden sind.

Vom Venensystem bemerken wir in der Halsgegend die beiden dunklen, starken, vom Kopfe herkommenden Jugularvenen. Die Subclavien (Schlüsselbeinvenen) münden erst unmittelbar vor der Einmündung in den Venensinus in dieselben. Weiter fällt die starke Lebervene auf, die aus den Sammelvenen der Leber entsteht.

Wir präparieren jetzt den Verdauungskanal, soweit dies ohne Spaltung des Beckengürtels geschehen kann. Die bindegewebigen Adhäsionen und Aufhängebänder der einzelnen Teile werden soweit wie nötig durchtrennt und der ganze Verdauungskanal gelockert und auf die linke Seite des Präparationsfeldes gelegt. Der Magen ist nicht viel weiter als die Speiseröhre. Die Leber ist vielfach gelappt. Eine Gallenblase ist vorhanden. Der Gallengang zieht durch das Pankreas hindurch und mündet gemeinsam mit dem Ductus pancreaticus in den Dünndarm. Die Milz ist ein braunrotes, bohnenförmiges Organ, welches auf der Rückenseite des Magens liegt.

Über den Beckengürtel ragt aus dem unteren Teil der Leibeshöhle ein lebhaft gelb gefärbtes, kristallisch glitzerndes Organ hervor, der Fettkörper, der, wie man aus seinem Verhalten während des Winterschlafes schließen kann, einen Energiespeicher für das Tier darstellt. Man löse den Fettkörper sorgfältig vom Schambein ab, lasse ihn aber im Zusammenhange mit dem Baucharteriensysteme. Dann schneide man erst die Haut über dem Schambein auf bis an das Afterschild. Die Schambeinfuge durchtrennt man und sperrt den Knochenspalt durch Einschieben der starken Pinzette auseinander. Nachdem noch einige Muskeln entfernt sind, kann man die Beckenhälften auseinanderbiegen. Wir bemerken die Harnblase, welche ventral in die Kloake mündet. An den zweilappigen Fettkörper treten die beiden Baucharterien heran, die sich, nachdem sie den Fettkörper versorgt haben, zur Arteria mesenterica externa vereinigen. Diese verläuft in dem anfangs geschilderten Aufhängeband zur Leber, in der sie sich verzweigt.

Es möge ein Männchen vorliegen. Die hellen, länglichrunden Hoden liegen im Grunde der Bauchhöhle. Der kleine goldgelbe Körper, welcher seitlich dem Hoden angelagert ist, ist die Nebenniere. Noch weiter seitlich liegen die großen Nebenhoden (Urnieren). Kaudal von diesen ziehen die Vasa deferentia zur Kloake, während man oral vom Nebenhoden die rudimentären Müllerschen Gänge, die Reste eines nur in der frühen Entwickelung vorhandenen Organes, fast stets gut verfolgen kann. Kaudal von den Nebenhoden finden wir außerhalb des schwarzen Bauchfells die Nieren. Jede Niere besteht aus zwei Lappen. Unter der Kloake vereinigen sich die linke und rechte Niere in der

Mittellinie und entsenden die sehr kurzen Harnleiter, die sich beim Männchen mit den Vasa deferentia vereinigen und mit ihnen gemeinschaftlich in die Kloake münden.

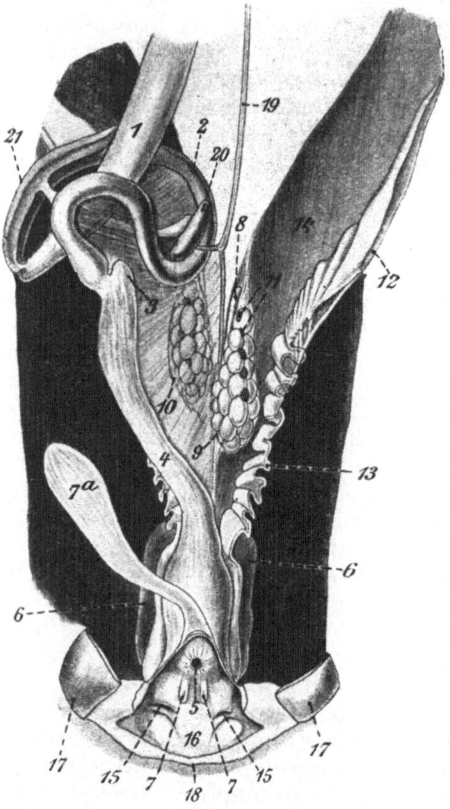

Die Aorta descendens gabelt sich am Vorderende der Nieren und sendet in jede Niere einen Zweig. Aus anderen Zweigen der Aorta entspringt jederseits die schon oben erwähnte Baucharterie (Fig. 116). Die Sammelvene des Schwanzes tritt in die Niere ein und verzweigt sich in derselben, ebenso die Venen, welche das aus den Hintergliedmaßen zurückkommende Blut führen. Alles den Nieren zuströmende Blut verläßt dieselben durch die ausführenden Nierenvenen (Fig. 116). Diese nehmen noch die venösen Bahnen der Geschlechtsorgane auf und vereinigen sich zu einer Genitalpfortader, die in den hinteren Leberlappen eindringt. Die eigentliche oder Darmpfortader tritt mit den Gallengängen zusammen in die Leber ein.

Wir haben nun die Kloake zu öffnen. Die Afterplatte wird ganz oberflächlich gespalten. Dann liegen über der ventralen Wand des Darmes und der Kloake nur noch einige Muskeln, die vorsichtig entfernt werden. Man führt dann einen Schnitt durch die ventrale Kloakenwand rechts (vom Beschauer aus) vom Blasenhalse. Man sieht in der Kloake die Afteröffnung, die Papillen, auf denen die Ureteren gemeinsam mit den Samenleitern münden, die Mündung des Blasenhalses und die Eingänge in die Taschen der Begattungsorgane.

Aufmerksam gemacht sei noch auf den Grenzstrang des Sympathicus, den man namentlich da, wo das Bauchfell nicht schwarz pigmentiert ist, gut verfolgen kann. (Fig. 116 : 49.)

Fig. 117. Lacerta viridis ♀. Harn- und Geschlechtsorgane. Afterschild und ventrale Kloakenwand in der Mittellinie gespalten. Kloake nach den Seiten hin gedehnt, Hinterrand der Kloake kaudalwärts gezogen. Darm nach links (vom Beschauer) geklappt.

1. Magen. — 2. Dünndarm. — 3. Blinddarmähnlicher Anhang. — 4. Enddarm. — 5. Afteröffnung. — 6. Niere. — 7. Mündungen der Ureteren. — 7a. Harnblase. — 8. Nebenniere (links). — 9. linkes Ovarium. — 10. rechtes Ovarium (durchscheinend). — 11. Nebeneierstock. — 12. Tuba. — 13. Eileiter. — 14. Mesenterialfalte desselben (das schwarze Bauchfell durchscheinend). — 15. Mündungen der Eileiter. — 16. Dorsalwand der Kloake. — 17. Afterschild (durchschnitten). — 18. kaudaler Hautrand der Kloake. — 19. Aorta descendens. — 20. Milz. — 21. Pankreas.

Es mögen nun noch die Geschlechtsorgane eines Weibchens präpariert werden (Fig. 117). Die Eröffnung der Bauchhöhle, Durchtrennung des Beckengürtels und Öffnung der Kloake erfolgt wie beim Männchen. Will man alle Öffnungen in der Kloake deutlich sehen, so muß man ihre Ränder nach den Seiten und nach hinten gut auseinanderziehen. Die Ovarien liegen genau an derselben Stelle wie beim Männchen die Hoden. Wir finden auch hier wieder die goldgelben Körper und außerdem auf der ventralen Fläche des Ovariums einige undeutliche, braune, in einer Längsreihe angeordnete Bläschen, die auch fehlen können, und die man als Nebeneierstock bezeichnet. Die Eileiter beginnen mit einer großen, auf dem schwarzen Peritoneum besonders schön sichtbaren Tube. Sie sind stark geschlängelt und münden getrennt von den Ureteren in die Kloake.

4. Ringelnatter, Tropidonotus natrix.

I. Äußere Inspektion. Am lebenden Tiere beobachten wir das Spiel der zweispitzigen Zunge, die herausgestreckt werden kann, ohne daß der Mund geöffnet wird. Die Fortbewegung geschieht durch Schlängelung, d. h. es läuft eine Welle von hinten nach vorn über den Körper. Diese Bewegung wird aber durch besondere Vorrichtungen noch wesentlich unterstützt. Die Haut liegt am Bauche und an den Seiten dem Körper nur lose an. Die Schilder und Schuppen, namentlich des Bauches, haben freie Hinterränder. Die ganze Innenseite der Haut ist von einem Muskelsystem bedeckt, welches die Schuppen untereinander und mit den Rippen verbindet. Während die Muskeln, welche z. B. zwei Bauchschilder verbinden, bei einer Kontraktion gleichzeitig das vordere Schild senkrecht stellen und das hintere heranziehen, wird durch nachfolgende Zusammenziehung der Rippenschildmuskeln das vordere Schild wieder umgelegt und dadurch der Körper ein Stückchen vorgezogen.

Wir bringen eine Ringelnatter in ein großes Gefäß mit Wasser. Sie geht wegen der großen Luftmenge in Luftsack und Lunge nicht unter. Die Schwimmbewegung ist eine reine Schlängelung.

Haben wir Gelegenheit, eine Schlange beim Fressen (etwa eines kleinen Futterfrosches) zu beobachten, so achten wir auf die durch das Vorhandensein eines Quadratbeines zwischen Ober- und Unterkiefer und durch die vorn nicht miteinander verwachsenen Kieferäste bedingte, sehr starke Erweiterungsfähigkeit des Rachens (vgl. ein Schlangenskelett). Die Lage des verschluckten Frosches ist noch während mehrerer Tage an einer ständig nach hinten wandernden Verdickung des Schlangenkörpers zu erkennen.

II. Sektion. Zur Präparation benutzt man häufig ein Holzbrett, doch erhält man durch das gerinnende Blut meist so unklare Bilder, daß feinere Einzelheiten überhaupt verloren gehen. Am besten bedient man sich besonders langer Wachsbecken (etwa 60 × 20 cm) und nimmt die Präparation unter Wasser vor.

Wir bringen die Schlange in Rückenlage und trennen mit der Schere die Haut an einer Seite des Tieres von einer Stelle vor dem Afterschild bis in den Kinnwinkel auf, führen den Hautschnitt noch bis zum

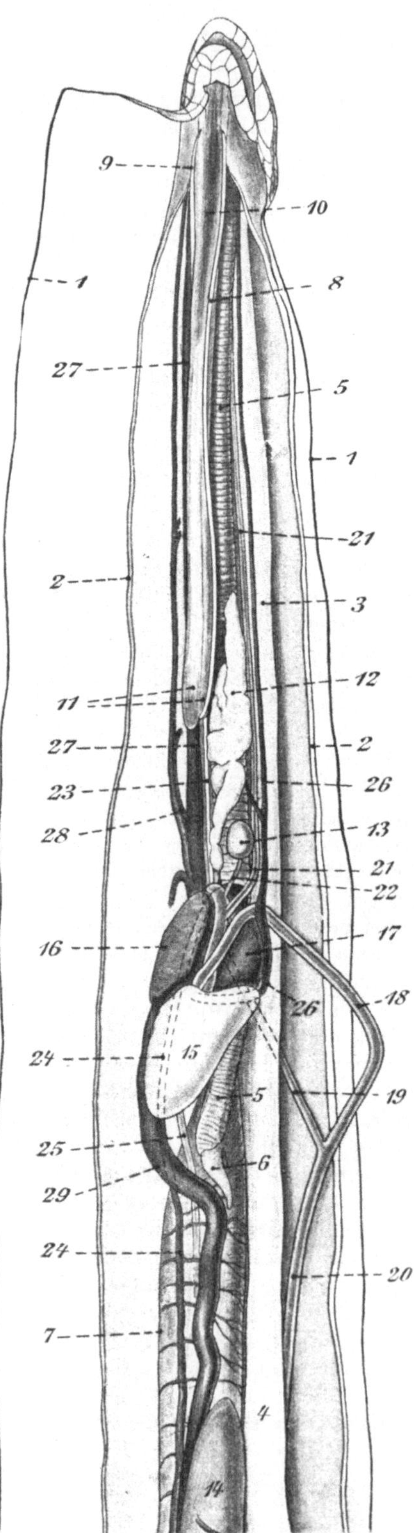

gegenüberliegenden Kieferwinkel weiter und klappen, nachdem noch vor dem Afterschild ein querliegender Hautschnitt geführt ist, den ganzen Hautlappen auf. Wir lösen die Haut ziemlich bis zur Rückenlinie herum von der Muskulatur, suchen aber die unter der Haut gelegene Bauchdecke möglichst zu schonen. Schon jetzt kann man feststellen, daß die zahlreichen Rippen frei endigen, und daß ein Brustbein fehlt. Nachdem die freien Hautränder nach beiden Seiten mit Nadeln festgespannt sind, wird die Bauchdecke, soweit sie freiliegt, durch einen Medianschnitt gespalten. Der Schnitt wird bis an die Gegend des Zungenbeines herangeführt und die rippentragenden Muskeldecken werden ebenfalls mit Nadeln seitwärts befestigt.

Fig. 118. Tropidonotus natrix ♂. Situs der Organe des vorderen Abschnittes der Leibeshöhle. Gekröse z. T. gelöst, Organe nach den Seiten hin etwas auseinandergezogen, wodurch z. B. die Art. vertebralis (23) sichtbar wurde ; Aorta dextra und sinistra unter dem Herzen vorgezogen.

1. Rand der abpräparierten Haut. — 2. Schnittfläche der Leibeswand. — 3. Speiseröhre. — 4. Magen. — 5. Luftröhre. — 6. linke Lunge (verkümmert). — 7. rechte Lunge. — 8. linkes Zungenbein (ganz zu sehen). — 9. rechtes Zungenbein (nur der vordere Abschnitt sichtbar). — 10. Zunge (in der Zungentasche, durchscheinend). — 11. Endabschnitte des Zungenbeinapparates. — 12. Thymus. — 13. Thyreoidea. — 14. vorderer Abschnitt der Leber. — 15. Herzkammer. — 16. rechte Vorkammer. — 17. linke Vorkammer. — 18. Aorta sinistra. — 19. Aorta dextra. — 20. Aorta descendens. — 21. Arteria carotis communis. — 22. Thyreoidal-Arterie. — 23. Arteria vertebralis. — 21.—23. vom rechten Aortenbogen stammend. — 24. Arteria pulmonalis. — 25. Vena pulmonalis. — 26. Vena jugularis sinistra (Verlauf derselben an der Dorsalwand des Herzens punktiert). — 27. Vena jugularis dextra. — 28. Intervertebralvene. — 29. Vena hepatica.

Wir beginnen mit der Präparation des Zungenbeinapparates (Fig. 118). Das Zungenbein besteht aus einem einzigen schmalen Knorpelbogen; die freien Enden der Zungenbeinbögen reichen sehr weit nach hinten. Die Zunge sieht man durch die Wandung der Zungentasche dunkel durchscheinen. Vom Ende der Zungenbeintasche gehen die Vorstreckmuskeln der Zunge nach den Unterkiefern. Zur weiteren Untersuchung der Zunge müssen wir die Mundhöhle öffnen. Nachdem wir uns durch Auseinanderbiegen der beiden Unterkiefer von der Anwesenheit der Kinnfurche überzeugt haben, schneiden wir beiderseits von der Mundspalte ein Stück in die Wangen ein und biegen die Unterkiefer herab. Die vorn liegende, deutlich sichtbare Öffnung führt in die Zungenscheide. Wir fahren mit der Pinzette hinein und ziehen die schwarze, zweispitzige Zunge heraus. Auf der Rückenseite der Zungenscheide, also auch noch in der Mundhöhle, sehen wir die Kehlspalte. Dieselbe läßt sich mit dem ganzen Kehlkopf sehr weit nach vorn drücken, wodurch das Tier erreicht, daß beim Verschlingen größerer Tiere die Kehlspalte nicht von der äußeren Luft abgeschnitten wird. Kiefer und Gaumen sind mit zahlreichen, hakig nach hinten gekrümmten Zähnchen besetzt. In einer länglichen Vertiefung des Gaumendaches liegen ziemlich weit vorn die inneren Nasenöffnungen. Eustachische

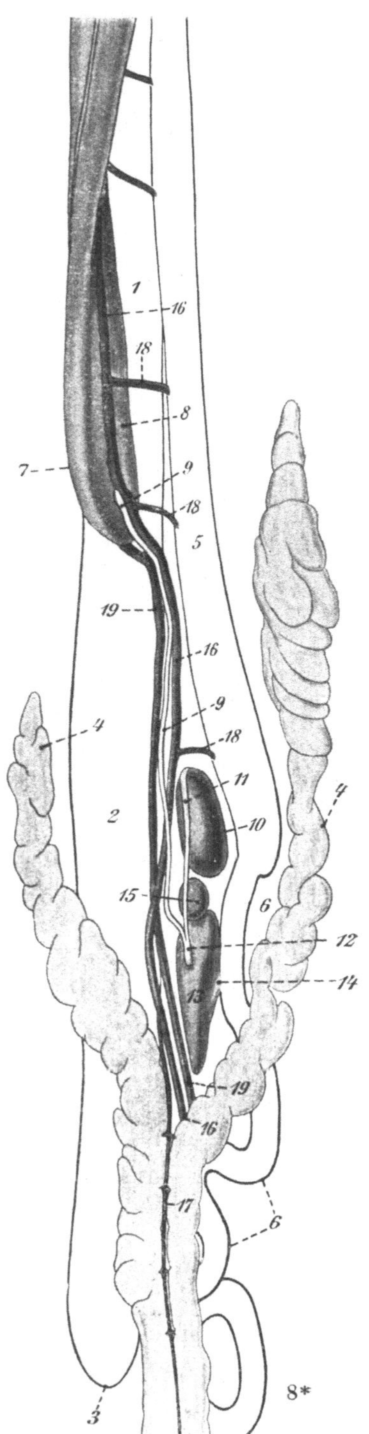

Fig. 119. Tropidonotus natrix. Organe der Leibeshöhle vom hinteren Ende der Leber bis zum Ende des Luftsackes. Dieser ist aufgeblasen; der Magen ist nach rechts geschoben (im Bilde), die Leber nach links umgeklappt, die Fettkörper z. T. abpräpariert und zur Seite gelegt.

1. rechte Lunge. — 2. Luftsack derselben. — 3. Ende des Luftsackes. — 4. Fettkörper (Corpus adiposum). — 5. Magen. — 6. Duodenum (Zwölffingerdarm). — 7. Ventralseite der Leber. — 8. Dorsalseite der Leber. — 9. Lebergang. — 10. Gallenblase. — 11. Gallenblasengang. — 12. Ductus choledochus (Gallengang). — 13. Pankreas. — 14. Gemeinsame Mündung des Ductus chol. und des Ductus pancreaticus in das Duodenum. — 15. Milz. — 16. Gekrösevene. — 17. Zweig derselben vom Fettkörper. — 18. Magenvenen. — 19. Vena renalis revehens.

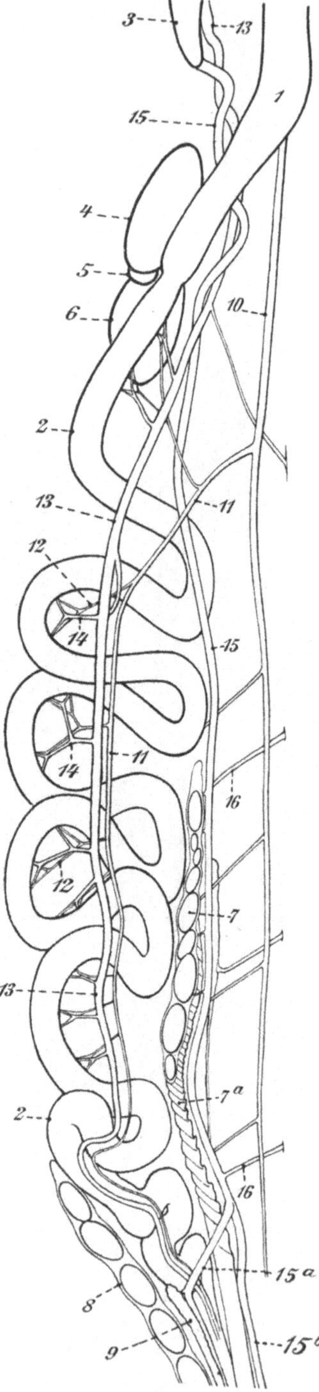

Röhren fehlen. Die Rachenschleimhaut ist stark längsgefaltet, also sehr erweiterungsfähig und geht unmittelbar in die ähnlich ausgebildete Schleimhaut der Speiseröhre über.

Wir führen nun das Gummigebläse in die Kehlspalte ein und blasen sehr vorsichtig. Es zeigt sich, daß nur eine Lunge völlig ausgebildet ist, die da, wo die hellrote Färbung des Lungengewebes aufhört, in den sehr dünnhäutigen und langen Luftsack übergeht (Luftreservoir für den Fall, daß beim Schlingakte die Luftröhre zugedrückt wird). Die Luftröhre hat nur in ihrem obersten Teile vollständige Knorpelringe; die meisten derselben sind dorsal offen. Die ausgebildete Lunge ist die rechte; der verkümmerte Überrest der linken ist leicht nachzuweisen.

Dem unteren Teile der Luftröhre liegt die schmutzigweiße Thymusdrüse an. Als Thyreoidea (Schilddrüse) wird ein linsengroßes Organ gedeutet, welches unmittelbar hinter dem Thymus der Luftröhre aufliegt.

Durch Lösung verschiedener Gekrösefalten ist es nun möglich, die Organe in der Herzgegend etwas seitlich auseinander zu ziehen. Biegt man nach Abtragung des Herzbeutels das Herz nach links und zieht die Aorta descendens (absteigende Aorta) nach rechts, so erhält man etwa die Ansicht der Fig. 118, welche uns einen Überblick über das Herz und seine Gefäßwurzeln gestattet. Das Herz besteht aus einer Herzkammer,

Fig. 120. Tropidonotus natrix ♀. Organe der Leibeshöhle vom hinteren Ende der Leber bis zu den Eierstöcken. Endabschnitt des Magens und Duodenum nach links herausgeklappt, einzelne Mesenterial- oder Gekrösefalten gelöst.

1. Magen. — 2. Duodenum. — 3. Leber. — 4. Gallenblase. — 5. Milz. — 6. Pankreas. — 7. rechtes Ovarium. — 7a. rechter Eileiter. — 8. linkes Ovarium. — 9. linke Nebenniere. — 10. Aorta communis. — 11. Arteria mesenterica superior. — 12. Zweige derselben zum Duodenum. — 13. Mesenterialvene. — 14. Zweige derselben vom Duodenum. — 15. Vena renalis revehens communis. — 15a. und 15b. Zweige derselben von der linken und rechten Niere. — 16. Vertebralvenen.

die durch eine sehr unvollkommene Scheidewand in eine rechte und linke Hälfte geteilt wird, und aus zwei Vorkammern. Aus der Herzkammer entspringen die beiden Aortenbögen, die sich dicht hinter dem Herzen zur absteigenden Aorta vereinigen, und die Lungenarterie (Arteria pulmonalis), die hier ungeteilt in den unpaaren Lungenflügel eintritt. Die Aorta dextra gibt, bevor sie nach hinten umbiegt, zunächst die Arteria carotis communis ab, die bis in die Unterkiefergegend ungeteilt nach vorn zieht, dann eine kleine Arterie zur Schilddrüse und endlich die an der rechten Seite des Tieres neben bzw. hinter der Luftröhre aufsteigende Wirbelarterie (Arteria vertebralis). In die linke Vorkammer mündet die Lungenvene, in die rechte die untere Hohlvene und die Halsvenen, von denen die rechte sich mit der Intervertebralvene vereinigt hat.

Die Speiseröhre geht ohne deutlichen Absatz in den Magen über. Der ganze mittlere Teil der Leibeshöhle wird von der sehr langgestreckten, braunroten Leber eingenommen. Das die Leber bedeckende Bauchfell ist mit der Spitze des Herzbeutels verwachsen. Wir ziehen nun den Magen nach der rechten Seite des Präparationsfeldes, drehen die Leber mit der Dorsalseite nach oben und präparieren die mächtigen, rötlich weißen Fettkörper wenigstens so weit zur Seite, daß wir die Ansicht

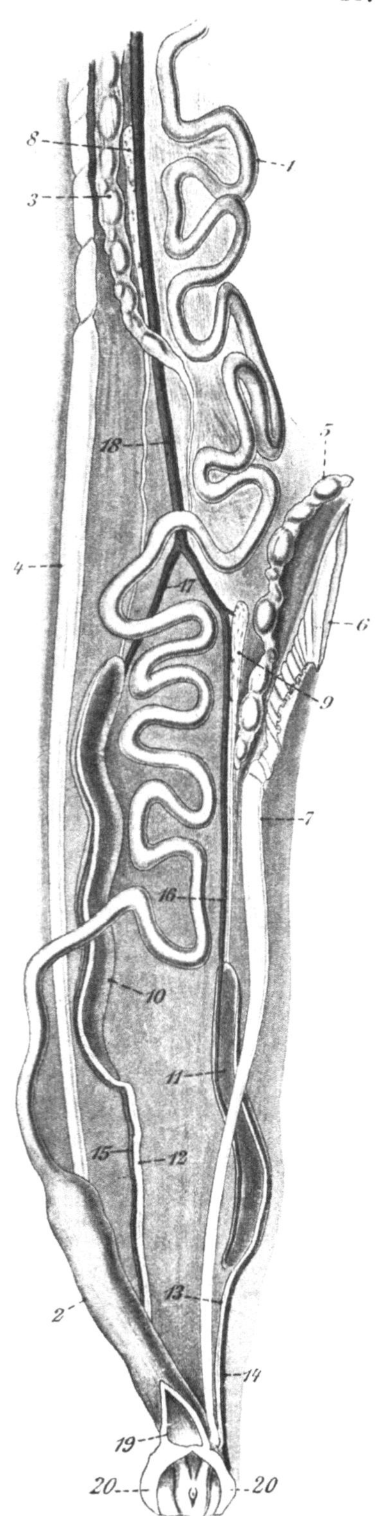

Fig. 121. Tropidonotus natrix ♂. Harn- und Geschlechtsorgane.

1. Duodenum (Zwölffingerdarm). — 2. Rectum (Enddarm). — 3. rechtes Ovarium. — 4. rechter Eileiter. — 5. linkes Ovarium. — 6. Tuba des linken Eileiters. — 7. linker Eileiter. — 8. rechte Nebenniere. — 9. linke Nebenniere. — 10. rechte Niere. — 11. linke Niere. — 12. rechter Harnleiter. — 13. linker Harnleiter. — 14. Vena renalis advehens sinistra. — 15. Vena renalis advehens dextra. — 16. Vena renalis revehens sinistra. — 17. Vena renalis revehens dextra. — 18. Vena renalis revehens communis. — 19. After, längs gespalten. — 20. Ventrale Wandung der Kloake (längs gespalten).

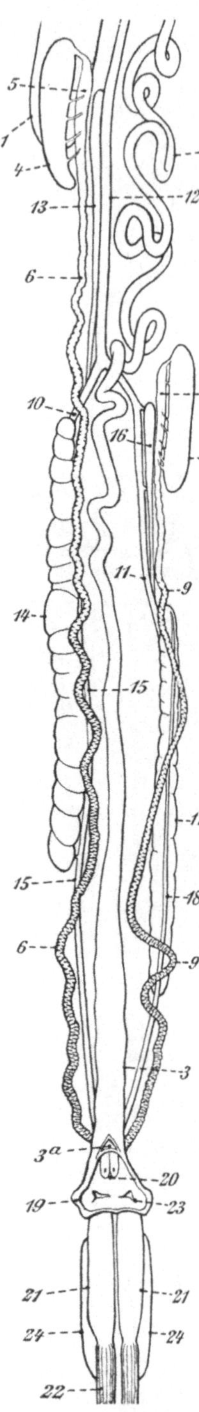

Fig. 119 erhalten. Wir untersuchen hier zunächst die sehr schön zu verfolgenden Venenstämme. Hinter den Fettkörpern sehen wir zwei starke Venen hervorkommen, die Mesenterialvene, die vom Magen her eine Anzahl von Magenvenen aufnimmt, und die Vena renalis revehens, deren Entstehung wir bei der Betrachtung des hinteren Abschnittes der Leibeshöhle kennen lernen werden. Dieselbe verläuft auf der Ventralseite der Leber, während die Mesenterialvene zur Leberpfortader wird und in einer tiefen Furche der Dorsalseite dieses Organs entlangläuft. Sie erhält auch einen Zweig vom Fettkörper.

Die Leber entläßt auf der Innenseite ihres Hinterendes den langen Ductus hepaticus. Derselbe vereinigt sich mit dem aus der grünen Gallenblase kommenden Ductus cysticus zu einem kurzen Ductus choledochus, der in die Substanz des weißen Pankreas (Bauchspeicheldrüse) eintaucht und gemeinsam mit ihrem Ausführungsgang, dem Ductus pancreaticus, in das Duodenum (Zwölffingerdarm) mündet. Zwischen Gallenblase und Pankreas liegt die kleine, kugelrunde, rote Milz. Das Duodenum ist vom Magen deutlich abgesetzt. Der Darm ist in seinem weiteren Verlauf ziemlich stark geschlängelt. Die einzelnen Windungen werden durch ein Mesenterium in ihrer Lage fixiert, dessen Blutgefäße einen prachtvollen Anblick gewähren.

Wir suchen nun die Ansicht der Fig. 120 zu gewinnen. Die Fettkörper werden vollkommen abpräpariert, der Darm nach Lösung einiger Mesenterialfalten nach links herausgeklappt. Zunächst suchen wir die im Grunde des Präparationsfeldes verlaufende Aorta descendens auf. Während sie in ihrem hintersten Teile kleinere Stämme zu den Harn- und Geschlechtsorganen schickt, sendet sie einige Zentimeter hinter der Bauchspeicheldrüse die ziemlich kräftige Arteria mesenteriaca superior (obere Gekrösearterie) aus, deren zu den Darm-

Fig. 122. Tropidonotus natrix ♂. Harn- und Geschlechtsorgane. Kloake und After ventral gespalten.

1. Endstück des Luftsackes. — 2. Duodenum. — 3. Rectum. — 3a. After (längs gespalten). — 4., 5., 6. Hoden, Nebenhoden und Vas deferens der rechten Seite. — 7., 8., 9. Hoden, Nebenhoden und Vas deferens der linken Seite. — 10., 11., 12. Vena renalis revehens dextra, sinistra und communis. (Die Venae renales advehentes sind nicht gezeichnet.) — 13., 14., 15. Nebenniere, Niere und Ureter der rechten Seite. — 16., 17., 18. Nebenniere, Niere und Ureter der linken Seite. — 19. Dorsalwand der Kloake (median gespalten, die Abschnitte zur Seite gelegt). — 20. Mündungen der Harn- und Samenleiter. — 21. Penis. — 22. Rückziehmuskel des Penis. — 23. Mündung des Penis. — 24. Stinkdrüse.

schlingen führende Zweige durch ihre hellrote Färbung leicht von den sie begleitenden Venen zu unterscheiden sind. Auch die schon bei der Leber betrachteten großen Venen sind wieder leicht aufzufinden, nur in vertauschter Anordnung, da die beiden Gefäße sich in der Höhe des Pankreas umeinanderschlingen. Die Mesenterialvene erhält aus einem von den Darmwindungen stammenden, stark verzweigten Gefäßnetze Zuflüsse, die Vena renalis revehens (zurückführende Nierenvene) nimmt eine Anzahl aus der Rückenmuskulatur auftauchender Gefäße (Vertebralvenen)auf. Sie entsteht im hinteren Teile der Leibeshöhle aus zwei Zweigen, die aus je einer Niere stammen.

Bei der Betrachtung der Harn- und Geschlechtsorgane nehmen wir zunächst an, es läge ein Weibchen vor. Der rechte Eierstock des Tieres (Fig. 121) liegt bedeutend weiter vorn als der linke, den wir etwa in der Höhe des Zusammenflusses der Nierenvenen zu suchen haben. Median von jedem Eierstock liegt eine Nebenniere: Die rechte liegt der Vena renalis revehens communis, die linke der Vena renalis revehens sinistra an. Die Tuben der Eileiter liegen seitlich von den Eierstöcken. Der rechte Eileiter ist naturgemäß bedeutend länger als der linke. Bei unserer Art zu präparieren wird besonders die linke Tube mit dem zart gefalteten Anfangsteil des Eileiters schön sichtbar. Die Nieren sind bräunliche, langgestreckte Organe mit mehr oder minder deutlicher Lappenteilung, die den Venae renales revehentes anliegen, und zwar die rechte auch wieder beträchtlich weiter vorn als die linke. Die Harnleiter entspringen am vorderen Ende der Nieren. Sie ziehen neben den zuführenden Nierenvenen zur Kloake. Zur Untersuchung der Kloake spalten wir die ventrale Wand derselben längs und biegen die Schnittränder auseinander. Die Eileiter münden ein Stück hinter den Harnleitern. Der Darm endet mit einem etwas erweiterten Rectum.

Zur Präparation der Harn- und Geschlechtsorgane des Männchens befolgen wir eine ganz entsprechende Technik. Nieren, Harnleiter (Fig. 122) und Nebennieren liegen an den entsprechenden Stellen wie beim Weibchen. Die Hoden finden sich seitlich von den Vorderenden der Nebennieren. Sie sind weiß, bohnenförmig und bilden auf der medianen Seite nach Abgabe mehrerer abführender Gefäße (Vasa efferentia) je einen Nebenhoden der in ein stark gekräuseltes und außerdem geschlängeltes Vas deferens ausläuft. Samenleiter und Ureteren münden gemeinsam auf zwei in der Rückwand der Kloake gelegenen Papillen, die nach Spaltung der ventralen Kloakenwand sichtbar werden. Zwei kaudal von den Urogenitalpapillen gelegene Öffnungen in der Kloakenwand sind die Mündungen der Scheiden, in denen die Begattungsorgane liegen. In der Umgebung der Begattungsorgane finden wir die stark entwickelten Afterdrüsen, die eine außerordentlich übelriechende Absonderung liefern.

5. Taube.

I. Äußere Inspektion. Wir untersuchen die Verteilung der großen Schwingen (Remiges) und Steuerfedern (Rectrices). Durch Abtasten stellen wir die drei Teile des Armes fest: Oberarm, Unterarm und

Hand. Während der Oberarm keine Schwingen trägt, finden wir am Unterarm 11—15 Armschwingen, an der Mittelhand und dem besonders lang ausgebildeten zweiten Finger 10 Handschwingen. Am Oberarm sind die den Flügel von oben her bedeckenden Schulterfedern (Parapterum) angewachsen. Am Handgelenk findet man leicht den kleinen Daumen, welcher ein besonderes Büschel von Federn, den Daumenfittig (Alula) trägt. Der Schwanz wird von 12—16 Steuerfedern gebildet.

An den hinteren Gliedmaßen orientieren wir uns über die drei Hauptteile des Beines: Oberschenkel, Unterschenkel und Fuß. Der Oberschenkel ist nicht vollkommen frei, der Unterschenkel außerordentlich muskulös, der Mittelfuß (Lauf) ist nicht mehr mit Federn bekleidet, sondern vorn von quer gestellten Horntäfelchen, hinten von einer körnigen, harten Haut bedeckt. Der Fuß ist ein Spalt- oder Wandelfuß: es gehen drei Zehen nach vorn, die Innenzehe ist nach hinten gerichtet; Mittel- und Außenzehe sind am Grunde verwachsen.

Auch am Kopfe bietet die äußere Inspektion noch einiges Bemerkenswerte. Die Wurzel des Oberschnabels wird von einer weichen, dicken Haut, der Wachshaut (Ceroma), bedeckt. Die Nasenlöcher finden sich als längliche Schlitze auf beiden Seiten des Oberschnabels. Im inneren Augenwinkel finden wir die Nickhaut, welche man mit der Pinzette über das Auge nach außen und hinten hinwegziehen kann. Hinter den Augen läßt sich leicht eine unbefiederte, runde Stelle, die Öffnung des äußeren Gehörganges, auffinden.

Wir beginnen nun, das Tier abzufedern. Dies hat besonders in der Hals- und Kopfgegend sehr vorsichtig zu geschehen, da die Haut hier außerordentlich leicht einreißt. Man ziehe die Federn immer nur mit dem Striche heraus und greife möglichst wenig mit einem Male, kann auch mit zwei Fingern der einen Hand eine Hautfalte fassen und mit den Fingern der anderen Hand die betreffenden Federn greifen. Man befreit hauptsächlich die ventrale Seite des Körpers und der Gliedmaßen von den Federn. Die großen Schwanzfedern und die Schwingen kann man stehen lassen. Betrachten wir auf der nackten Haut die Stellen, an denen die Federn gesessen haben, so finden wir eine ziemlich regelmäßige Anordnung derselben zu Fluren (Pterylae), zwischen denen die federlosen Raine (Apteria) liegen.

Wir führen nun das Glasröhrchen eines Gummigebläses in die Luftröhre ein. Ein schnarrendes Geräusch beim Hineingleiten (herrührend von der Reibung des Glases an den Knorpelringen der Trachea) bestätigt uns, daß wir wirklich die Luftröhre getroffen haben. Bei vorsichtigem Blasen schwillt der ganze Vogelkörper auf, da sich die Luftsäcke füllen. Zu starkes Blasen ist zu vermeiden, da sonst leicht ein Luftsack platzt.

II. Sektion. Wir beginnen damit, die Haut der Bauchseite abzulösen. Wir spalten sie durch einen flachen Messerschnitt längs des Brustbeinkieles und präparieren sie, indem wir den Hautlappen mit der einen Hand fassen und ihn mit dem Messer vorsichtig vom Muskel lösen, zur Seite ab, bis auch ein großer Teil der Oberarme frei liegt. Die Spannhaut zwischen Oberarm und Unterarm tritt hierbei zutage. Beim Abtrennen der Körperhaut von der Haut des Kropfes ist be-

sondere Vorsicht geboten. Am besten nimmt man hier beide Hände
zu Hilfe und drückt die beiden Hautgebilde auseinander. Den Kropf
löst man unten von den Muskeln ab, so daß das durchschimmernde
Gabelbein frei liegt. Am Hinterleib wird die Haut durch einen Medianschnitt gespalten und zur Seite präpariert; nur ein kleiner Kranz um
die Kloakenöffnung bleibt stehen. Man beachte, daß das Becken offen
ist, eine Tatsache, die für die Ablage der Eier große Bedeutung hat.

Man kann jetzt auch den Kropf durch Aufblasen gut zur Ansicht
bringen, wobei man die in die Speiseröhre eingeführte Kanüle mit den
Fingern fassen muß, um einen dichten Verschluß zu erzielen.

Wir gehen nun zur Präparation der wichtigsten Flugmuskeln
über. Der Muskel, welcher die Außenfläche der Brust bildet, ist der
große Brustmuskel (Musculus pectoralis major). Wir benutzen
den Brustbeinkiel oder Kamm
(Carina) gleichsam als Lineal
und schneiden jederseits den
Pectoralis major an, bis der
kleine Brustmuskel (Musculus
pectoralis minor) darunter
zum Vorschein kommt. Man
fährt mit dem Finger zwischen
die beiden Muskeln, drückt den

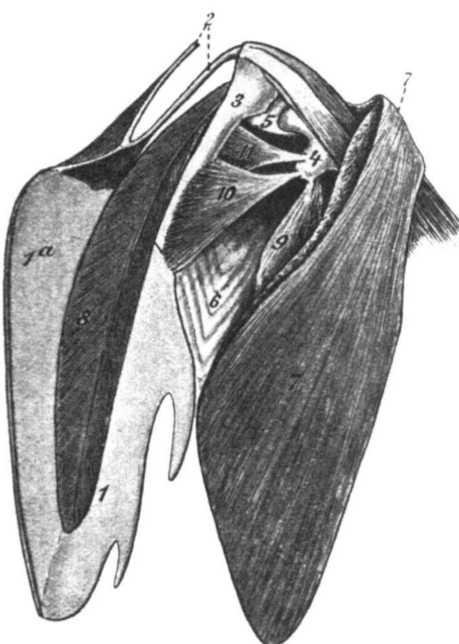

Fig. 123. Taube. Flugmuskulatur, links.
1. Brustbein. — 1a. Kamm desselben. — 2. Gabelbein.
— 3. Rabenschnabelbein. — 4. Oberarmbein. — 5.
Schulterblatt. — 6. Rippen. — 7. Pectoralis major, vom
Brustbein abgelöst. — 8. Pectoralis minor. — 9., 10.,
11. Anzieher des Oberarms.

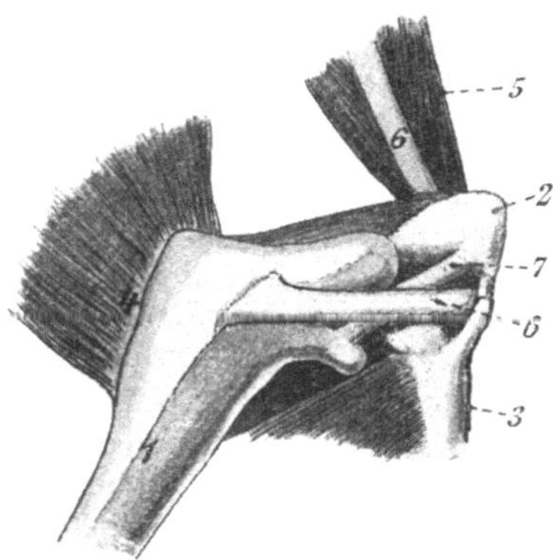

Fig. 124. Taube. Linke Schulter,
von oben gesehen.
1. Oberarmbein. — 2. Coracoid. — 3. Sca-
pula. — 4. Pect. major (Ansatz desselben
am Oberarmbein). — 5. Pect. minor. — 6.
Sehne des Pect. minor. — 7. Gelenkband.

Pectoralis major zur Seite und löst ihn allmählich unten und außen ab.
Er ist angewachsen längs des unteren Randes des Brustbeines und am
Gabelbein. Auch auf der Außenfläche des Brustbeines ist ein Teil
befestigt. In der Nähe der Armwurzel muß man die Subclavien (Arm-
venen) durchschneiden. Es erfolgt eine starke Blutung, die man durch
Spülen unter der Leitung oder durch Tupfen mit einem Schwamm zu
beseitigen hat. Man blickt nun in die Gelenkgrube des Oberarmes und

überzeugt sich durch Bewegen des Flügels von der Zugehörigkeit der sichtbaren Knochenteile. Man sieht hierbei drei kleine Muskeln mit ihren Sehnen, die am Gelenkkopf des Oberarmes ansetzen. Der eine von ihnen (Fig. 123) kommt unter dem Coracoid (Rabenschnabelbein) hervor, der zweite entspringt an demselben; es sind dies die Anzieher des Oberarms. Nun löst man den Pectoralis minor vom Brustbein ab und präpariert ihn allmählich nach vorn frei. Er taucht zwischen Coracoid und Gabelbein unter. Seine Sehne kommt dann zwischen Schulterblatt und Coracoid wieder zum Vorschein. Man dreht, um dies zu sehen, die Taube so, daß man von hinten und oben auf das Schultergelenk blickt (Fig. 124). Um einen guten Blick auf die Sehne des Pectoralis minor zu erhalten, muß man diese Muskeln an ihrer Anheftungsstelle an der dem Körper zugewendeten Seite des Oberarmes loslösen. Die Sehne wird dann auf der Rückenseite deutlich sichtbar. Durch Schnitte an ihrem Rande entlang kann man sie vom Bindegewebe ablösen. Nachdem sie zwischen Coracoid und Schulterblatt aufgetaucht ist, geht sie über einen Fortsatz des Oberarmes hinweg und endigt an der Mittellinie desselben. Durch abwechselndes Ziehen an den beiden Brustmuscheln kann man die Auf- und Abwärtsbewegung des Flügels nachahmen.

Man kann nun zur Gewinnung des Situsbildes das Brustbein mit den Rabenschnabelbeinen und dem Gabelbein an den Schultergelenken auslösen und nach Durchschneidung der Rippen etwa in der Gegend der Zwischenrippengelenke das ganze Brustbein abheben. Da hierbei aber Blutungen nicht zu vermeiden sind, die das Situsbild stören, so ist es besser, durch zwei Schnitte, die links und rechts neben dem Brustbeinkamm entlang laufen, das Mittelstück des Brustbeines mit dem Kamm abzulösen und zur Gewinnung des Situsbildes die stehenbleibenden Seitenteile des Brustbeins nach links und rechts auseinander zu biegen. Endlich kann man auch durch einen einzigen neben dem Kamme zu führenden Schnitt das Brustbein längs spalten und nun die beiden Brustbeinabschnitte zur Seite biegen. Was an Muskeln und Knochenteilen im Wege ist, kann nachträglich abgetragen werden; Blutungen sind hierbei leicht zu vermeiden. Es ist gut, die Abtragung der zu entfernenden Brustbeinteile so vorzunehmen, daß man ein Bild der Sternotrachealmuskeln erhält (Fig. 125, 6, angeschnitten; Fig. 126, 10, unversehrt). Diese Muskeln setzen etwas rechts von der Mittellinie der Luftröhre an und führen nach den seitlichen Teilen des Brustbeines.

Die Eröffnung der Leibeshöhle ohne Blutung ist möglich, wenn man die Präparation der Flugmuskeln bis nach Erledigung der Situs-Präparation verschiebt und mit dem oben geschilderten Schnitt beginnt, der unmittelbar neben dem Kamme des Brustbeines und diesem parallel durch Flugmuskeln und Brustbeinplatte hindurchgeht. Abtragung von Teilen des Brustbeines ist nicht erforderlich, Auseinanderbiegen der beiden Abschnitte reicht aus.

Nun trennt man den Kropf von der Luftröhre. Diese liegt in der Nähe des Kopfes vor der Speiseröhre und geht dann meist nach der linken Körperseite an der Speiseröhre vorbei, so daß der Kropf

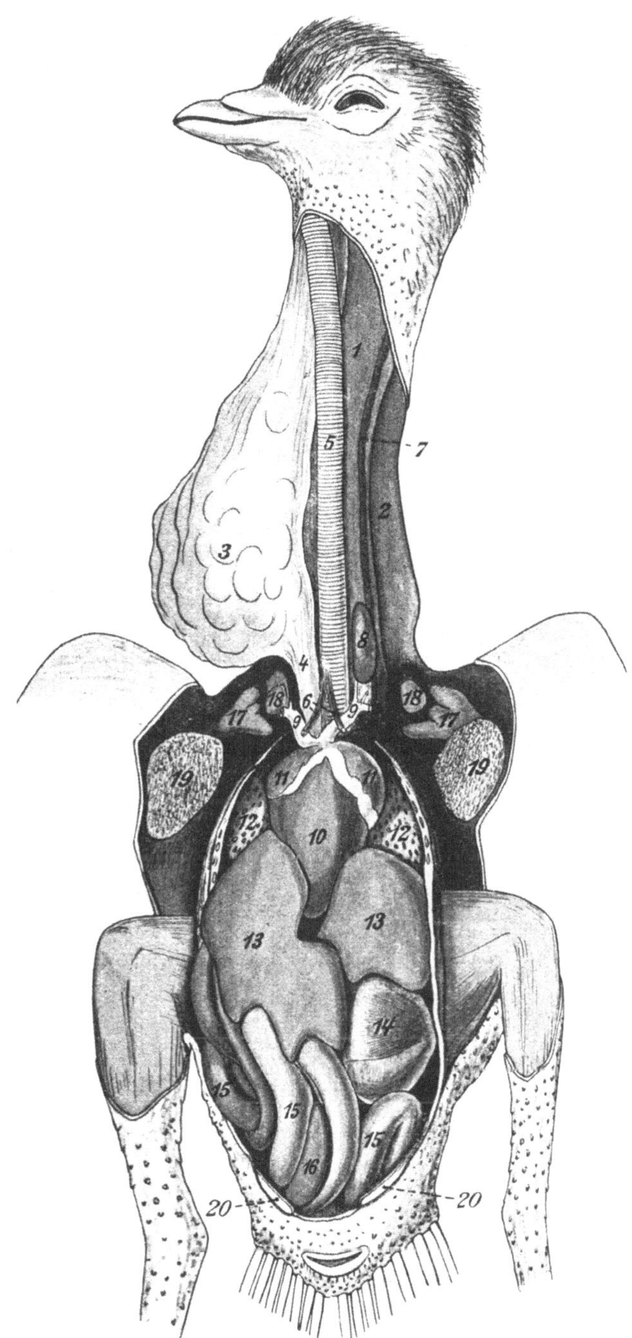

Fig. 125. Taube ♂. Situs.

1. Halswirbelsäule mit Muskulatur. — 2. Haut des Halses. — 3. Kropf. — 4. Speiseröhre. —
5. Luftröhre. — 6. Musculus sterno-trachealis. — 7. Vena iugularis sin. — 8. linke Thyreoidea.
— 9. Arterienstämme. — 10. Herzkammern. — 11. Vorkammer. — 12. Lunge. — 13. Leber.
— 14. Muskelmagen. — 15. Darmschlingen. — 16. Pankreas. — 17. Oberarmbein. — 18.
Schulterblatt. — 19. Pectoralis major (durchschnitten). — 20. Schambein.

selbst vorn liegt. In der Höhe der Schlüsselbeine tritt die Speiseröhre wieder hinter die Luftröhre. Am Grunde der Luftröhre sieht man noch die schon erwähnten paarigen Sternotrachealmuskeln (Fig. 125 : 6). Zwischen den Arterienstämmen zieht jederseits an der Luftröhre ein Musculus bronchotrachealis von der Luftröhre zu je einem ihrer Äste. An der Gabelungsstelle der Luftröhre suchen wir den unteren Kehlkopf (Syrinx) auf.

Am Herzen sind schon äußerlich die beiden Vorkammern deutlich zu unterscheiden. Auf die genauere Schilderung der Herzgefäße gehen wir etwas später ein. Das Herz liegt zwischen den beiden Hauptlappen der Leber eingebettet. Die Lungen erscheinen im Grunde des Präparationsfeldes als lebhaft rot gefärbte, schwammige Masse. Ein muskulöses Zwerchfell fehlt. Das unvollständig ausgebildete und fein häutige Diaphragma legt sich der Bauchfläche der Lungen unmittelbar an.

Wenn wir die Herzspitze anheben, können wir die darunterliegenden Anheftungen der Leber leicht durchtrennen und die Leber nach oben überschlagen. Auf der Unterseite des größeren, rechten Lappens sind durch die angrenzenden Darmwindungen drei Längsfurchen ausgebildet (Fig. 127 : b, c, d). Eine Gallenblase fehlt den Tauben. Die Leber besitzt zwei Ausführungsgänge. Der obere mündet 1—2 cm unter dem Pförtner in den Zwölffingerdarm (Fig. 127:4), der untere etwa in der Mitte des zweiten Zwölffingerdarmabschnittes (Fig. 127:3). Am Magen bemerken wir einen weichen, drüsenreichen Vormagen (Proventriculus) und den stark ausgebildeten Muskelmagen. Man überzeugt sich durch Aufschneiden desselben

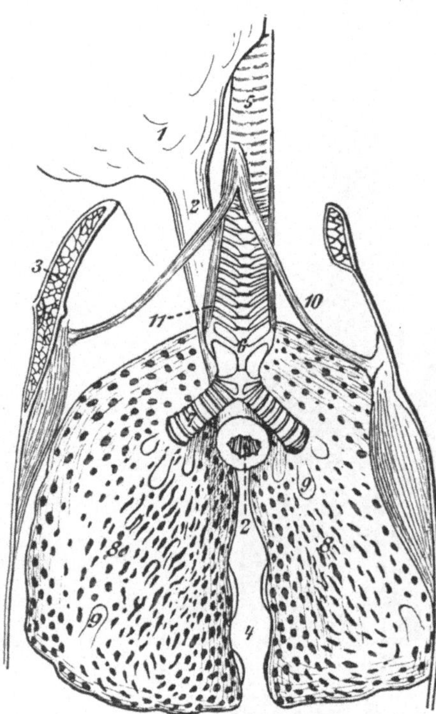

Fig. 126. Taube. Luftröhre und Lunge.
1. Kropf. — 2. Speiseröhre (am Proventriculus abgeschnitten). — 3. Schnittfläche des Brustbeins (mit Andeutung der schwammigen Knochensubstanz). — 4. Wirbelsäule. — 5. Luftröhre. — 6. Syrinx. — 7. Bronchus. — 8. Lunge. — 9. Mündungen von Luftsäcken. — 10. Musculus sterno-trachealis. — 11. Musculus bronchotrachealis.

von der Ausbildung der Muskulatur und zieht die innere, eine Reibfläche darstellende Haut ab. Die Sektion des Magens nimmt man am besten nach der Präparation der großen Verdauungsdrüsen vor. Unmittelbar hinter dem Muskelmagen liegt auf der linken Seite die braunrote Milz. Das Pankreas (Fig. 127 : 10) befindet sich in der Schlinge des Zwölffingerdarmes. Es besitzt drei Ausführungsgänge. Die beiden

ersten münden nahe dem hinteren Lebergange, der dritte am Ende
des Zwölffingerdarmes. Die Eintrittsstellen treten besser hervor, wenn
man die Duodenalschlinge gegen das Licht hält. Von den übrigen
Teilen des Darmkanales interessiert uns vor allem noch die Stelle, wo
der Dünndarm in den Dickdarm übergeht. Hier finden sich die beiden

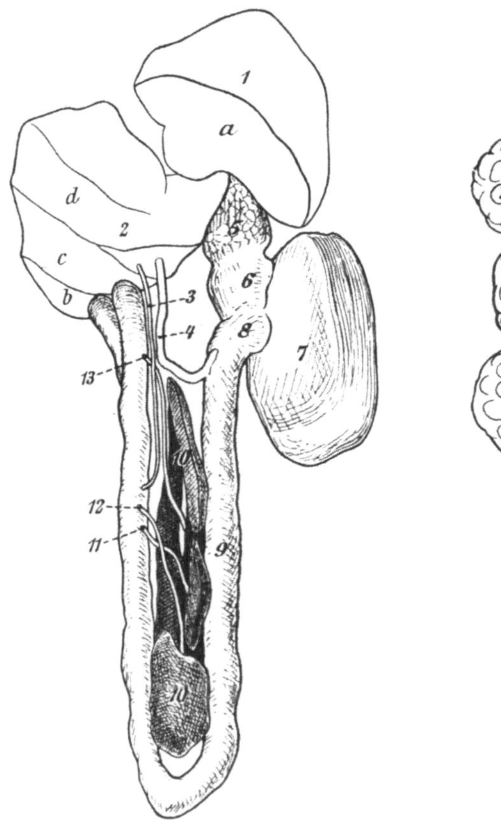
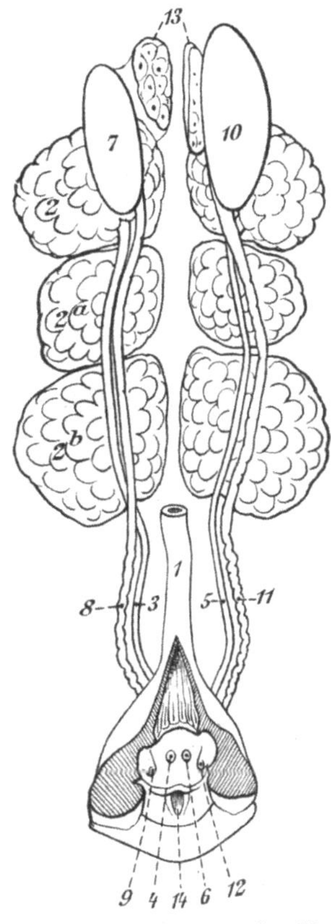

Fig. 127. Taube. Leber und Pankreas
nebst Ausführungsgängen.

1. linker Leberlappen. — a. Höhlung für den
Muskelmagen. — 2. rechter Leberlappen. — b.,
c., d. Furchen für den Dünndarm. — 3., 4. Leber-
gänge. — 5. Vormagen oder Proventriculus. —
6. Mündung desselben in den Muskelmagen. —
7. Muskelmagen. — 8. Pförtner. — 9. Dünndarm. — 10. Pankreas. — 11., 12., 13. Ausführungsgänge des Pankreas.

Fig. 128. Taube ♂. Situs der Urogenitalorgane. Kloake ventralwärts gespalten (Schnittfläche schraffiert.)

1. Enddarm. — 2., 2a., 2b. vorderer,
mittlerer, hinterer Nierenlappen rechts.
— 3. rechter Harnleiter. — 4. seine Mündung. — 5. linker Harnleiter. — 6. seine
Mündung. — 7., 8., 9. Hoden, Samenleiter und Mündung desselben rechts. —
10., 11., 12. entsprechend links. — 13.
Nebennieren. — 14. Eingang zur Bursa
(Tasche) Fabricii.

hochstens 1 cm langen, paarig angeordneten Blinddärmchen. Der
Dickdarm wird etwas über der Kloake abgebunden und durchschnitten.
Der ganze Darmkanal wird einschließlich Magen und Leber vorsichtig
herausgehoben.

Wir wenden uns nun zur Präparation der Harn- und Geschlechtsorgane. Die Nieren liegen eingebettet zwischen den Fortsätzen der Kreuzbeinwirbel hinter den Lungen. Sie bestehen jederseits aus drei längs angeordneten Lappen mit höckeriger Oberfläche. An der Medianlinie der Nieren laufen jederseits die Harnleiter entlang. Ihre Einmündung in die Kloake untersuchen wir an späterer Stelle. Die Nebennieren liegen am Innenrande des vorderen Nierenlappens; sie werden von den Geschlechtsorganen zum Teil verdeckt.

Wir betrachten zunächst die Geschlechtsorgane beim Männchen (Fig. 128). Die Hoden sind hellgelb und von der Größe kleiner Bohnen, der linke meist etwas größer als der rechte. Sie liegen median vom oberen Nierenlappen. Die Samengänge überkreuzen die Harnleiter und gehen dann unter Bildung vieler, sehr kurzer Windungen neben den Harnleitern entlang zur Kloake, wo sie kurz vor der Mündung zu kleinen Samenbläschen anschwellen (Fig. 129).

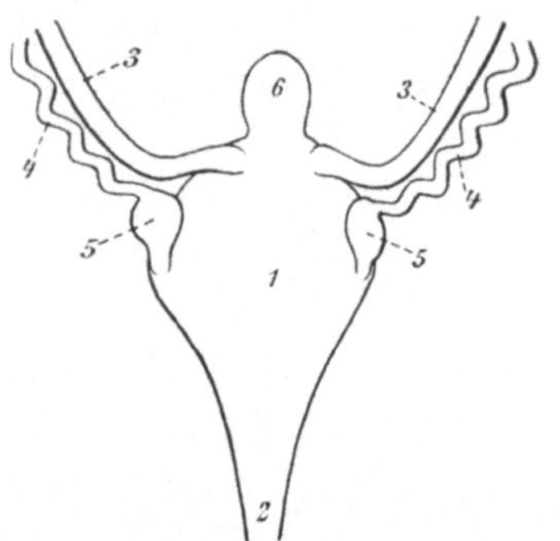

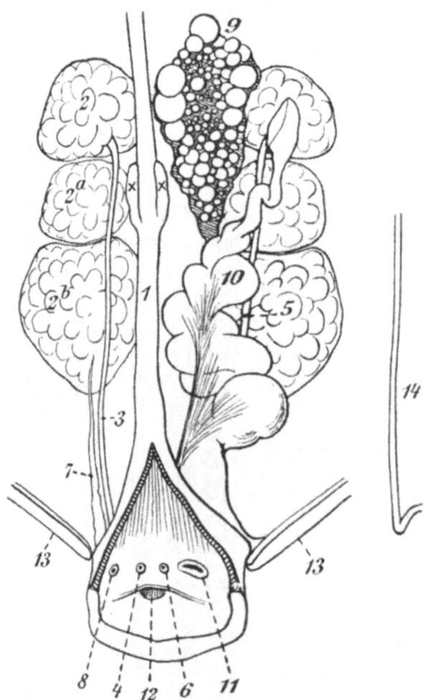

Fig. 129. Taube ♂. Mündungen der Ureteren und der Vasa deferentia in die Kloake.

1. Dorsale Wand der kaudalwärts geklappten Kloake. — 2. Enddarm. — 3. Ureteren. — 4. Vasa deferentia. — 5. Vesiculae seminales. — 6. Bursa Fabricii.

Fig. 130. Taube ♀. Situs der Urogenitalorgane. Kloake ventral gespalten. (Schnittfläche schraffiert.)

1. Enddarm (× Blinddärme). — 2.—6. s. Fig. 332. — 7. rechter Eileiter (verkümmert). — 8. seine Mündung. — 9. linkes Ovarium. — 10. linker Eileiter. — 11. seine Mündung. — 12. Eingang zur Bursa Fabricii. — 13. Schambeine (angedeutet). — 14. rechter Ureter in seinem natürlichen Verlaufe.

Um die Kloake zu untersuchen, präparieren wir sie vom Fett frei und spalten dann ihre Vorderwand. Wir präparieren die Wände zur Seite und suchen zunächst die von einer querliegenden Schleimhautfalte bedeckte Eingangsöffnung zu der Bursa Fabricii (Fabricische Tasche) genannten Aussackung der Kloake auf (Fig. 128 : 14). Kopfwärts von dieser liegen in einem Kreisbogen angeordnet und ebenfalls in der Schleimhaut oft schwer sichtbar die Einmündungen der Harn- und der Samenleiter (Fig. 128). Man findet dieselben leichter, wenn man die Wandung der Kloake vorsichtig mit dem Skalpell schabt. Die

Harnleiter münden nebeneinander ziemlich in der Mitte der Kloake, seitlich davon jederseits ein Samenleiter. Schweinsborsten einführen! Die Afteröffnung liegt etwas seitlich kopfwärts von den vier genannten Öffnungen.

Die Nieren der weiblichen Taube (Fig. 130) unterscheiden sich nicht wesentlich von denen der männlichen. Auch die Harnleiter haben einen gleichartigen Verlauf. Der rechte Eierstock ist verkümmert. Die Mündung des rechten Eileiters läßt sich aber in der Kloake noch deutlich nachweisen. Von ihr aus kann man auch den verkümmerten Eileiter noch ein Stück aufwärts verfolgen. Der linke Eierstock ist ein ansehnliches Gebilde, in dem man Eier der verschiedensten Größen, bis zu 1 mm Durchmesser, bemerkt. Er liegt median von dem linken oberen Nierenlappen. Die weite Mündung des Eileiters liegt seitlich davon. In seinem unteren Teile zeigt der Eileiter starke Windungen und mündet seitlich vom linken Ureter in die Kloake.

Es bleibt nun vom Situs noch die Präparation der Herzgefäße (Fig. 132). Wir schlitzen den Herzbeutel auf und ziehen ihn nach oben vom Herzen ab. Aus der linken Herzkammer entspringt die Aorta, die sich sofort in die eigentliche Aorta und in die rechte und linke Kopf-Armarterie teilt. Von jeder Kopfarmarterie geht eine Carotis nach vorn. In der Nähe der kleinen, rötlichen Schilddrüse gibt sie mehrere Zweige ab und zieht dann nach der Mittellinie des Halses, wo beide Carotiden in die Tiefe der Muskulatur tauchen. Die eigentliche Aorta schlingt sich im Bogen um den rechten Luftröhrenast nach links

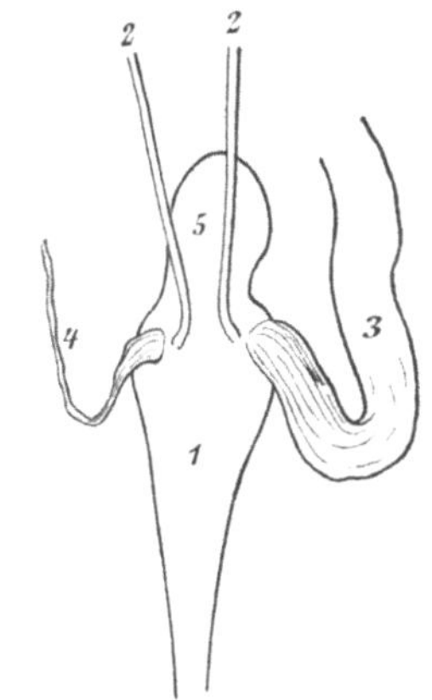

Fig. 131. Taube. Mündungen der Eileiter und Ureteren in die Kloake.

1. Dorsalseite der kaudalwärts umgeklappten Kloake. — 2. Ureteren (durch den Zug der Kloake gerade gestreckt). — 3. linker Eileiter. — 4. rechter Eileiter (verkümmert). — 5. Bursa Fabricii.

herüber und läuft an der Wirbelsäule entlang nach unten, auf ihrem Wege Zweige an die verschiedenen Organe abgebend.

In die rechte Vorkammer münden zwei obere und eine untere Hohlvene, welche letztere auch das Pfortadersystem aufnimmt. Die Lungenarterien entspringen aus der rechten Herzkammer mit einem gemeinsamen Stamme, der sich sofort teilt und jederseits einen Zweig in die Lungen schickt. Die beiden Lungenvenen vereinigen sich erst innerhalb des Herzbeutels zu einem Stamme.

Durch einen Schnitt, welcher die Halsmuskulatur durchtrennt, zwischen Hinterhauptsbein und Atlas eindringt und bis zur Ventralseite des Rückenmarkes führt, untersuchen wir die Einlenkung des ersten Halswirbels an den Schädel. Wir bemerken, daß das Hinterhauptsbein nur einen mittleren, ventral von der Wirbelsäule gelegenen Condylus (Hinterhaupts-Gelenkhöcker) trägt, der in eine Grube des Atlas paßt.

Zur Untersuchung der Mundhöhle präparieren wir vom Halse her zunächst das Zungenbein frei. Wir durchtrennen die Backenmuskeln,

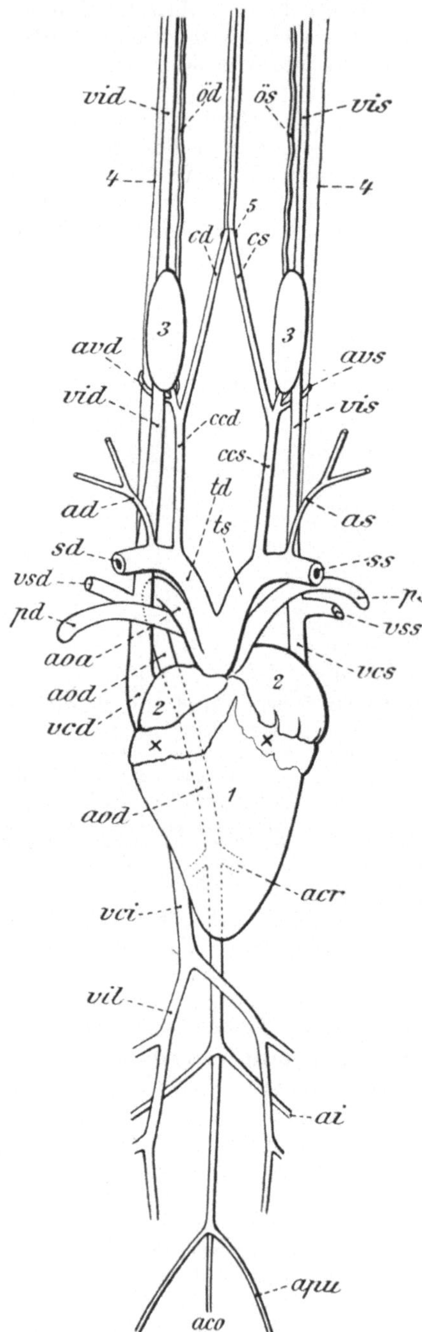

so daß wir **die Unterkiefer** aus
den Gelenken lösen können.
Wir haben **dann** Unterkiefer,
Zunge und **Zungenbein** im
Zusammenhang und können das
letztere vorsichtig freipräparie-
ren. Es besteht aus einem ge-
gliederten Mittelstück und den
beiden Ästen, deren jeder wieder
aus 2—3 Stücken zusammengesetzt ist. Das Mittelstück liegt
auf dem Boden der Mundhöhle;
sein vorderster Abschnitt bildet
das Stützgerüst der Zunge.

Der Eingang in die Luft-
röhre ist von gezähnelten Drüsen-
wülsten umgeben. In der Mittellinie des Oberschnabels liegt die
einfache Choane, dahinter in
einer Schleimhautfalte die ebenfalls in der Mittellinie gelegenen,
langgestreckten Mündungen der
Eustachischen Röhren.

Fig. 132. Taube. Darstellung der
wichtigsten Arterien- und Venenstämme. (Das Herz ist etwas nach
hinten gezogen, wodurch die aus
dem Herzen entspringenden Gefäß-
stämme deutlich voneinander gesondert erscheinen.)

1. Herzkammern. — 2. Vorkammern.
(× Fett). — 3. Thyreoidea. — 4. Begrenzung der die Halswirbelsäule be-
kleidenden Muskulatur. — 5. Eintrittsstelle der Carotiden in die Muskulatur
des Halses. — aoa Aorta ascendens (aufsteigende A.). — aod Aorta descendens
(absteigende A.). — acr Arteria cruralis
(Kreuzbein-A.). — ai Arteria ischiadica
(Hüftbein-A.). — apu Arteria pudenda
(Schambein-A.). — aco Arteria coccygea
(Steißbein-A.) — ts Truncus brachio-
cephalicus (Stamm für Kopf und Arm)
sinister. — td Truncus brachio-cephalicus
dexter. — ccs Carotis (Halsschlagader)
communis sinistra. — ccd Carotis communis dextra. — cs Carotis sinistra. -
cd Carotis dextra. — ös Arteria oesophagica (Speiseröhren-A.) sinistra. — öd
Arteria oesophagica dextra. — avs Arteria vertebralis (Wirbel-A.) sinistra. —
avd Arteria vertebralis dextra. — as
Arteria axillaris sinistra. — ad Arteria
axillaris dextra. — ss Arteria subclavia
sinistra. — sd Arteria subclavia dextra.
— ps Arteria pulmonalis sinistra. — pd
Arteria pulmonalis dextra. — vis Vena
jugularis sinistra. — vid Vena jugularis
dextra. — vss Vena subclavia sinistra.
— vsd Vena subclavia dextra. — vcs
Vena cava superior sinistra. — vcd Vena
cava superior dextra. — vci Vena cava
inferior. — vil Vena iliaca.

Zur Orientierung über die Teile des Gehirnes und das Innere der Nase führen wir einen Längsschnitt durch den Kopf aus. Derselbe läßt sich am besten an altem Formalinmaterial mit einem scharfen Skalpell vornehmen.

Am Längsschnitt des Gehirnes erkennt man leicht Großhirn, Kleinhirn mit Lebensbaum, dazwischen die Zirbeldrüse, vorn den Riechknoten mit Riechnerv, auf der Unterseite die Sehnervenkreuzung (Chiasma) und einen Sehnerven, sowie die sogenannte Hypophyse oder Hirnanhang.

Wir heben nun ein Auge mit dem Skalpellstiel aus der Höhle und trennen die Muskeln und den Sehnerven durch. Wir halbieren das Auge

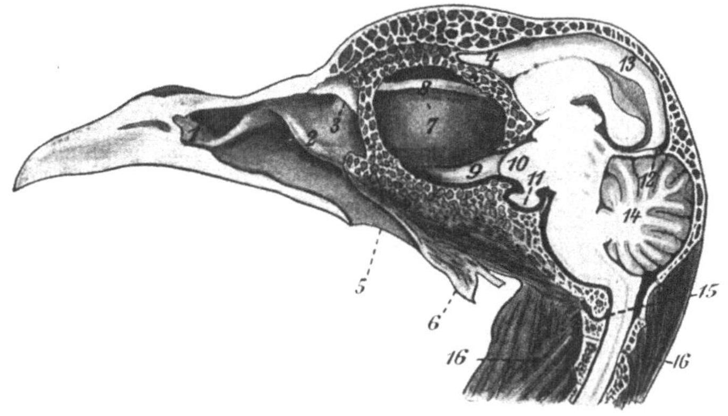

Fig. 133. Taube. Kopf längs; Augapfel und Sehnerv freigelegt.

1. Untere Nasenmuschel. — 2. Hintere Nasenmuschel. — 3. Trichterförmige Höhlung mit Ausbreitung des Riechnerven. — 4. Lobus olfactorius und Riechnerv. — 5. Choane. — 6. Oberer Schlundwulst. — 7. Augapfel. — 8. Ast des Trigeminus. — 9. Sehnerv. — 10. Chiasma. — 11. Hypophyse. — 12. Epiphyse (Zirbeldrüse). — 13. Hemisphäre (Großhirnhälfte). — 14. Arbor vitae (Lebensbaum). — 15. Die punktierte Linie zeigt die Schnittführung zur Freilegung des Condylus; sie endigt am Condylus. — 16. Halsmuskeln.

in dem dem Irisrande parallelen Meridian und suchen den knöchernen Sklerotikalring auf. An der Übergangsstelle in die Hornhaut wird die Sklerotika (Lederhaut) durch diesen knöchernen Ring gestützt. Derselbe besteht aus kleinen, sich dachziegelartig deckenden Schuppen. Der Akkommodationsmuskel besteht bei den Vögeln aus quergestreiften Fasern. Er ist daher kräftigerer Leistungen fähig und bedarf eines festen Anhaltspunktes, der ihm durch den Sklerotikalring gegeben wird.

In der hinteren Augenkammer finden wir eine viereckige Hautlamelle, den Kamm (Pecten), der im Grunde des Auges längs einer schiefen Linie, vom Sehnerven ausgehend, angeheftet ist. Der freie Rand erstreckt sich nach der Linse hin und endigt etwa in der Mitte der Augenkammer.

Beim Gehörorgan beschränken wir uns darauf, durch Entfernung des Trommelfelles die Paukenhöhle zu eröffnen und das einzige Gehörknöchelchen, die Columella, die dem Steigbügel der Säugetiere entspricht, mit der Pinzette herauszuheben.

6. Kaninchen.

Die getöteten Tiere werden in Rückenlage auf ein großes Präparierbrett gelegt. Eine Befestigung ist im allgemeinen nicht nötig; jedenfalls soll sie nicht durch Festnageln der Gliedmaßen erfolgen.

I. Eröffnung der Leibeshöhle. Zu diesem Zwecke hebt man die Haut an irgend einer Stelle der Mittellinie des Bauches mit zwei Fingern an und schneidet mit der Schere ein Loch hinein. Von diesem geht man, immer in der Mittellinie, nach vorn weiter. Beim Ablösen des Felles von der Muskulatur durchtrennt man das Bindegewebe, wo es nicht zu fest ist, am besten durch Einschieben der Hand zwischen Fell und Muskeldecke. Stärkeres Bindegewebe wird mit dem Skalpell durchtrennt; dabei achte man darauf, daß die Schneide immer dem Fell zugewendet ist. Längs der Mittellinie des Bauches, der Linea alba, sowie längs des Brustbeines ist die bindegewebige Verbindung mit dem Fell besonders fest. Nach vorn wird das Fell bis zur Vereinigungsstelle der Unterkieferäste gespalten, nach hinten bis zur Schambeinfuge. Zur Seite geht man so weit, daß die Oberarme und Ellenbogengelenke noch frei liegen. Man zieht das Fell über letztere, so daß es nicht wieder zurückschnellen kann. Am unteren Ende legt man die Beine bis zum Kniewinkel frei und schiebt das Fell über die Kniegelenke zurück. Bei diesen Präparationen betrachte man die Arterien und Venen, die auf der Innenseite der Haut verlaufen. Arterie und Vene verlaufen meist nebeneinander. Sie sind nach ihrer Farbe deutlich zu unterscheiden. Während die Venen mit dunklem Blute gefüllt sind, sind die Arterien hell und blutleer.

II. Hals- und Mundhöhle. Man faßt das Bindegewebe in der Mitte des Halses und entfernt es mit der Schere. Dann sieht man schon, jedoch noch von Muskeln bedeckt, den Kehlkopf. Entfernt man auch das Bindegewebe kopfwärts vom Kehlkopf und zwischen den Unterkieferästen, so kommen Speicheldrüsen zum Vorschein. Man schone bei dieser Präparation sorgfältig alle sichtbaren Blutgefäße. Nun durchtrennt man die Deltamuskeln auf der Brust und trennt sie mit den darunterliegenden Muskeln ab, wobei viel lockeres Bindegewebe zu beseitigen ist. Nach Entfernung dieser Muskeln sieht man schon die Schlüsselbeinvenen (Venae subclaviae) durchschimmern, die man sehr vorsichtig frei legt. Nun durchtrenne man die vom Ende des Brustbeins schräg aufwärts nach rechts und links ziehenden Halsmuskeln am unteren Ende unter Schonung der darunter befindlichen Venen und präpariere sie der Länge nach von den tieferliegenden Schichten ab. Auf diese Weise legt man die Halsvenen, Venae jugulares, frei. Die Halsschlagadern (Carotiden) sind jetzt nur noch von einer dünnen Muskelschicht bedeckt. In der Mitte des Halses sieht man eine aus der später zu erwähnenden Vena jugularis transversa entspringende, zunächst unpaare Vene kopfwärts ziehen. Man durchtrennt die Muskeln seitlich davon und legt so Luftröhre und Kehlkopf frei. Unterhalb des Kehlkopfes sieht man die Schilddrüsenbrücke, welche die beiden Teile dieser Drüse verbindet, als rötliches Band über die Luftröhre ziehen. Präpariert man vorsichtig unter Benutzung von Pinzette und Finger die Muskulatur zu den Seiten des

Kehlkopfes fort, so werden die beiden seitlichen Teile der Schilddrüse sichtbar.

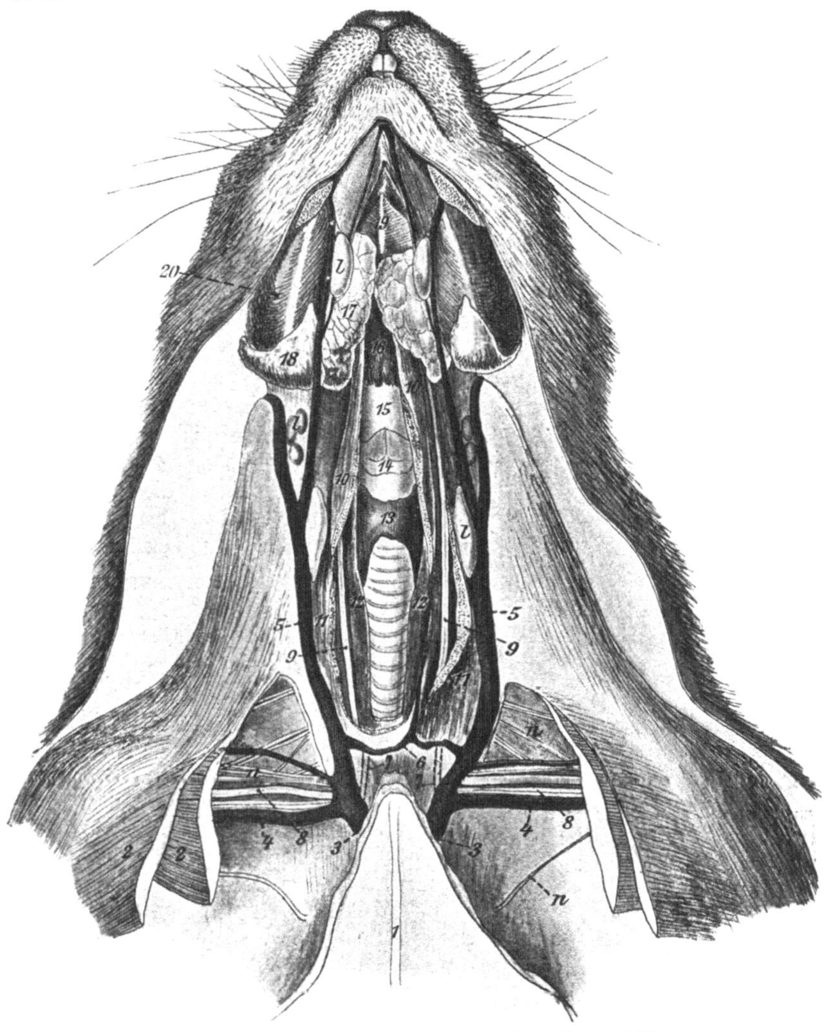

Fig. 134. Kaninchen. Unterseite des Kopfes und Halses.

1. Brustbein. — 2. Durchschnittene Brustmuskeln (M. pectoralis). — 3. Eintrittsstellen der oberen Hohlvenen in die Brusthöhle. — 4. Vena subclavia. — 5. Vena jugularis externa. — 6. Vena transversa. — 7. Vena jugularis interna (tiefer liegend, punktiert). — 8. Arteria subclavia. — 9. Arteria carotis communis. — 10. Musculus sternohyoideus (Reste). — 11. Musculus sternomastoideus (Reste; die der linken Seite von der Mitte abgezogen). — 12. Musculus sternothyreoideus. — 13. Schilddrüse. — 14. Ringknorpel. — 15. Schildknorpel. — 16. Ventrale Schlundwand. — 17. Glandula submaxillaris. — 18. Glandula parotis. — 19. Musculus mylohyoideus. — 20. Musculus masseter. — n. Nerven (angedeutet). — l. Lymphdrüsen.

Nun präpariere man die Jugularvenen an ihrer Eintrittsstelle in die Brusthöhle frei, wobei notwendigerweise einige kleinere

Venen durchschnitten werden müssen. Die unbedeutenden Blutungen werden mit einem feuchten Schwamme zum Stehen gebracht. Die Jugularvenen sind in der Höhe des Brustbeinkopfes durch die Vena jugularis transversa verbunden. Eine Vena jugularis interna mündet jederseits hinter der Mündung der Venae subclaviae; sie kommt in tieferen Lagen der Halsmuskulatur vom Kopfe her. Sie ist bedeutend schwächer als die oberflächlich verlaufende Vena jugularis externa. Auch das Schlüsselbein ist jetzt zu durchtrennen. Es ist ein nur dünner, grätenartiger Knochen, der in dem bindegewebigen Strange liegt, welcher vom Brustbeinkopfe zur lateralen Seite des Kopfes vom Oberarmbein zieht. Nun kann man auch den Ursprung der Arteria subclavia dextra sichtbar machen. Die Carotis liegt auf der Rückenseite eines Muskels, der vom Zungenbein zum Brustbein zieht (Musculus sternohyoideus); man muß ihn anheben, um ihrer ansichtig zu werden.

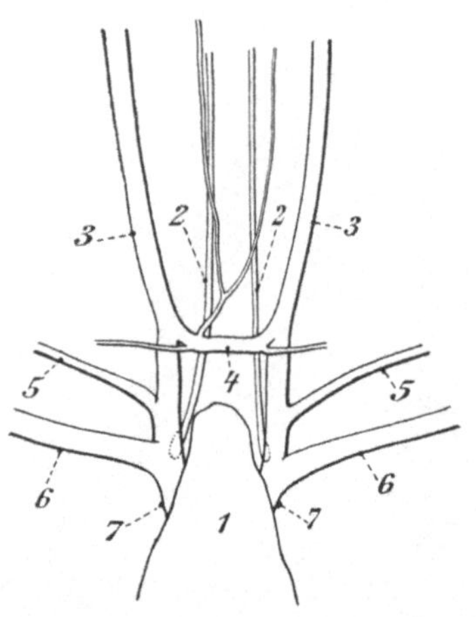

Fig. 135. Lepus cuniculus. Lage der Jugularvenen, nach Abtragung einiger Muskeln.

1. Brustbein (mit Muskulatur bekleidet). — 2. Vena jugularis interna. — 3. Vena jugularis externa. — 4. Vena jugularis transversa. — 5. Vena scapularis. — 6. Vena subclavia. — 7. Vena cava superior.

Wir machen nun einen kurzen Längsschnitt in die Vorderwand der Luftröhre und führen die Kanüle eines Gummigebläses ein. Durch stoßweises Einblasen von Luft können die Bewegungen der Wände des Brustkorbes bei der Atmung nachgeahmt werden.

Wir können nun zur Präparation der Speicheldrüsen schreiten, können dies aber auch später ausführen bei Gelegenheit der Präparation des Kopfes. Die Gesichtshaut wird nach vorn bis nahe zur Mundspalte und nach oben bis an das untere Augenlid abpräpariert. Vorn vor und unter dem Auge liegt die Glandula infraorbitalis (Drüse unterhalb der Augenhöhle). Die Ohrspeicheldrüse (Glandula parotis) liegt mit einem Teile vor und unter der Ohrmuschel. Von diesem Teile führt eine schmale Verbindungsbrücke von 2—3 cm Länge nach abwärts hinter den Unterkieferwinkel zu einer unteren Drüsenmasse. Diesen unteren Teil sehen wir besser, wenn wir später das Tier wieder in die Rückenlage bringen. Der Ausführungsgang der Parotis beginnt am oberen Teile der Drüse und verläuft quer über den großen Kaumuskel (Musculus masseter). Er biegt dann um den vorderen Rand des Musculus masseter und tritt in der Gegend des letzten oberen Backenzahnes in die Backenschleimhaut ein.

Wir bringen das Kaninchen nun wieder in die Rückenlage. Hier suchen wir zunächst die Unterkieferspeicheldrüsen (Glandulae submaxillares) auf. Diese bohnenförmigen Drüsen von etwa 1,5 cm

Länge sieht man vor dem Kehlkopf zwischen den Unterkiefern liegen. An den Unterkiefern selbst sind nun auch die unteren Teile der Ohrspeicheldrüsen gut zu sehen. Ein viertes Drüsenpaar, die Unterzungendrüsen (Glandulae sublinguales) liegt auf dem Boden der Mundhöhle und wird durch einen Muskel (Musculus mylohyoideus) von der Glandula submaxillaris getrennt.

Wir durchtrennen nun die Masseter und heben die Unterkiefer aus den Gelenken, um die Zunge zu betrachten. Sie ist auf der vorderen Fläche mit pilzförmigen Wärzchen bedeckt. In der Medianlinie des hinteren Teiles verläuft ein glatter, harter, nach vorn spitz zulaufender

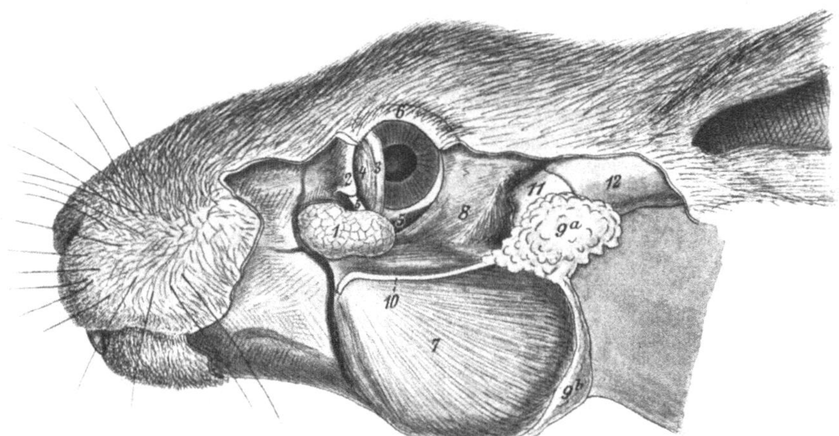

Fig. 136. Kaninchen. Speicheldrüsen der linken Seite des Kopfes.

1. Glandula infraorbitalis. — 2. Processus zygomaticus (ein Knochenvorsprung). — 3. Nickhaut. — 4. Oberes Augenlid. — 5. Augenmuskeln. — 6. Hardersche Drüse. — 7. Musculus masseter. — 8. Musculus temporalis. — 9a. und 9b. Glandula parotis. — 10. Ausführungsgang derselben. — 11. knöcherner, — 12. knorpeliger Ohrgang.

Vorsprung von 2 cm Länge. Hinter demselben liegt auf jeder Seite eine umwallte Papille.

Der harte Gaumen wird von einer festen Membran bedeckt, die 16 Querfurchen aufweist. Unmittelbar hinter den Ersatzschneidezähnen liegt eine kleine runde Platte, die nach hinten jederseits in die vorderste Querfalte des Gaumens übergeht. An den Seitenwänden dieser Platte mundet rechts und links ein Nasengaumengang. Dem weichen Gaumen fehlt das Zäpfchen. In der Nähe des Kehldeckels sieht man jederseits zwei flache Vertiefungen, die Rachenmandeln.

Am äußeren Auge sehen wir uns noch die unvollkommen ausgebildete Nickhaut an, die am inneren Augenwinkel liegt. Sie enthält eine Knorpelplatte, die sich in ihrer Krümmung eng an den Augapfel anschmiegt.

III. Darm und Anhangsdrüsen. Das Fell wird auf der ganzen Bauchseite genügend weit zur Seite präpariert. Dann führt man durch die Bauchdecke mit der Schere (stumpfes Blatt nach innen!) einen medianen Schnitt längs der Linea alba von der Schambeinfuge bis zum Schwertfortsatz. Darauf führt man einige Querschnitte durch die Bauchdecke, so daß die einzelnen Lappen leicht zur Seite gelegt werden können.

Wir orientieren uns zunächst über den Bauchsitus. Unter dem Zwerchfell sehen wir auf der linken Seite des Gesichtsfeldes (rechten

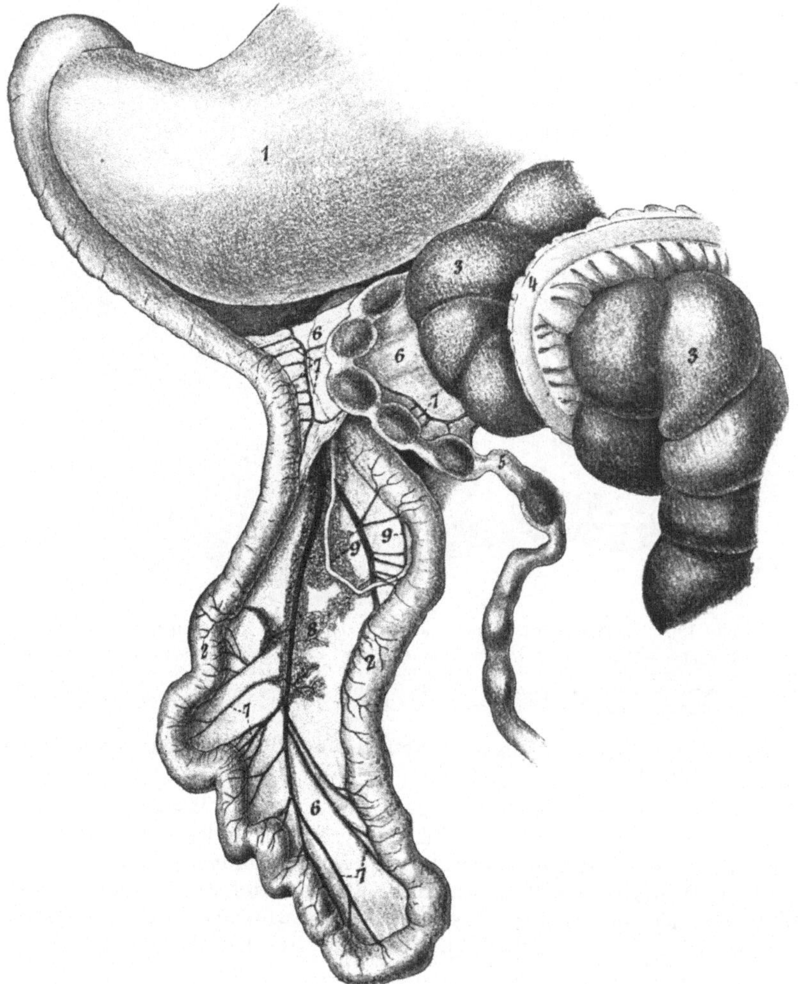

Fig. 137. Kaninchen. Pankreas und Ausführungsgang (Ductus Wirsungianus) nebst einem Teil der Darmschlingen.
1. Magen. — 2. Schlinge des Duodenum. — 3. Coecum. — 4. Colon. — 5. Rectum. — 6. Mesenterium. — 7. Mesenterialgefäße. — 8. Pankreas. — 9. Ductus Wirsungianus.

Seite des Tieres) die dunkelbraune Leber, auf der anderen Seite, zum Teil von der Leber bedeckt, den Magen. Unter den vielen Darmschlingen gehören die dünnen Teile dem Dünndarm, die dunkel gefärbten, auffallend dicken dem Blinddarm (Coecum) und die stark quergerunzelten dem Grimmdarm (Colon) an. An frisch getöteten Tieren beobachte man die Darmbewegungen.

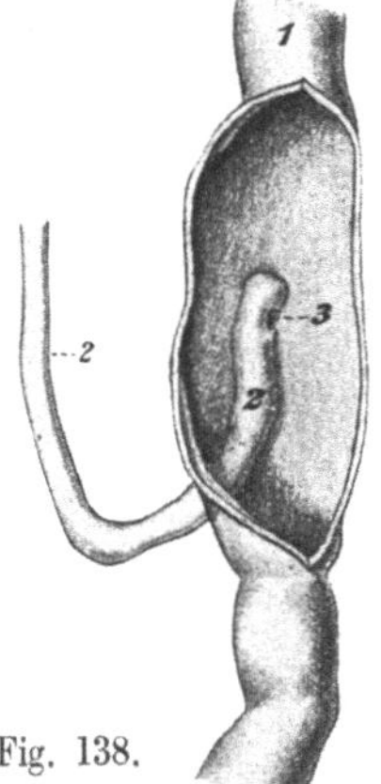
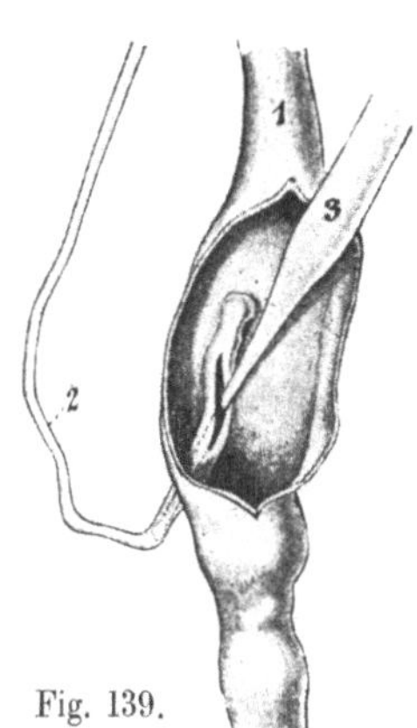

Fig. 138. Kaninchen. Mündungsstelle des Ductus Wirsungianus.
(Duodenum der Länge nach aufgeschnitten.)
1. Duodenum. — 2. Ductus Wirsungianus. — 3. Mündung desselben.

Fig. 139. Kaninchen. Ductus
Wirsungianus der Länge nach
aufgeschnitten zur Einführung
einer Kanüle.
1. Duodenum. — 2. Ductus Wirsungianus. — 3. Kanüle.

Fig. 138.   Fig. 139.

Man sucht, vom Magen ausgehend, die erste Darmschlinge auf, breitet das Mesenterium (Gekröse) vorsichtig aus und betrachte die hellrote, traubige Drüsenmasse, welche im Mesenterium eingebettet ist. Das ist die Bauchspeicheldrüse (Pankreas). Der Ausführungsgang (Ductus Wirsungianus) ist äußerst dünnwandig und hat etwa 1 mm Durchmesser. Er mündet ungefähr 4 cm vom Pförtner in den Zwölffingerdarm. Man spaltet den Darm an der der Mündungsstelle entgegengesetzten Seite (Fig. 138) und führt die zu einer feinen Spitze ausgezogene Glaskanüle eines Gummigebläses in die Mündung ein. Gelingt dies nicht, so führe man von der Einmündungsstelle aus einen feinen Längsschnitt in den Ductus (Fig. 139) und setze hier die Kanüle an. Man muß sehr vorsichtig blasen.

Zur Injektion der Gallengänge klappe man die Leber hoch und ziehe den Magen etwas vor. Man sieht dann sofort den in den Dünndarm mündenden Gallengang (Ductus choledochus). Die Einmündungsstelle wird sichtbar, wenn man den Anfangsteil des Darmkanales hochklappt. Man schneidet wieder an der der Einmündungsstelle gegenüberliegenden Seite den Darm auf und sieht nun die Mündungspapille an der Innenwand des Zwölffingerdarms. Die Öffnung der Papille wird ganz deutlich, wenn man den Luftstrom des

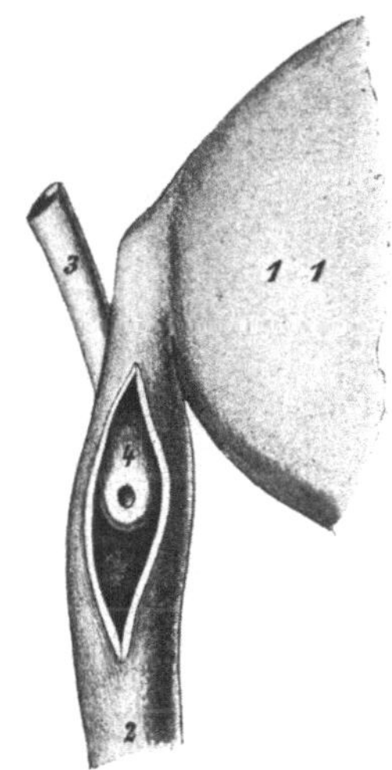

Fig. 140. Kaninchen.
Mündung des Gallengangs
(Ductus choledochus) in
das Duodenum. (Das Duo-
denum ist auf seiner Oberseite der Länge nach auf-
geschnitten.)
1. Magen. — 2. Duodenum.
— 3. Ductus choledochus. —
4. Seine Mündungspapille.

Gebläses gegen dieselbe richtet. Nach dem ersten Injektionsstoß, der nicht zu heftig sein darf, setzt sich die Gallenflüssigkeit in der Gallenblase und in den Gallengängen, mit Luft untermischt, in Bewegung. An ihrem Strömen kann man den Verlauf der Kanäle verfolgen. Der Ductus choledochus (Fig. 140) entsteht aus dem Ductus cysticus (Gallenblasengang), der aus der Gallenblase kommt, und den aus den verschiedenen Leberlappen kommenden Zweigen des Ductus hepaticus (Lebergang).

Die Pfortader (Vena portarum, Fig. 141). Wir heben die Leber und den Magen ebenso, wie es im vorigen Abschnitte beschrieben wurde. Die Arteria hepatica kommt etwas links vom Pförtner hinter dem Magen

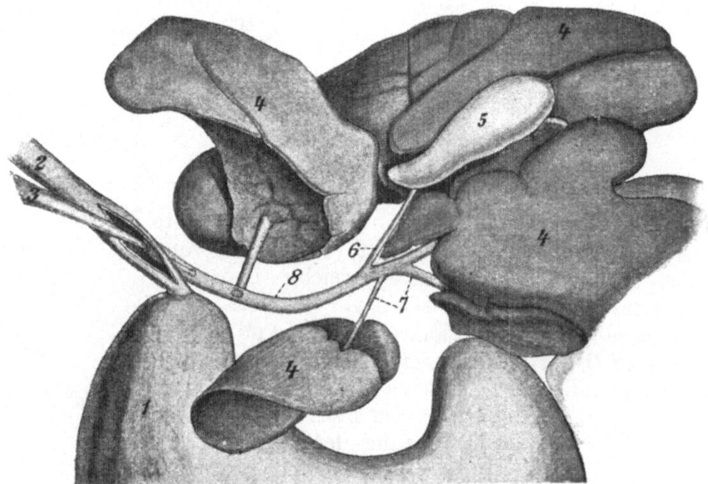

Fig. 141. Kaninchen. Gallenblase und Gallengänge. (Leber hochgeklappt, ihre Abschnitte voneinander gesondert und ausgebreitet.)

1. Magen. — 2. Duodenum, längs aufgeschnitten zur Einführung einer Kanüle 3. in die Mündungspapille des Duct. chol. — 4. Leber. — 5. Gallenblase. — 6. Ductus cysticus. — 7. Zweige des Duct. hepat. — 8. Duct. choledochus.

vor, läuft aufwärts zur Leber von links unten nach rechts oben (links und rechts als Seiten des Tieres) und tritt an ihrem oberen Teile über den Ductus choledochus. Bald nachdem sie hinter dem Magen hervorgetreten ist, gibt sie einen Zweig ab, welcher zu einem rechten Leberlappen zieht. Lateral und unter (vom Beschauer aus!) dem Ductus choledochus und der Arteria hepatica sehen wir den Hauptstamm der Pfortader.

Wir betrachten jetzt den Darmkanal. Der Magen ist meist stark gefüllt und von einer häufig Fett führenden Bindegewebsfalte, dem großen Netz (Omentum majus) bedeckt, welches sich von seinem unteren Rande her hochheben läßt. Wir verfolgen den Dünndarm bis zu seiner Einmündung in den weiten Blinddarm (Coecum) und sehen, wie von dessen oberem Teile der Dickdarm (Colon ascendens) abgeht. Bei allen diesen Präparationen achte man auf das Mesenterium und die reiche Entwickelung des Blutgefäßnetzes in demselben. Das Colon weist eine starke Querrunzelung auf, zeigt aber glattverlaufende Muskelbänder (Taeniae). Am Blinddarm suchen wir den Wurmfortsatz auf. Das Colon geht in den Mastdarm über, der durch die kugelig geballten, deutlich abgesetzten Kotballen leicht zu erkennen ist.

Zieht man jetzt die Gedärme herab, so sieht man ohne weiteres die linke Niere des Tieres. Die rechte Niere sitzt weiter kopfwärts und kann durch Anheben von Coecum und Colon sichtbar gemacht werden. An der linken Seite des Magens ragt die dunkelrote Milz hervor.

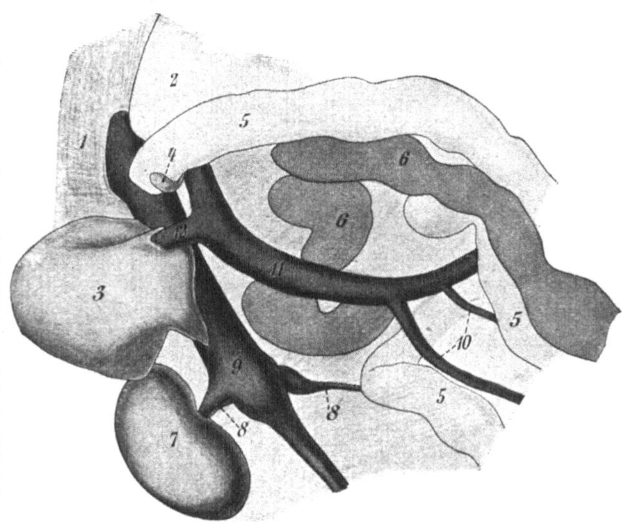

Fig. 142. Lepus cuniculus. Situs der Pfortader. Leber, Magen und Darm nach rechts gezogen. 1. Zwerchfell. — 2. Magen. — 3. Ein Leberlappen. — 4. Mündungspapille des Ductus choledochus. — 5. Dünndarm. — 6. Dickdarm. — 7. Rechte Niere. — 8. Venae renales. — 9. Vena cava inferior. — 10. Zur Pfortader führende Venen. — 11. Pfortader. — 12. Zweig der Pfortader für einen Leberlappen. — Anm. Die Präparation wurde an einem durch Chloroform getöteten Tiere vorgenommen; die venösen Gefäße sind übermäßig stark mit Blut gefüllt.

IV. Organe der Brusthöhle. Jetzt trennt man die Reste der Bauchwand bis zur Rippengrenze ab, drückt die Leber stark herunter und sieht dann das hellrote Zwerchfell konkav nach oben gewölbt. Man führt jetzt wieder die Glaskanüle des Gummigebläses in den schon früher angelegten Luftröhrenschnitt. Man bläst nicht zu kräftig, damit die Lunge nicht platzt: das Zwerchfell wölbt sich vor. Bei leerer Lunge sieht man in der Mitte des Zwerchfells eine dunkle Stelle; hier stößt die Herzspitze gegen dasselbe. Bei gefüllter Lunge verschwindet diese dunkle Stelle, da die Lunge sich dann bis um die Herzspitze herum ausdehnt.

Die Eröffnung der Brusthöhle (Fig. 143) erfolgt von der Rippenwand aus. Man durchtrennt mit der Schere an irgend einer Stelle der Seitenwand die Muskulatur, bis man auf die Rippen stößt, fährt dann zwischen dieselben, durchschneidet eine Rippe seitlich und geht von hier aus weiter. Dann schneidet man quer über den unteren Teil des Brustkorbes, doch so, daß man über der Ansatzstelle des Zwerchfells bleibt. Die Decke der Brusthöhle wird nun abgehoben, wobei die bindegewebige Verbindung des Herzens mit der Brustdecke vorsichtig zu lösen ist. Ebenso ist die Verbindung des Thymus mit dem Brustbein zu lockern. Die seitlichen Schnitte durch die Brustwand konvergieren gegen den

Handgriff des Brustbeins. Man achte auf die daselbst liegenden Venen!
Vorn über der Eintrittsstelle der Jugularvenen wird die Brustdecke

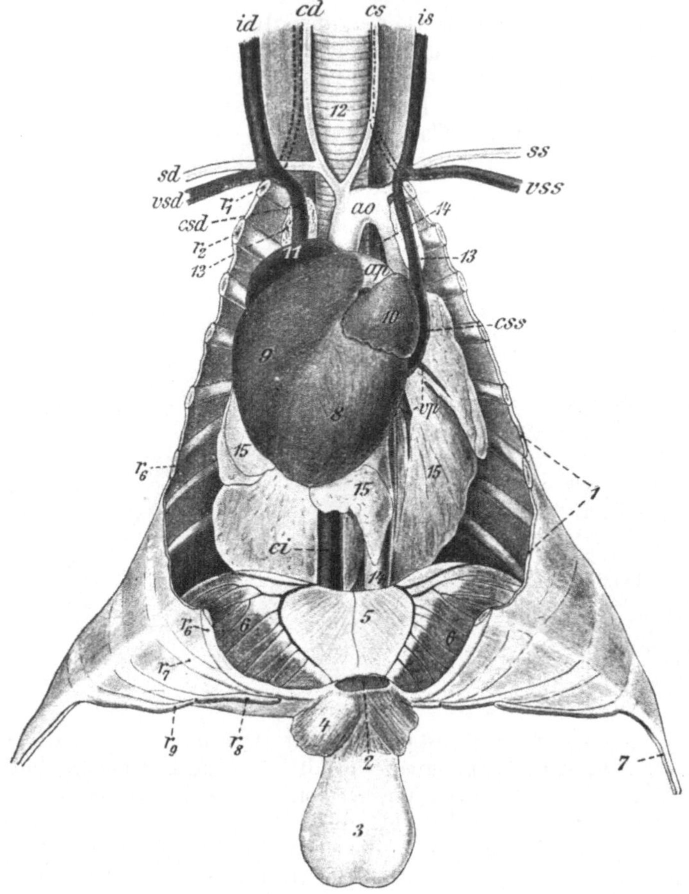

Fig. 143. Lepus cuniculus. Organe der Brusthöhle. Ventrale Wand der Brusthöhle abgetragen. Processus xiphoid. kaudalwärts gezogen, wodurch das Zwerchfell
sichtbar wird. Vena transversa entfernt.

r_1—r_9 Rippen. — 1. durchschnittene Muskulatur. — 2. Brustbeindurchschnitt. — 3. Processus xiphoideus. — 4. Muskelreste. — 5. häutiger Teil des Zwerchfelles. — 6. muskulöser Teil des Zwerchfelles. — 7. Rest der abgetragenen Bauchwand. — 8. linke Herzkammer.
— 9. rechte Herzkammer. — 10. linke Vorkammer. — 11. rechte Vorkammer. — 12. Trachea.
— 13. Reste des Thymus. — 14. Speiseröhre. — 15. Lungenlappen. — ao. Aorta. —cs.
Arteria carotis sinistra. — cd. Arteria carotis dextra. — ss. Arteria subclavia sinistra. —
sd. Arteria subclavia dextra. — is. Vena jugularis externa sinistra. — id. Vena jugularis
externa dextra. — Die beiden punktierten Doppellinien geben die Lage der inneren Jugularvenen an. — vss. Vena subclavia sinistra. — vsd. Vena subclavia dextra. — css. Vena
cava superior sinistra. — csd. Vena cava superior dextra. — ci. Vena cava inferior. —
ap. Arteria pulmonalis.

abgetrennt. Jetzt löst man den Herzbeutel vom Zwerchfell und kann
dieses nun von oben her sehen. Zum besseren Halt für dasselbe läßt
man den Schwertfortsatz des Brustbeins und einen Teil der letzten Rippen

stehen. Der Atmungsversuch wird nun bei freigelegter Lunge noch einmal wiederholt, Beim Einatmen bläht sich die Lunge und bedeckt das Herz. Ventral sieht man im Zwerchfell den Durchtritt der Vena cava inferior, darunter die Speiseröhre, am weitesten dorsal die Aorta descendens nahe an der Wirbelsäule.

Wir spalten nun den Herzbeutel und ziehen ihn nach der Herzwurzel zu ab. (Achte auf das Herzwasser!) Die beiden Herzkammern unterscheiden sich deutlich nach Konsistenz und Färbung. Durch Betasten fühlen wir, daß die linke Herzkammer bedeutend starkwandiger ist als die rechte, dunkler gefärbte. Die Vorkammern sind leicht zu erkennen. Man faßt nun den hochgeschobenen Herzbeutel gleichzeitig mit dem weißgelben Thymus und präpariert beides vorsichtig ab. Man sieht dann die Arteria pulmonalis und die Aorta ascendens. Die Verzweigungen der Aorta und der Lungenarterien präpariere man nach der Figur frei.

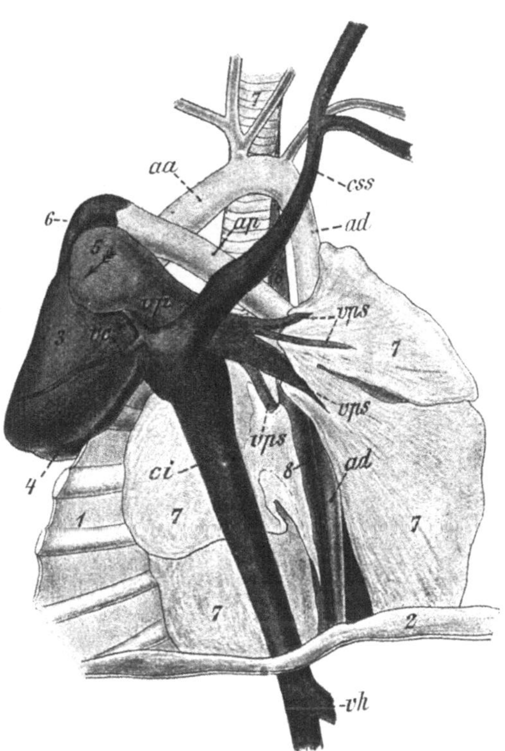

Fig. 144. Lepus cuniculus. Zur Demonstration der Herzgefäße ist das Herz über die rechte Brustwand hinübergelegt. Die linke Vorkammer (5) ein wenig in Richtung des Pfeiles gezogen. Schwertfortsatz und Teil des Zwerchfelles (s. Fig. 142) abgetragen.

1. Rest der rechten Brustwand. — 2. Rest des Zwerchfelles. — 3. Linke Herzkammer. — 4. Rechte Herzkammer (Dorsalseite). 5. Linke Vorkammer. — 6. Vorderes Ende der rechten Herzkammer. — 7. Luftröhre und Lunge. — 8. Speiseröhre. — aa Aorta ascendens. — ad Aorta descendens. — css Vena cava superior sinistra. — vc Vena coronaria. — ci Vena cava inferior. — ap Arteria pulmonalis sinistra. — vp Vena pulmonalis. — vps Zweige der Vena pulmonalis sinistra. — vh Eine der Venae hepaticae.

Einen guten Überblick über die Venen (Hohlvene und Lungenvenen) erhält man, wenn man das Herz an der Spitze faßt, hochhebt und von unten her betrachtet (Fig. 144). Auch hier hat man erst die Reste des Herzbeutels zu entfernen. Die Arterien und Venen des Herzens werden bis zu ihren hauptsächlichsten Verzweigungen in der Brusthöhle frei präpariert. Aus der Aorta entspringen zwei Stämme, auf der linken Seite des Tieres die Arteria subclavia sinistra, rechts der Truncus anonymus, der zuerst die Arteria carotis sinistra abgibt und sich dann in die Arteria carotis und Arteria subclavia dextra spaltet. Die Lungenarterie gabelt sich bald in einen rechten und linken Ast.

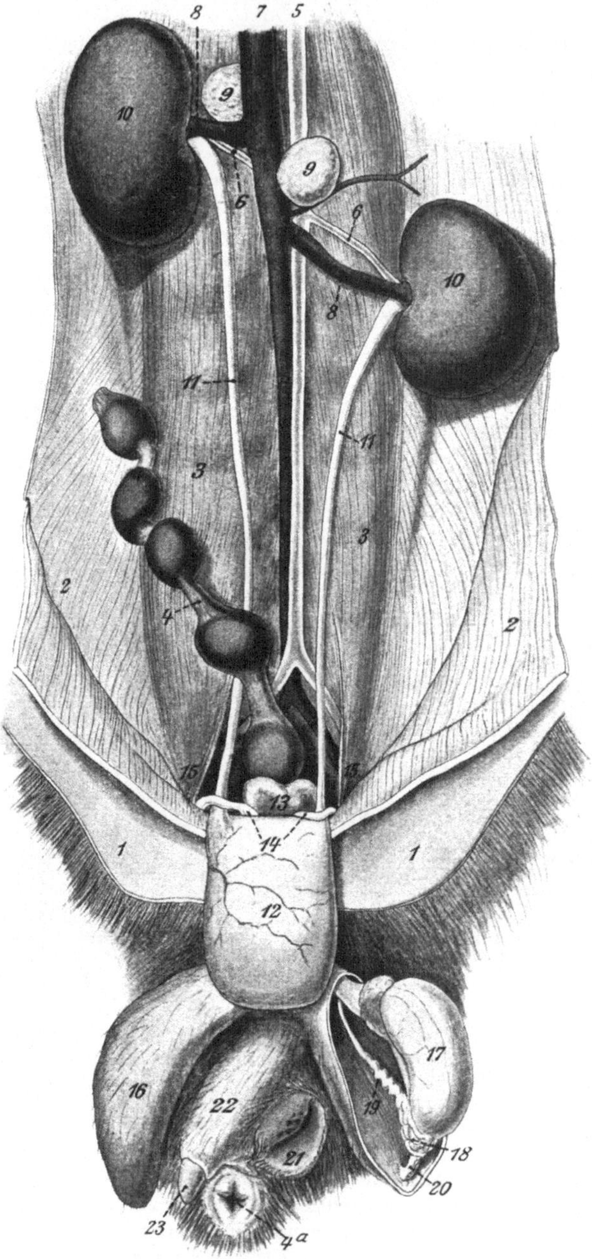

Fig. 145.   Kaninchen.   Urogenitalsystem ♂.   Aorta descendens und Vena cava inferior freipräpariert.   Linker Scrotalsack der Länge nach geöffnet.   Harnblase kaudalwärts geklappt und ein wenig aus der Leibeshöhle herausgezogen.

1. Innenfläche der Bauchhaut. — 2. Reste der Bauchwand. — 3. Beugemuskulatur des Rumpfes. — 4. Endstück des Darmes (4a. Afteröffnung). — 5. Aorta descendens. — 6. Arteriae renales. — 7. Vena cava inferior. — 8. Venae renales. — 9. Nebennieren. — 10. Neren. — 11. Ureteren. — 12. Harnblase. — 13. Prostata. — 14. Endigungen der Vasa deferentia. — 16. Rechter Scrotalsack. — 17. Linker Hoden. — 18. Nebenhoden desselben. — 19. Samenleiter. — 22. Begattungsorgan. — 23. Endigung desselben.

Die rechte und linke obere Hohlvene münden getrennt in die rechte Vorkammer. Von unten her empfängt diese die Vena cava inferior. In die linke Vorkammer münden zwei, manchmal vier Lungenvenen.

V. Harn- und Geschlechtsorgane. Zur Untersuchung des Urogenitalsystems müssen wir Leber, Magen und Darmkanal herausnehmen. Die Därme werden vom Mesenterium hinten abgelöst und der Mastdarm einige Zentimeter über dem After durchschnitten. Das Omentum wird vom Magen gelöst, Leber und Magen vorsichtig entfernt und das Zwerchfell abgetrennt. Am Mesenterium fällt uns dorsal eine große, lappige Lymphdrüsenmasse auf. Wir sehen nun die freiliegenden Nieren (Fig. 145). Die linke liegt bedeutend tiefer als die rechte. Beide sind von einer häutigen Nierenkapsel eingeschlossen, die viel Fett enthalten kann. Man spaltet die Nierenkapseln und trägt sie ab. Die rechte Nebenniere liegt median von der rechten Niere und wird zum Teil von der unteren Hohlvene bedeckt. Die linke Nebenniere liegt etwas höher als die linke Niere neben der Hohlvene und oberhalb der Einmündung der Nierenvene dieser Seite. Wir spalten eine Niere durch einen Längsschnitt. Die Rindenzone setzt sich deutlich von der Zone der geraden Kanälchen ab. Das Nierenbecken zeigt meist nur eine Papille.

In jede Niere mündet eine Arterie und von jeder entspringt eine Vene und ein Harnleiter (Ureter). Die Ureteren ziehen vom Nierennabel in schräger Richtung zur Mittellinie, wobei der linke Ureter sich dieser Linie viel schneller nähert als der rechte. Die Einmündungsstelle

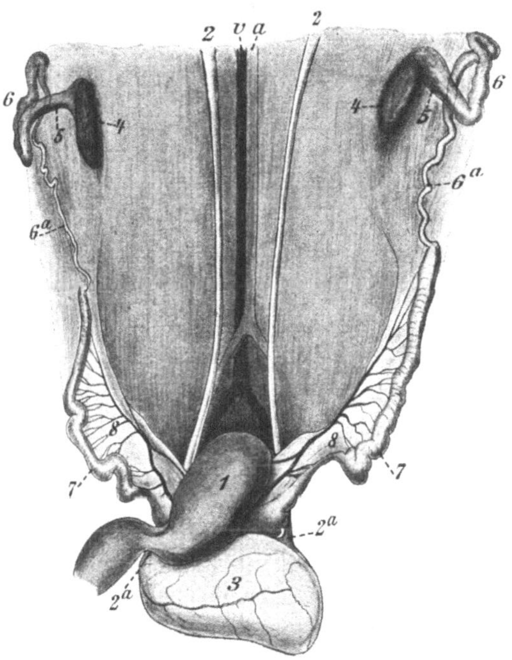

Fig. 146. Lepus cuniculus ♀. Situs der Geschlechtsorgane, soweit sie ohne Präparation nach Abtragung des Darmes sichtbar sind.

1. Rectum kaudalwärts geklappt. — 2. Ureteren. — 2 a. Einmündungsstellen der Ureteren in die Harnblase. — 3. Harnblase (kaudalwärts gezogen). — 4. Eierstock. — 5. Übergang der Eileiter in den Trichter der Tuba Falloppiae. — 6. Weiter Abschnitt der Tuba Falloppiae (s. Oviduct). — 6 a. Enger Abschnitt der Tuba Falloppiae (s. Oviduct). — 7. Hörner des Uterus. — 8. Verbindungshaut ders. (mit der Bauchwand). — v Vena cava inferior. — a Aorta descendens.

der Ureteren in die Harnblase sieht man, wenn die letztere kaudalwärts herabgezogen wird (Fig. 145). Die Endteile der Ureteren verlaufen in der hinteren Blasenwand so, daß bei starker Füllung der Blase ein automatischer Verschluß der Harnleiter erfolgt. Man kann diese Verhältnisse auch durch Einblasen von Luft von dem Harnleiter oder der Harnröhre (Urethra) aus prüfen.

Hat man ein Männchen vor sich, so sieht man über den Basalteil jedes Harnleiters von außen her das Vas deferens nach innen mit einer deutlichen Schleife herüberziehen.

Wir wenden uns zum Bau der männlichen Geschlechtsorgane. Man präpariere die Haut über der Schambeinfuge ab und verfolge das Vas deferens nach der Hodensacktasche (Scrotaltasche) hin. Die ventrale Wand derselben wird gespalten, bis man an die Spitze des Scrotums kommt. Der Hoden geht in den Nebenhoden über, welcher sich längs des eigentlichen Hodens erstreckt. Der Nebenhoden verlängert sich zum Vas deferens, welches aufwärts steigt, in die Bauchhöhle tritt, dann umbiegt, sich über den Ureter legt und auf der hinteren Wand der Blase abwärts steigt.

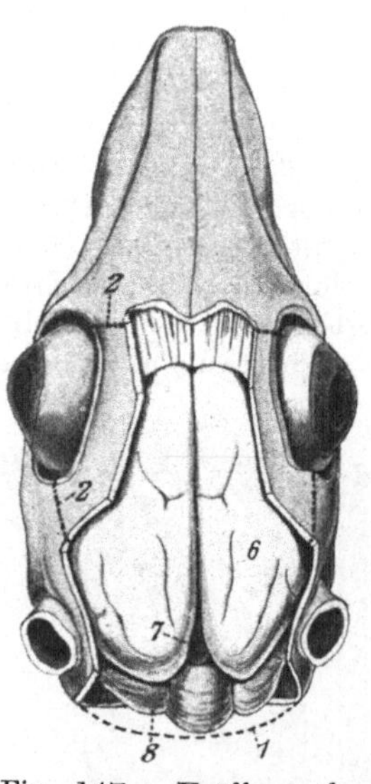

Fig. 147. Eröffnung der Schädelhöhle des Kaninchens. Ansicht von oben. Erkl. s. Fig. 148.

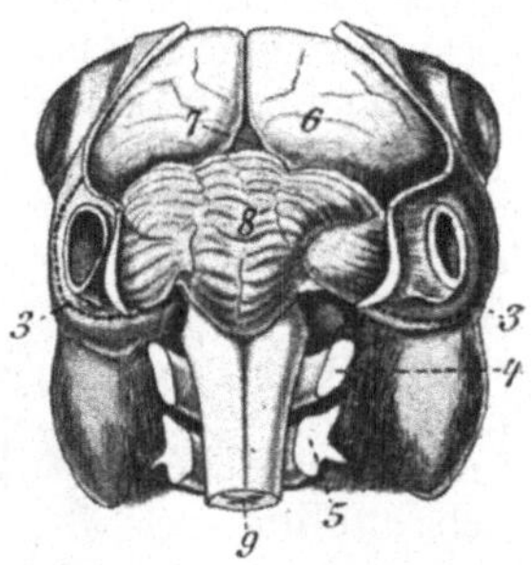

Fig. 148. Eröffnung der Schädelhöhle des Kaninchens. Ansicht von hinten.

Die Strichlinie 1 (Fig. 147) gibt die Kontur der Hinterwand des Schädels an, die Punkt-Strichlinien 2 und 3 bezeichnen die Schnitte, die zur Freilegung der Seitenteile des Gehirns auszuführen sind. — 4. und 5. erster und zweiter Halswirbel. — 6. Großhirn. — 7. Mittelhirn. — 8. Kleinhirn. — 9. Rückenmark.

Wir gehen nun noch kurz auf die Präparation der weiblichen Geschlechtsorgane ein. Die Haut über der Schambeinfuge wird durchtrennt, die Muskulatur beseitigt, die Schambeinverbindung gelöst und die Schambeine auseinandergebogen.

Hinter der Harnblase sehen wir den zweihörnigen Uterus, welcher in die engen, geschlängelten Eileiter übergeht. Jeder Eileiter trägt einen häutigen Trichter (Tuba), welcher durch das Ligamentum latum getragen wird. Er mündet in eine Tasche des Bauchfells, in welcher das Ovarium liegt. An den bohnenförmigen Eierstöcken sieht man deutlich eine Anzahl verschieden großer, wasserheller Bläschen (Graafsche Follikel). Die große Dehnungsfähigkeit und der Verlauf des Uterus lassen sich gut durch Lufteinblasen von der Scheide aus zur Darstellung bringen. Um die Einmündung der beiden Uterushörner in die Scheide zu sehen, schneiden wir ein Fenster in deren proximalen Teil (Fig. 147). Die Mündungen sind sehr leicht zu finden.

VI. Gehirn. Es ist gut, wenn man die Köpfe der zu Sektions-
zwecken verwendeten Kaninchen mit einem Fenster in der Schädeldecke versieht und in Formalin längere Zeit härtet. Das Fenster
ist hier mit der Knopfschere anzubringen. Man trennt das Fell in der
Mittellinie des Kopfes und präpariert es seitwärts ab. Dann fährt
man mit dem Knopfast der Schere flach durch die Schädeldecke, nachdem man mit der spitzen Branche vorher ein kleines Loch gebohrt.

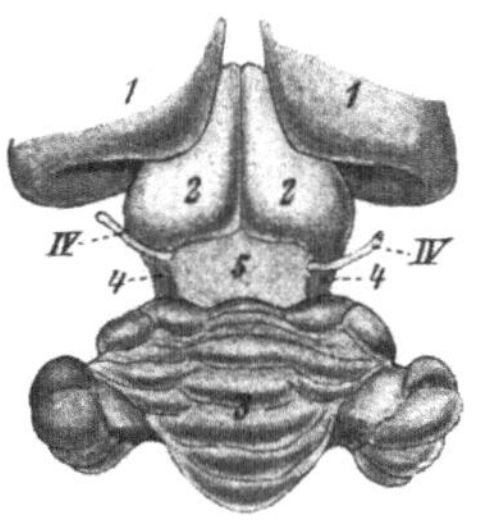

Fig. 150. Kaninchen. Ansicht der Vierhügel und des Ursprunges von Gehirnnerv IV. (Großhirn und Kleinhirn auseinandergebogen.)

1. Großhirn. — 2. Vierhügel. — 3. Kleinhirn. — 4. seitliche Kleinhirnarme. — 5.
Vorderes Marksegel. — IV. 4. Gehirnnerv.

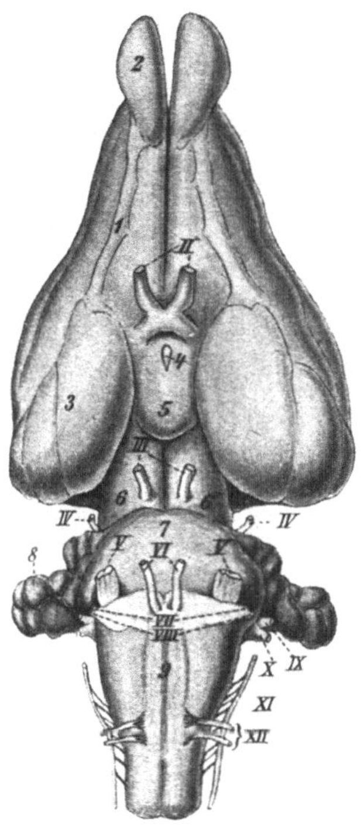

Fig. 149. Gehirn des Kaninchens von
unten gesehen.

1. Riechnervenring. — 2. Riechlappen. —
3. Birnförmiger Lappen. — 4. Trichter. —
5. zitzenförmiger Körper. — 6. Hirnstiele. —
7. Varolsbrücke. — 8. Kleinhirn. — 9. ver-
längertes Mark. — II.—XII. Gehirnnerven.

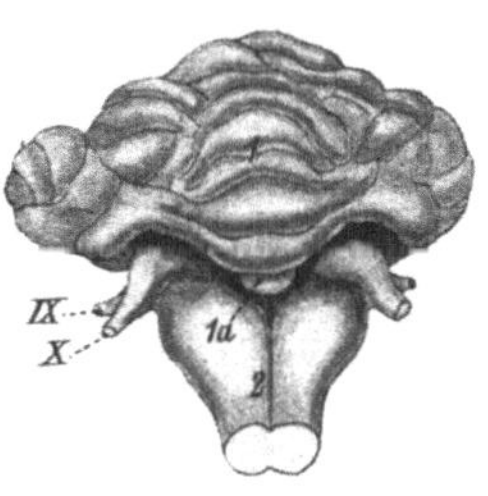

Fig. 151. Kaninchen. Ursprung d. Glos-
sopharyngeus (IX) und des Vagus (X).
1. Kleinhirn, von dem verlängerten Mark.
(2) abgehoben. — 1a. Lingula.

hat, und schneidet, immer nach oben drückend, ein Stück aus dem
Schädeldach heraus.

Für die Präparation ist das Fenster zu erweitern, wie es Fig. 147
zeigt. Die Schädeldachteile sind vorsichtig abzutragen, die Dura (harte
Hirnhaut) mit dem Skalpell abzutrennen. Nachträglich baut man mit der
Schere noch die oberen Halften der Augenkapseln ab (Schnitt 2 in Fig.
147), und entfernt die Felsenbeine (Fig. 148, Schnitt 3), um die äußeren
Seitenlappen des Kleinhirns frei zu legen. Dann werden die beiden
ersten Halswirbel halbiert, indem man mit der Schere von hinten in den
Wirbelkanal fährt (Fig. 148, 5), und die oberen Hälften abgehoben.

Nun bringt man das Gehirn heraus, indem man das verlängerte Mark von hinten hochhebt, nach vorn fortschreitend die Gehirnnerven durchtrennt und das Gehirn dann abhebt. Ist das Präparat gelungen, so zeigt es auf der Unterseite die Ansicht der Fig. 149. Wir können hier alle wichtigen Teile erkennen, welche bei der äußeren Betrachtung eines Säugergehirns beschrieben werden und in den Figuren-Erklärungen benannt sind.

Andere für Gehirnbeschreibungen wichtige Teile findet man auf der Oberseite des Gehirns, besonders wenn man Großhirn und Kleinhirn etwas auseinanderbiegt (Zirbeldrüse, Vierhügel, die Brückenarme des Kleinhirns, das vordere Marksegel und den Ursprung des IV. Gehirnnerven, Nervus trochlearis) und das Kleinhirn etwas vom verlängerten Mark abhebt (einen Kleinhirnlappen, genannt Lingula, Ursprünge von Gehirnnerv IX und X).

Anhang.

Von den vielen Präparaten, die sich von Organen des Kaninchens für mikroskopische Zwecke anfertigen lassen, sei hier nur auf einige wenige hingewiesen. Im übrigen muß es dem Leser überlassen bleiben, sich aus den entsprechenden Kapiteln des Handbuches Rat und Belehrung zu holen. Die Präparate können fast sämtlich nach van Giesons Methode gefärbt werden.

1. Darm. Die Darmwand besteht auf ihrer ganzen Länge aus drei Schichten, von innen nach außen: Schleimhaut, Muskelhaut, Faserhaut. Die verschiedenen Teile des Darmes unterscheiden sich nur durch die verschiedene Ausbildung dieser Schichten. Wir wählen:

α) Stücke aus der oberen Hälfte des Duodenums (auch Duodenalschlinge mit Pankreas von der neugeborenen Katze);

β) Teile des Dünndarmes aus den Anfangsteilen und dem letzten Ende;

γ) Teile des Dickdarmes aus der Gegend der Längsbänder.

1. Allgemein gilt für den Bau der Darmwandung folgendes:

a) Die Darmschleimhaut (Mucosa) zeigt Erhabenheiten (Zotten) und Vertiefungen, die beide an der Grenze der Sichtbarkeit mit bloßem Auge stehen. Die Vertiefungen kommen dadurch zustande, daß ein System von Längsfalten durch Querfalten verbunden ist; sie haben die Gestalt kurzer Schläuche und werden als Darmdrüsen oder Krypten (Lieberkühnsche Drüsen) bezeichnet. Das Epithel der Darmschleimhaut ist ein einschichtiges Zylinderepithel, dessen freie Oberfläche einen charakteristischen Cuticularsaum (Stäbchensaum) zeigt. Zwischen den gewöhnlichen Epithelzellen oder Nährzellen finden sich zahlreiche Zellen, denen dieser Saum fehlt und die, weil der Kern in der Tiefe liegt und das Protoplasma zum größten Teil in Schleim verwandelt ist, als Becherzellen bezeichnet werden. Da die Bildung neuer Epithelzellen bei vielen Tieren auf dem Grunde der Krypten vor sich geht, die Epithelzellen auf den Zotten also die ältesten sind, so hat man an gut fixiertem Material oft Gelegenheit, in den Krypten Kernteilungen an den Epithelzellen zu beobachten.

b) Die **Muscularis des Darmes** besteht aus einer inneren Ringmuskelschicht und einer äußeren Längsmuskelschicht.

c) Die **Faserhaut** besteht aus lockerem Bindegewebe, in dem reichlich elastische Fasern und Fett zu beobachten sind.

2. Nieren. Die Nieren werden aus der Bauchhöhle gelöst, die eine längs (geschah ev. schon bei der makroskopischen Präparation), die andere quer gespalten und in Müllerscher Flüssigkeit oder absolutem Alkohol fixiert. Die Schnitte für Übersichtsbilder können 20—30 μ dick sein und werden mit Hämatoxylin gefärbt. Für feinere Einzelheiten wählt man dünnere Schnitte (15 μ) und färbt sie nach intensiver Hämatoxylinfärbung mit van Giesonlösung nach. Die Längsschnitte treffen

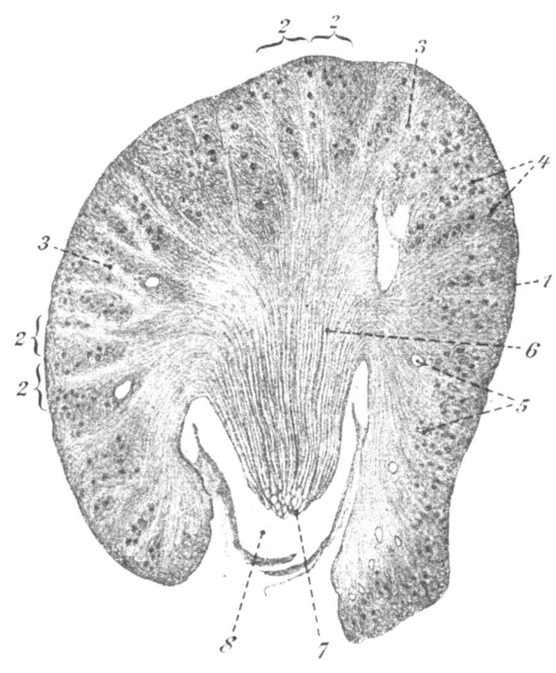

Fig. 152. Lepus cuniculus. Niere senkrecht zur Längsachse durchschnitten,

1. Rindenschicht. — 2. Läppchen. — 3. Markstrahl. — 4. Glomeruli. — 5. Blutgefäße. — 6. Sammelröhrchen. — 7. Nierenpapille. — 8. Nierentrichter.

zunächst die Nierenkanälchen in ihrer ganzen Länge; zeigen die Schnitte nach einiger Zeit zuviel schräge Anschnitte von Nierenkanälchen, so wird der Block in der Klammer etwas gedreht, so daß die Schnitte wieder parallel zu den Nierenkanälchen laufen. Auf den Querschnitten sind die meisten Kanälchen quer oder schräg getroffen.

Ein Längsschnitt enthält Rinden- und Marksubstanz. Die Nierenkapsel ist bei der Präparation der Eintrittsstellen von Ureter und Nierengefäßen schon abgezogen worden, ist also im Präparat nicht mehr zu sehen. Die Rindenzone, welche die geknäuelten Anfangsteile der Nierenkanäle enthält, ist deutlich von der Markzone, welche durch den gerade verlaufenden Teil derselben gebildet wird, gesondert. Jedes Nierenkanälchen beginnt mit einer bis auf eine polare Stelle geschlossenen Kapsel (Bowmansche Kapsel), von welcher der Nierenkanal abgeht. Diese Kapsel hat zwei Wände, deren hohler Zwischenraum sich unmittelbar in das Nierenkanälchen fortsetzt. In die Bowmansche Kapsel hinein treten feinste Zweige der Nierenarterie, bilden dort einen kapillaren Gefäßknäuel (Glomerulus) und treten, nachdem sie sich wieder vereinigt haben, als abführendes Arterienstämmchen aus der Kapsel heraus. Die Bowmansche Kapsel und der Glomerulus bilden zusammen ein Malpighisches Körperchen. Die abführenden Arterien lösen sich erst, nachdem sie den Glomerulus passiert haben, zu dem eigentlichen Nierenkapillarnetz auf, aus dem dann die Nierenvenen entstehen. Davon ist in unseren Schnitten nichts Genaueres zu verfolgen. Der Teil des Nieren-oder Harnkanälchens,

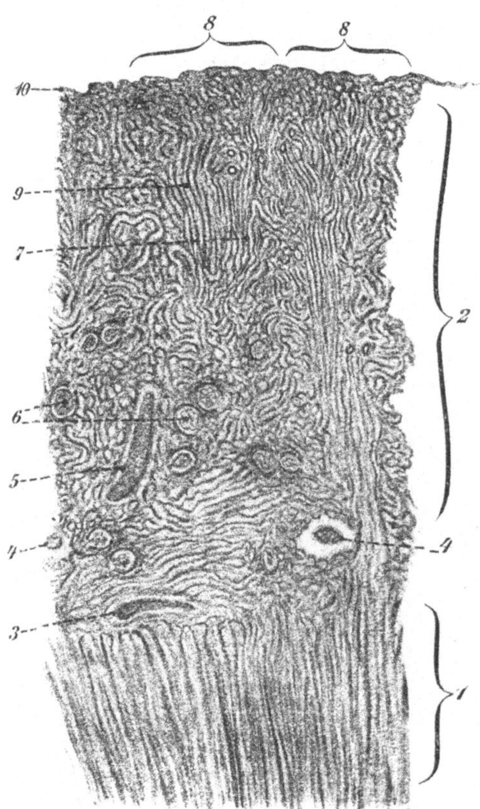

Fig. 153. Obj. 0. Lepus cuniculus. Niere. Teil eines von der Papille zur Rinde geführten Schnittes (Längsschnitt).

1. Marksubstanz. — 2. Rindensubstanz. — 3.—5. Blutgefäße. — 6. Glomeruli. — 7. Canalis contortus, z. T. in der Schnittebene verlaufend. — 8. Läppchen. — 9. Markstrahlen (Sammelkanäle). — 10. Außenwand.

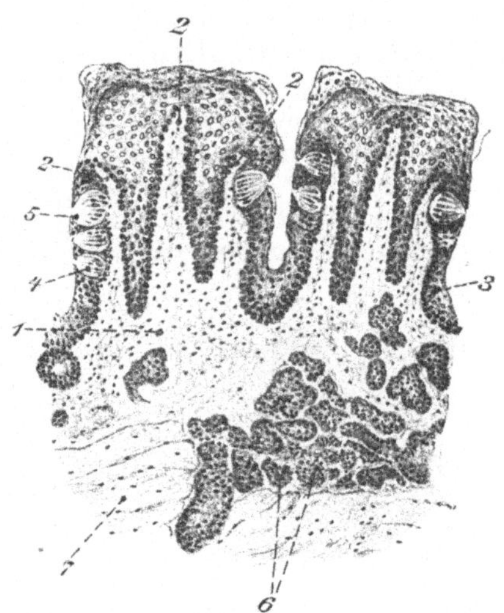

Fig. 154. Obj. IV. Senkrechter Durchschnitt durch 2 Leistchen der Papilla foliata des Kaninchens.

1. Leistchen. — 2. sekundäre Leistchen. — 3. Epithel. — 4. Geschmacksknospe. — 5. Geschmacksporus. — 6. Drüsen. — 7. Muskelfasern.

welcher sich unmittelbar an die Bowmansche Kapsel anschließt, zeigt einen mehrfach gewundenen Verlauf (Canalis contortus), dessen Konvexität der Nierenoberfläche zugekehrt ist, steigt dann gerade in die Markzone hinein, biegt ungefähr in halber Höhe der Marksubstanz wieder nach der Peripherie um und bildet dann, in der Rindensubstanz angekommen, den wieder vielfach gewundenen Schaltkanal. Viele solcher Schaltkanäle vereinigen sich dann noch innerhalb der Rindensubstanz zu einem Sammelkanal. Mehrere Sammelkanäle fließen zu einem in das Nierenbecken auf einer Papille mündenden Ductus papillaris zusammen. Natürlich sind alle diese Teile auf den Schnitten nicht an einem und demselben Kanal zu verfolgen. Man muß hier durch längere Beobachtung eines oder mehrerer Schnitte kombinieren und sich so eine Vorstellung schaffen.

3. Zunge. Das Kaninchen besitzt außer zwei umwallten Papillen an jeder Seite des Zungengrundes einen kleinen ovalen Wulst, die

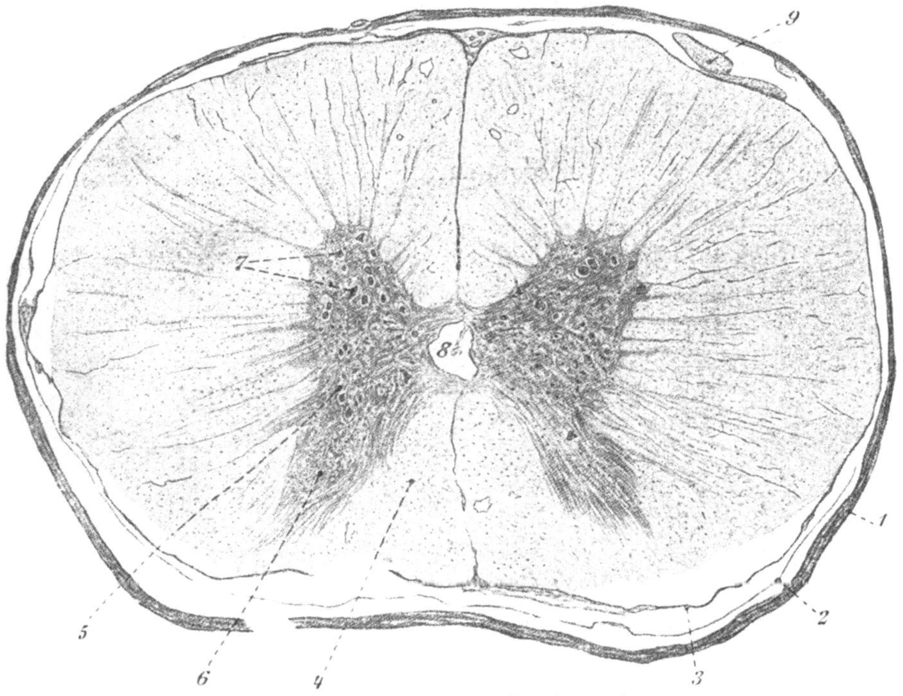

Fig. 155. Lepus cuniculus. Rückenmark quer.

1.—3. Häute des Rückenmarks.— 4. weiße Substanz. — 5. graue Substanz. — 6. Hinterhorn. — 7. Ganglienzellen. — 8. Rückenmarkkanal. — 9. ventrale Wurzel eines Rückenmarksnerven.

von Querfurchen durchzogene Geschmacksleiste. Diese entspricht den Papillae foliatae (blattartigen Wärzchen) des Menschen. Man kann, wie unsere Abbildung (Fig. 153) zeigt, die Geschmacksknospen, die Geschmacksporen und die einzelnen Schichten im Zungengewebe deutlich erkennen.

Wir finden die Geschmacksknospen an den Seitenwänden der großen Papillen, namentlich in der Geschmacksleiste, vollkommen ins Epithel eingebettet. Das Ende reicht bis zur Oberfläche des Epithels, wo sich eine winzige Vertiefung, der Geschmacksporus, befindet. Die Knospe ist aus langgestreckten Epithelzellen zusammengesetzt. Auf den Schnitten finden wir auch zu den Knospen führende Nervenfasern.

4. Querschnitt durch das Rückenmark. Wie uns der Querschnitt zeigt, liegt die graue Substanz, die viele Ganglienzellen enthält, innen, die weiße Substanz außen. Die graue Substanz hat die Form eines H. Man unterscheidet an ihr die beiden Vorderhörner, in denen die Ganglienzellen der motorischen Nerven liegen, und die Hinterhörner. Die rechten und linken Hörner werden durch eine aus grauer Substanz bestehende Brücke verbunden. Das Rückenmark hat vorn eine tiefe, hinten eine flache Längsfurche. In der Mitte der grauen Kommissur finden wir den Zentralkanal.

Bei stärkerer Vergrößerung betrachten wir die multipolaren Ganglienzellen, welche namentlich in den Vorderhörnern der grauen Substanz sehr schön zu sehen sind. In der weißen Substanz finden wir viele quer getroffene Nervenfasern, die sich als Kreise darstellen, und an denen man deutlich den Achsenzylinder und die Markscheide unterscheiden kann. Dazwischen finden sich kleinere Zellen (Gliazellen = Stützzellen), angeschnittene Blutgefäße und auch längs getroffene Nervenfasern. In den Randpartien, noch unter der dicken Außenhaut (Dura), sieht man auch quer getroffene Nerven, die hier noch ein Stück neben dem Rückenmark herlaufen.

Sachregister.

Druck der Universitätsdruckerei H. Stürtz A. G., Würzburg.